普通高等教育“十一五”国家级规划教材

普通高等教育“十四五”规划教材
普通高等院校动物医学类专业系列教材

兽医微生物学实验教程

Veterinary Microbiology Experiment

第3版

胡桂学　陈金顶　陈培富　主编

中国农业大学出版社
·北京·

内 容 简 介

本书共分两部分，包括33个实验和5个附录。第一部分是微生物学基础实验，包括微生物学实验室常用仪器的使用及器材的准备、细菌的培养与鉴定、病毒的培养与鉴定以及真菌的培养与鉴定等4章19个实验。安排这些实验旨在使学生掌握微生物学最基本的实验操作技能。第二部分是重要动物病原的微生物学检查，设计了兽医临床上多发、常见和重要传染病病原的微生物学检查实验，共14个实验。其中，第五章是重要动物病原细菌的微生物学检查，包括大肠杆菌、沙门氏菌、炭疽芽孢杆菌、牛结核分枝杆菌等；第六章是重要动物病毒的微生物学检查，包括非洲猪瘟、猪瘟、猪繁殖与呼吸综合征、新城疫、犬瘟热等。每个实验都精心设计了基本原理、器材准备、实验步骤、注意事项和实验报告等内容，以使本书具有更强的可操作性和实用性，有利于实验教学。本书既可作为动物医学专业和其他相关专业动物微生物学配套的实验教材，也可作为相关学科研究生和教师的参考用书。

图书在版编目（CIP）数据

兽医微生物学实验教程/胡桂学，陈金顶，陈培富主编．--3版．--北京：中国农业大学出版社，2022.2

ISBN 978-7-5655-2670-1

Ⅰ.①兽… Ⅱ.①胡… ②陈… ③陈… Ⅲ.①兽医学-微生物学-实验-教材 Ⅳ.①S852.6-33

中国版本图书馆CIP数据核字（2021）第249324号

书　　名 兽医微生物学实验教程 第3版
作　　者 胡桂学 陈金顶 陈培富 主编

策划编辑 张 程　　**责任编辑** 刘 聪
封面设计 郑 川
出版发行 中国农业大学出版社
社　　址 北京市海淀区圆明园西路2号　　**邮政编码** 100193
电　　话 发行部 010-62733489，1190　　读者服务部 010-62732336
编辑部 010-62732617，2618　　出 版 部 010-62733440
网　　址 http://www.caupress.cn　　**E-mail** cbsszs@cau.edu.cn
经　　销 新华书店
印　　刷 涿州市星河印刷有限公司
版　　次 2022年2月第3版　2022年2月第1次印刷
规　　格 185 mm×260 mm　16开本　17印张　420千字
定　　价 54.00元

第 3 版编审人员

主　　编　胡桂学　陈金顶　陈培富

副 主 编　唐丽杰　邬向东　潘树德　李能章

编写人员　（按姓氏笔画排序）

韦良孟（山东农业大学）
邬向东（江西农业大学）
刘文华（青岛农业大学）
刘　芳（河南农业大学）
闫　芳（山西农业大学）
李能章（西南大学）
陈金顶（华南农业大学）
陈培富（云南农业大学）
胡桂学（吉林农业大学）
格日勒图（内蒙古农业大学）
徐凤宇（吉林农业大学）
徐志文（四川农业大学）
唐丽杰（东北农业大学）
潘树德（沈阳农业大学）

审　　阅　李一经（东北农业大学）

第2版编写人员

主　　编　胡桂学　陈金顶　彭远义

副 主 编　唐丽杰　陈培富　邬向东　潘树德

编写人员　（按姓氏笔画排序）

韦良孟（山东农业大学）
邬向东（江西农业大学）
刘文华（青岛农业大学）
刘　芳（河南农业大学）
闫　芳（山西农业大学）
陈金顶（华南农业大学）
陈培富（云南农业大学）
胡桂学（吉林农业大学）
格日勒图（内蒙古农业大学）
倪宏波（黑龙江八一农垦大学）
徐凤宇（吉林农业大学）
徐志文（四川农业大学）
唐丽杰（东北农业大学）
彭远义（西南大学）
潘树德（沈阳农业大学）

第1版编写人员

主　　编　胡桂学

副 主 编　廖　明　彭远义　陈金顶

编写人员　（按姓氏笔画排序）

邬向东（江西农业大学）
刘文华（青岛农业大学）
闫　芳（山西农业大学）
苏敬良（中国农业大学）
陈金顶（华南农业大学）
胡桂学（吉林农业大学）
袁少华（华南农业大学）
彭远义（西南大学）
廖　明（华南农业大学）
霍乃蕊（山西农业大学）

第3版前言

兽医微生物学是一门具有鲜明的时代性、实践性和理论性的课程，新理论层出不穷，新技术日新月异，与其配套的实验教材也应及时做出调整和更新。《兽医微生物学实验教程》自2014年再版以来，得到了业界同仁、授课教师和同学们的广泛认可，同时也收到很多宝贵的有建设性的意见和建议。为了适应我国动物疫病流行的新特点，紧跟兽医微生物学新理论和新技术的发展，在中国农业大学出版社的倡议下，我们在第2版基础上进行了修订和再版。

第3版《兽医微生物学实验教程》延续了第2版的简明、重点突出、可操作性强的特点，编写体例和格式未做调整，仍然分微生物学基础实验和重要动物病原的微生物学检查两大部分。第一部分分四章19个实验，安排了微生物学实验室常用仪器的使用和器材准备，细菌、病毒和真菌的培养与鉴定等微生物学基本实验技术；第二部分由两章构成，分14个实验，突出了对动物医学临床上多发常见和严重危害动物养殖业的传染病病原，如大肠杆菌、链球菌、牛结核杆菌、布氏杆菌，以及非洲猪瘟病毒、猪瘟病毒、猪繁殖与呼吸综合征病毒、新城疫病毒、犬瘟热病毒等的检查内容。为了避免和理论教材在内容上的重复，本书精简了基本原理，增加了2018年传入我国的非洲猪瘟病毒的检查内容，特别强调了生物安全的重要性。另外，由于目前国内商品化微生物培养基种类繁多，购买方便，制备简单，本书将常用微生物培养基精简后安排在附录中，不再阐述其配制方法，只介绍主要成分及用途等内容。但是，对于某些细菌特殊需要的培养基，仍然安排在不同病原菌的检查内容中，使本书具有更强的可操作性。

本书的编者做了少量调整，仍然由从事兽医微生物学教学的一线教师组成。编者们克服了新冠疫情的影响，字斟句酌，认真修订，付出了大量辛苦；审稿者也付出了很多宝贵的精力和时间，在此表示诚挚的谢意。此外，本书的出版离不开中国农业大学出版社的鼎力支持和艰苦细致的编排审定工作，在此也一并表示衷心感谢。

非常感谢东北农业大学动物医学学院院长李一经教授对全书的认真审阅。尽管经过各位编者的认真修订，主编和副主编的仔细校改，由于时间和学术水平的限制，一定还存在这样或那样的问题，恳请同行和师生批评指正，以利再版。

编　者

2021年12月

第2版前言

《兽医微生物学实验教程》自2006年问世至今已有8年时间，得到了同行的大力支持与厚爱，被许多农林高等院校选为实验教材使用，受到了广泛好评，也收到了各方宝贵的意见和建议。随着微生物学新理论和新技术的不断出现，针对我国动物传染病发生的新形势，在中国农业大学出版社的积极倡导下，我们开展了本书的修订工作。在修订过程中，我们注重保持第1版简明扼要、重点突出、实用性强的特点，同时也对书中内容进行了较大的调整和补充。

本书的实验内容分微生物学基础实验和重要动物病原的微生物学检查两大部分。第一部分相当于兽医微生物学实验的总论部分，分5章22个实验，安排了细菌培养基的制备以及细菌、病毒和真菌的培养与鉴定等微生物学基本实验技术；第二部分相当于兽医微生物学实验的各论部分，分2章14个实验，突出了严重危害动物养殖业的猪瘟、猪繁殖与呼吸综合征、新城疫、犬瘟热等重要动物病毒的检查内容。与第1版相比，本书在实验内容上做了很多的补充和删减，增加了动物病原菌和病毒的致病性、生长曲线的绘制、分子生物学鉴定和耐药基因的检测，以及病毒的荧光定量PCR鉴定等实验内容，突出体现了现代生物技术在兽医微生物学中的应用；删除了附录中常用培养基制备内容，把不同细菌特殊需要培养基安排在不同病原菌的检查内容中，使本书具有更强的实用性。考虑到各学校本科实验室生物安全的实际，口蹄疫、狂犬病等危害严重的传染病病原的微生物学检查未列入本书，而像布氏杆菌、炭疽芽孢杆菌等重要人兽共患病原的微生物学检查，则以疫苗株设计了实验内容。

为使本书能体现我国不同高等农业院校在兽医微生物学实验教学中的特点和优势，本书作者由第1版的10位增加至15位，作者单位也由第1版的7个增加到14个，从而具有更广泛的代表性。本书作者都是从事兽医微生物学教学的一线教师，经验丰富，编写认真，审稿者也付出了很多宝贵的个人休息时间，在此表示衷心的感谢。此外，本书从谋划、编写大纲的修订到出版一直得到中国农业大学出版社的大力支持，在此也一并表示诚挚的感谢。

由于本书编写时间较紧，加之学术水平有限，缺点和欠妥之处在所难免，恳请同行和师生批评指正，不吝赐教。

胡桂学

2014年9月

第 1 版前言

随着高等农业院校动物医学专业课程体系改革的不断深入，为适应人才培养的新模式及近年来我国动物传染病发生的新形势，很多院校分别开设了兽医微生物学和兽医免疫学两门课程，将免疫学从微生物学中分离出来，实验教学也进行了相应的调整。在中国农业大学出版社的组织下，由国内部分农业院校从事兽医微生物学教学的一线教师共同编写了这本只含有兽医微生物学部分的实验教程。全书分为细菌形态学检查法、细菌培养法、病原菌的微生物学检查和病毒的培养与鉴定技术四个部分，共计 23 个实验。

本书重视兽医微生物学基本实验方法和技能的培养，紧密结合当前我国动物传染病流行的形势。同时，更加重视对学生归纳总结，提出、分析和解决问题能力的培养，主要表现在对实验报告撰写的要求上。实验报告不要求学生照抄实验教程，而是要求学生写出实验结果，通过思考题，使学生分析出现这些实验结果的理论依据和实际原因，总结实验体会，以巩固学生对实验过程的了解以及实际操作与理论知识的结合。

本书在编写过程中，申报了教育部普通高等教育“十一五”国家级规划教材，并获得批准。各位编者受到很大鼓舞，更加努力工作，精心编写。该书的出版得到了中国农业大学出版社和参编院校的大力支持，在此一并表示诚挚的谢意。此外，本书的编写大纲是在中国农业大学苏敬良老师提交的大纲基础上进行修改后制定的。由于苏老师出国，由本人继续组织编写。在本书完稿之际，也向苏老师表示感谢。

限于编者的水平，本书的不足之处，敬请同行及师生指正，以便修订再版。

胡桂学

2006 年 7 月

目　　录

第一部分　微生物学基础实验

第二部分 重要动物病原的微生物学检查

兽医微生物学实验室生物安全与规则

兽医微生物学实验教学的目的在于使学生掌握基本的微生物学操作技能及其应用意义，深刻理解微生物学的基本理论。同时，使学生在以下几方面取得进步：一是观察、分析、解决问题的能力；二是实事求是、严肃认真的科学态度；三是独立思考、勇于创新的开拓精神；四是认真负责、团结协作、勤俭节约、爱护公物的良好习惯。

在实验中可能接触病原微生物及其提取物或气溶胶，要树立良好的生物安全和无菌操作意识，工作要严谨、细心，严防病原微生物的污染、散播，杜绝事故，确保安全。具体应注意下列事项：

(1)每次实验课前必须充分预习实验内容，明确实验的目的、意义、原理和步骤，并根据内容选择适当生物安全级别的实验室。

(2)对于可能接触到人兽共患传染病病原的工作人员，应提前接种相关疫苗。

(3)需要用到实验动物的内容，需事先经过有关部门的检疫，检疫合格后，方可使用；要掌握动物的处理方法，操作要谨慎镇定，避免伤害人或动物。

(4)进入实验室，须着工作衣帽，固定座位；保持实验室整洁，非实验必需物品勿带入实验室；尽量避免走动，切勿高声说话。

(5)严格无菌操作，防止病原微生物污染或散播。

①实验过程中，一旦实验衣帽污染可传染的材料，应脱下并浸于消毒液中(如5%石炭酸或含氯5.25%的消毒剂等)过夜，或高压灭菌后洗涤。

②沾有病原微生物的器皿及废弃培养物，应置于指定地点，消毒灭菌后再洗涤；实验用过或余下的动物尸体和病料，应严格消毒灭菌，做无害化处理。

③接种环、接种针使用前后须烧灼灭菌。

④含有液体的试管须立于试管架中，避免液体流出。

⑤实验室中禁止饮食、吸烟、化妆、戴隐形眼镜等，勿用嘴吸取液体。

⑥操作危险材料时，勿谈话或思考其他问题，以免分散注意力而发生意外。

⑦实验中万一发生意外，如吸入细菌、划破皮肤及病料污染桌面或地面等时，应及时报告教师并立即处理，必要时就医。病原微生物污染的地点，应以布蘸浓消毒液(5%石炭酸等)覆盖过夜。

⑧菌种或毒种不得带出实验室。

⑨实验完毕后应先用消毒液洗手，然后用清水冲洗。

(6)一切易燃品应远离火源。不可将酒精灯倾斜，点燃另一个酒精灯。酒精灯中的酒精要及时添加，使酒精量既不少于酒精灯容积的1/4，也不超过酒精灯容积的2/3。电炉、电热板等用完后立即关闭。实验室内要备有充足的灭火器具，并学会使用。

(7)养成节约习惯，合理使用实验器材。

①应节约使用药品、试剂、拭镜纸和吸水纸等。

②使用仪器要严格按规程操作、维护，避免损坏；贵重仪器使用结束后应做好登记；不是当次实验使用的仪器不要动。

③平皿一般应倒置，即皿底在上，避免污染。

④金属器皿用完消毒后，应立即擦干，防止生锈。

(8)所用试剂、染色剂、培养物、培养基、实验动物和病料等，均需标记明确。需进行湿热灭菌的器皿，标签应用记号笔写清。

(9)认真操作，仔细观察，及时如实做好记录，必要时以照片形式留存。

(10)实验结束后，及时清理实验台。各种器材放回原处或指定地点，摆放整齐。清扫实验室，关好门、窗，检查水、电和煤气等是否关好。

第一部分

微生物学基础实验

第一章　微生物学实验室常用仪器的使用及器材的准备

(Employment of Common Instruments in Microbiological Laboratory and Preparation of Equipments)

实验 1　微生物学实验室常用仪器的使用

(Employment of Common Instruments in Microbiological Laboratory)

【目的要求】

(1)了解微生物学实验室常用仪器原理、使用方法和维护要点。

(2)熟练掌握油镜的使用方法。

【基本原理】

(一)显微镜

显微镜是微生物学工作者必不可少的工具,因微生物个体微小,通常用微米表示,肉眼难于看见,必须利用显微镜放大后才能看见。从工作原理和结构上显微镜可分为光学显微镜和电子显微镜。其中,光学显微镜有普通光学显微镜、暗视野显微镜、相差显微镜、荧光显微镜和激光共聚焦显微镜等;电子显微镜有透射电子显微镜和扫描电子显微镜等。观察细菌的形态与结构,最常用的物镜是油镜。

1. 普通光学显微镜

普通光学显微镜由一组机械支持及调节系统和光学放大系统组成(图 1-1),这两部分很好地配合,才能发挥作用。

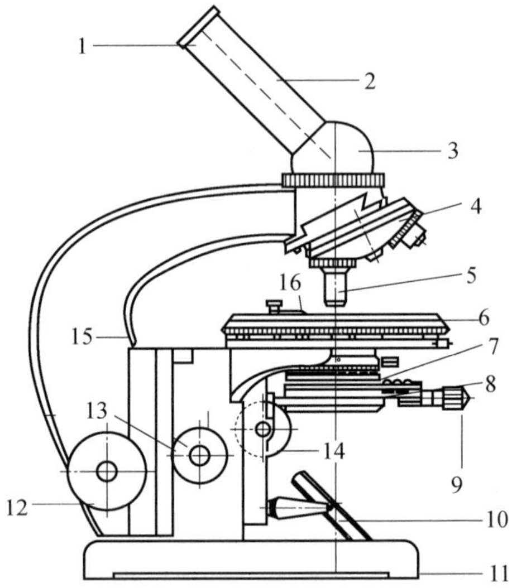

图 1-1　普通光学显微镜的结构模式图

1. 目镜　2. 镜筒　3. 棱镜套　4. 物镜转换器　5. 物镜　6. 载物台　7. 聚光器　8. 虹彩光圈　9. 光圈固定器　10. 反光镜　11. 镜座　12. 粗调焦旋钮　13. 细调焦旋钮　14. 聚光器升降螺旋　15. 镜臂　16. 标本夹

(1)机械支持及调节系统:机械支持及调节系统是整个显微镜的骨架,对光学放大系统起支撑和调节作用,部件包括镜座、镜臂、载物台、镜筒、物镜转换器和调焦旋钮等。

- 镜座:镜座是显微镜的基座,可使显微镜平稳地放置在桌面上。
- 镜臂:镜臂用于支撑镜筒、载物台和调节系统。
- 载物台:是放置标本的地方,多为方形。载物台上有标本固定和位置移动系统,用于固定标本和在平面上移动。标本固定和位置移动系统上附带有游标卡尺，可用于标本定位。

• 镜筒：镜筒是连接物镜转换器和目镜的金属筒，其上端插入目镜，下端和物镜转换器相连接。

• 物镜转换器：物镜转换器安装在镜筒下端，用于装配物镜，一般装配 4～6 个不同放大倍数的物镜，转动物镜转换器可以选择合适的物镜。

• 调焦旋钮：粗、细调焦旋钮位于镜臂基部，可使镜臂上下移动，用于调节焦距。

(2)光学放大系统：光学放大系统架构于机械系统上，包括光源、聚光器、目镜和物镜。光学系统使标本物像放大，形成倒立的放大物像。

• 光源：光源有自然光源和电光源两种。老式显微镜一般采用自然光源，其取光设备是反光镜。反光镜有两个面，一面是平面镜，另一面是凹面镜。新式显微镜设置有内源性电光源，使用方便，不受环境光源的影响。

• 聚光器：聚光器在载物台下面，一般由聚光透镜、虹彩光圈和升降螺旋组成。聚光器可分为明视场聚光器和暗视场聚光器。普通光学显微镜配置的都是明视场聚光器。明视场聚光器又有阿贝聚光器、齐明聚光器和摇出聚光器之分。

• 物镜：物镜安装在物镜转换器上，其作用是对标本进行第一次成像。物镜的性能取决于物镜的数值孔径(NA)。数值孔径越大，物镜的性能越好(图 1-2)。

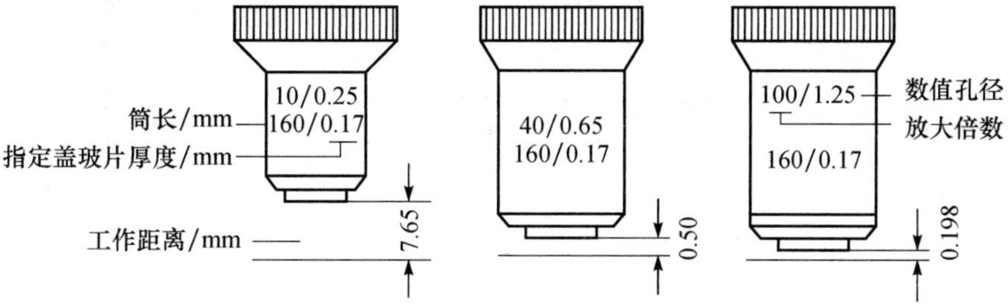

图 1-2　显微镜物镜参数示意图

增大物镜与标本之间介质的折射率也是行之有效的方法。在使用油浸物镜观察细菌的形态时，在物镜与标本之间滴加香柏油就是为了提高分辨率，并减少因折射而造成的光线散失(图 1-3)。

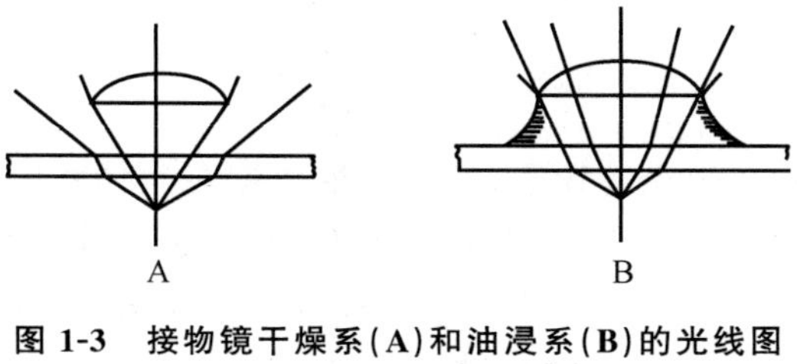

图 1-3　接物镜干燥系(A)和油浸系(B)的光线图

物镜下表面与标本之间或与盖玻片之间的距离称为物镜的工作距离。物镜的放大倍数越大，则其工作距离越短。油镜的工作距离最短，只有约 0.2 mm。

物镜的种类很多，可从不同角度来分类。根据物镜前透镜与被检物体之间的介质不同，物镜可分为干燥系物镜和油浸系物镜。①干燥系物镜：以空气为介质，如常用的 40×以下的物镜，数值孔径均小于 1；②油浸系物镜：常以香柏油为介质，此物镜又叫油镜头，其放大率为 90×～100×，数值孔径大于 1。检查细菌标本，多用油镜进行。油镜是一种放大倍数较高的物镜，一般都刻有放大倍数和特别的标记，以便于识别。国产显微镜多用"油"字表示，国外产品则常用"oil"或"HI"做记号。油镜上也常漆有黑环或红环，而且油镜的镜身较高倍镜和低倍镜的长，镜片最小，这也是识别的另一个标志。根据物镜放大率的高低，物镜又可分为：①低倍物镜；②高倍物镜；③中倍物镜。

• 目镜：目镜的作用是把物镜放大了的实像进行二次放大，并把物像映入观察者的眼中。

(3)显微镜的成像原理：由光源射入的光线经聚光镜聚焦于被检标本上，使标本得到足够的照明；由标本反射或折射出的光线经物镜放大，在目镜的视场光阑处形成放大的实像；此实像再经接目镜放大成虚像。

油镜头的镜片细小，进入镜中的光量亦较少，其视野较高倍镜暗。当油镜头与载玻片之间为空气所隔时，因为空气的折光指数与玻璃不同，故有一部分光线被折射而不能进入镜头内，使视野更暗；若在镜头与载玻片之间放上与玻璃的折光指数相近的油类，如柏木油等，则光线不会因折射而损失太多，从而使观察者的视野得到充分照明，能清楚地进行观察和检查。

2. 暗视野显微镜

暗视野显微镜(dark-field microscope)又称暗场显微镜，是在普通光学显微镜中去除明视野集光器，换上一个暗视野集光器。通过观察样品受侧向光照射时所产生的散射光来分辨样品的细节。

暗视野显微镜使用特殊的暗视野聚光镜或暗视野聚光器。此聚光镜中央有一光挡，使光线不能由中央直线向上进入镜头，只能从周缘进入并汇聚在被检物体的表面；同时，在有些物镜镜头中还装有光圈，以阻挡从边缘漏入的直射光线。由于光线不能直接进入物镜，因此，视野背景是黑暗的，如果在标本中有颗粒物体存在，并被斜射光照到，则能引起光线散射，一部分光线就会进入物镜。暗视野显微镜适于观察在明视野中由于反差过小而不易观察的折射率很强的物体，以及一些超出光学显微镜分辨极限的微小颗粒。在微生物学研究工作中，常用暗视野显微镜来观察活菌、螺旋体的运动或鞭毛等。

暗视野显微镜和一般的明视野显微镜区别只在于二者的聚光镜不同，暗视野聚光镜可阻止光线直接照射标本，使光线斜射在标本上。

3. 相差显微镜

相差显微镜(phase contrast microscope)适合于观察透明的活微生物或其他细胞的内部结构。用普通光学显微镜观察一些活的微生物或其他细胞等透明物体时，常不易分清其内部的细微结构。但光线通过厚度不同的透明物体时，其相位却会发生改变，形成相差。相差不表现为明暗和颜色的差异。而利用光学的原理，可以把相差改变为振幅差，这样就能使透明的不同结构表现明暗的不同，从而能够较清楚地予以区别。

4. 荧光显微镜

荧光显微镜(fluorescence microscope)用来观察荧光性物质，特别是供免疫荧光技术应用的专门显微镜。荧光性物质含有荧光色素，当其受到一定波长的短波光(通常是紫外线部分)照射时，能够激发出较长波长的可见荧光。利用这一现象，把荧光色素与抗体结合起来，进行免疫反应，就可以在荧光显微镜中观察荧光影像，以进行各种判定。荧光显微镜激发光照射的方式，有透射和落射两种。

5. 电子显微镜

用可见光作为光源的各种光学显微镜，进入光学放大系统中的可见光，其波长是恒定的，而显微镜的分辨能力与波长相关，故欲提高分辨力则需缩短波长，但这是无法实现的，因此，光波波长是限制显微镜增大分辨力不可逾越的障碍。电子显微镜有透射电子显微镜(transmission electron microscope)和扫描电子显微镜(scanning electron microscope)两种。目前的电子显微镜分辨能力已达 0.3 nm 甚至 0.14 nm 的水平(可以直接看到原子)，放大倍数亦可达250 000倍以上，再利用显微摄影技术放大10倍，就能得到2 500 000倍放大的图像。

（二）恒温箱

恒温箱是培养微生物的必备仪器。目前市场上有两种恒温箱：一种是普通电热恒温箱，不能制冷，在南方天气炎热时，培养真菌有一定困难；另一种是生化培养箱，可制冷，调温范围在5～50 ℃，比较方便调温，目前应用较广。两种恒温箱操作步骤基本相似，具体步骤如下：

1. 操作前准备

对箱体内进行清洁和消毒。

2. 操作过程

（1）接通电源，开启电源开关。

（2）调节调节器按钮至调节温度档，并调节至所需温度，点击“确认”按钮，加热指示灯亮，培养箱进入升温状态。

（3）箱内温度应按照温度表指示为准。

3. 维修保养及注意事项

（1）恒温箱必须连接地线，以保证使用安全。

（2）在通电使用时，箱左侧空间内的电器部分忌用手触及或用湿布揩抹及用水冲洗。

（3）电源线不可缠绕在金属物上或放置在潮湿的地方。必须防止橡皮老化、破损造成漏电。

（4）实验物放置在箱内不宜过挤，使空气流动畅通，保持箱内平均受热。在实验时，应将顶部适当旋开，使湿空气外逸以利于调节箱内温度。

（5）箱内外应保持清洁，每次使用完毕应当进行清洁。

（6）若长时间停用，应将电源切断。

（三）高压蒸汽灭菌器

高压蒸汽灭菌器是根据沸点与压力成正比的原理设计，其灭菌效果较好。通常在0.104 MPa压力下灭菌15～20 min，可将包括细菌芽孢和一般细菌完全杀灭。目前，高压蒸汽灭菌器有手提式与全自动两种，具体操作步骤如下。

1. 手提式高压蒸汽灭菌器

（1）将内层灭菌桶取出，再向外层锅内加入适量的去离子水或蒸馏水，使水面与三角架相平为宜。

（2）放回灭菌桶，并装入待灭菌物品。注意不要装得太挤，以免妨碍蒸汽流通而影响灭菌效果。三角烧瓶与试管口端均不要与桶壁接触，以免冷凝水淋湿包口的纸而透入棉塞。

（3）加盖，并将盖上的排气软管插入内层灭菌桶的排气槽内。再以两两对称的方式同时旋紧相对的两个螺栓，使螺栓松紧一致，勿使漏气。

（4）加热，并同时打开排气阀，使水沸腾以排除锅内的冷空气。待冷空气完全排尽后，关上排气阀，让锅内的温度随蒸汽压力增加而逐渐上升。当锅内压力升到所需压力时，控制热源，维持压力（一般为121 ℃，0.1 MPa）至所需时间。

（5）灭菌时间到后，切断电源，让灭菌锅内温度自然下降。当压力表的指示数降至零时，打开排气阀，旋松螺栓，打开盖子，取出灭菌物品。

2. 全自动高压蒸汽灭菌器

(1)在设备使用中，应对安全阀加以维护和检查。当设备闲置较长时间重新使用时，应扳动安全阀上小扳手，检查阀芯是否灵活，防止因弹簧锈蚀而影响安全阀起跳。

(2)设备工作时，当压力表指示超过 0.165 MPa 时，安全阀不开启，应立即关闭电源，打开放气阀旋钮；当压力表指针回零时，稍等 1～2 min，再打开容器盖并及时更换安全阀。

(3)摆放灭菌物品时，严禁堵塞安全阀的出气孔，必须留出空间保证其畅通放气。

(4)每次使用设备前必须检查外桶内水量是否充足。

(5)当灭菌器需要连续工作时，在进行新的灭菌作业前，应留有 5 min，并打开上盖使设备有时间冷却。

(6)灭菌液体时，应将液体罐装在硬质的耐热玻璃瓶中，以不超过 3/4 容积为好，瓶口选用棉花塞，切勿使用未开孔的橡胶或软木塞(注意：在灭菌液体结束时不准立即释放蒸气，必须待压力表指针恢复到零位后方可排放余气)。

(7)对不同类型、不同灭菌要求的物品，如敷料和液体等，切勿放在一起灭菌，以免顾此失彼，造成损失。

(8)取放物品时，注意不要被蒸汽烫伤，可戴上线手套。

(四)超净工作台

超净工作台是微生物学实验室最常用的设备之一，是细菌、病毒等微生物的分离、培养、鉴定等操作的重要平台。

1. 使用方法

(1)使用超净工作台时，应提前 50 min 开机，同时开启紫外杀菌灯，杀灭操作区内表面的微生物，30 min 后关闭杀菌灯(此时日光灯即开启)，启动风机。

(2)新安装的或长期未使用的超净工作台，使用前必须对工作台和周围环境先用超净真空吸尘器或用不产生纤维的工具进行清洁，再采用药物灭菌法或紫外线灭菌法进行灭菌处理。

(3)操作区内不允许存放不必要的物品，保持工作区的洁净，但气流流型不受干扰。

(4)操作区内尽量避免做明显扰乱气流流型的动作。

(5)操作区的使用温度不要超过 60 ℃。

2. 维护规程及注意事项

(1)根据环境的洁净程度，可定期(一般 2～3 个月)将粗滤布(涤纶无纺布)拆下清洗或给予更换。

(2)定期(一般为 1 周)对周围环境进行消毒工作，同时经常用纱布蘸酒精或丙酮等有机溶剂将紫外线杀菌灯表面擦干净，保持表面清洁，否则会影响杀菌效果。

(3)操作区平均风速保持在 0.32～0.48 m/s 范围内。

(五)冰箱

冰箱系根据液体挥发成气体时需要吸热，而将其周围的温度降低这一原理设计而成的。可用的冷却剂有氨、二氧化碳和氟利昂等，这些物质在液态时都容易汽化，汽化时吸收大量的热量，稍加压力又易被液化。

（六）离心机

离心机是根据物体转动产生离心力这一原理而制成的，在微生物学实验中主要用以沉淀细菌、分离血清和其他不同的材料。超速离心机原理与普通离心机相同，只是转速较高，可达到 50 000 r/min 以上，常用于病毒的提纯、浓缩以及测定病毒颗粒沉降系数和浮密度等。

（七）PCR 仪

聚合酶链式反应（polymerase chain reaction，PCR）是利用耐高温 DNA 聚合酶对特定基因或 DNA 片段做体外大量扩增的技术。根据 DNA 扩增的目的、要求和检测标准，可以将 PCR 仪分为普通 PCR 仪、梯度 PCR 仪、原位 PCR 仪、实时荧光定量 PCR 仪等多种类（图 1-4）。

1. 使用方法

（1）首先准备好反应管（由专业公司提供），配制反应体系，盖紧管盖。

（2）打开电源开关，按照机器屏幕显示的提示设定程序（包括预变性、变性—退火—延伸、循环次数、充分延伸和冷却所需的温度和维持时间），预热 10～15 min。

（3）打开机盖，将反应管平稳、端正地置入，盖好机盖。

（4）进口仪器则以“Start”键起动扩增，结束出现“Complete”时按住“Stop”键，待风机停止工作，关闭电源，取出样品盖好护套。

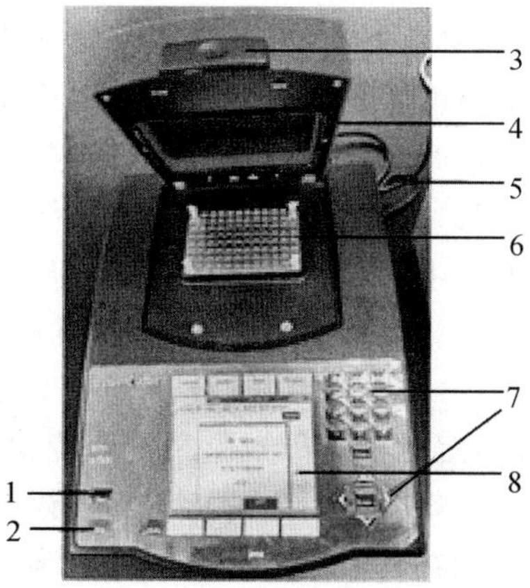

图 1-4　普通 PCR 仪示意图

1. Start 键　2. Stop 键　3. 盖锁　4. 盖子　5. 电源开关（位于机背面）　6. 反应管槽　7. 数字键盘　8. 屏幕

2. 维护及注意事项

（1）要严格注意 PCR 仪的使用环境条件和对电源的要求。

（2）打开 PCR 仪机盖开关要轻，防止损坏盖锁。

（3）PCR 仪工作时严禁打开机盖。

（4）要定期用肥皂水清洗仪器的样品槽，不能使用强碱、高浓度酒精及其他有机溶液擦洗。

（5）产品出现故障时要及时请专业的维修人员或厂家的维修人员维修。

【器材准备】

普通光学显微镜，大肠杆菌和金黄色葡萄球菌标本片，香柏油，二甲苯和擦镜纸等。

【实验步骤】

1. 观察前的准备

（1）取镜：从镜柜或镜箱内取出显微镜，注意要用右手紧握镜臂，左手托住镜座，平稳地将显微镜放置于实验台上。

（2）安放：将显微镜放在身体的左前方，离桌子边缘 10 cm 左右，右侧可放记录本或绘图纸。

（3）光照调节：自带光源的显微镜，可通过调节旋钮来调节光照强弱；不带光源的显微镜，可利用灯光或自然光通过反光镜来调节光照。将 10× 物镜转入通光孔，将聚光器上的虹彩光圈打到最大位置，用左眼观察目镜中视野的亮度，转动反光镜，让光线经通光孔反射到镜筒内，使视野的光照达到最明亮、最均匀为止。光线较强时，用平面反光镜；光线较弱时，用凹面反光镜。

(4)光轴中心调节：在用显微镜观察时，其光学系统中的光源、聚光器、物镜和目镜的光轴及光阑的中心必须与显微镜的光轴在同一直线上。使用带视场光阑的显微镜时，先将光阑缩小，用10×物镜观察，在视场内可见视场光阑圆球形的物像。若此物像不在视场中央，可利用聚光器外侧的两个调节旋钮将其调到中央，然后缓慢地将视场光阑打开，能看到光阑向视场周缘均匀展开，直至视场光阑的物像完全与视场边缘内接，说明光线已经合轴。

2. 操作步骤

(1)低倍物镜观察：镜检观察必须从低倍物镜开始。将标本片放置在载物台上，用标本夹压住，移动推动器，使被观察的标本处在物镜正下方，正对通光孔的中心；转动转换器，使低倍物镜对准通光孔。转动粗调焦旋钮，使物镜调至接近标本处，用目镜观察的同时调节粗调焦旋钮慢慢升起载物台，直至物像出现，再调节细调焦旋钮至物像清晰为止。

(2)高倍物镜观察：在用低倍物镜观察的基础上转换高倍物镜。从目镜观察，调节光照，使亮度适中，缓慢调节粗调焦旋钮，使载物台上升，直至物像出现；再用细调焦旋钮微调至物像清晰为止。找到需观察的部位，并移至视野中央进行观察。

(3)油镜观察：油浸物镜的工作距离很短，一般在0.2 mm以内，故使用油浸物镜时应特别细心，避免压碎标本片并使物镜受损。具体操作步骤如下：

①先用粗调焦旋钮将载物台下降约2 cm。

②在玻片标本的镜检部位滴上一滴香柏油。

③从侧面观察，用粗调焦旋钮将载物台缓缓地上升，让油镜浸入香柏油中，使镜头几乎与标本接触。

④从目镜内观察，上调聚光器至顶位，使光线充分进入；调节粗调焦旋钮将载物台徐徐下降，至能模糊看到物像时，改用细调焦旋钮至最清晰为止；如果油镜已离开油面，则必须重复上述操作。

⑤观察完毕，下降载物台，将油镜头转出，先用擦镜纸擦去镜头上的油，再用擦镜纸蘸少量二甲苯，擦去镜头上残留油迹，最后再用擦镜纸擦拭2～3下即可。

⑥将各部分还原，转动物镜转换器，使低倍物镜与载物台通光孔相对，再将载物台下降至最低，降下聚光器，反光镜与聚光器垂直；用一个干净手帕将目镜罩好，以免目镜镜头沾染灰尘；最后，用柔软纱布清洁载物台等机械部分，然后将显微镜放进柜内或箱中。

【注意事项】

(1)取送显微镜一定要一手握住镜臂，一手托住镜座，不允许用一只手提着显微镜。

(2)使用显微镜时，应调整凳子高度，以便能舒适地观察，勿将显微镜倾斜。

(3)目镜和物镜平时放在显微镜箱内的专用盒内，课间要用专用的塑料袋或布袋随时罩好。绝不能把镜头直接放到二甲苯中浸泡，这样会使镜头开胶，导致镜片脱落。保持载物台清洁、无油，除油浸物镜外，其他物镜不得接触香柏油。

(4)在调节粗、细调焦旋钮使载物台上升时，一定要用眼睛直接看着镜筒，否则有可能砸坏物镜和玻片标本。显微镜使用时间过长，容易出现载物台自动下滑现象，要及时检查和维修。

(5)转动物镜转换器时，不要用手指扳物镜。应握准物镜转换器的边缘转动。

(6)镜检时，应首先用低倍物镜进行调焦，再换高倍物镜，最后用油浸物镜进行观察。

(7)观察时，左眼注视目镜内，右眼睁开，便于同时绘图。

(8)实验完毕，把显微镜的外表擦拭干净；镜头要用擦镜纸擦拭。最后把显微镜放进镜箱里，送回原处。

(9)显微镜发生故障时，应立即向指导教师汇报，未经同意，不得随便更换显微镜。

【实验报告】

(一)实验结果

绘制两幅细菌形态或结构的镜下图，主要包括细菌的颜色、菌体特征。

(二)思考题

(1)说明普通光学显微镜油镜的使用原理。

(2)说明普通光学显微镜使用的注意事项。

(3)比较教程中介绍的各种显微镜的特点。

实验2　常用器材的准备

(Preparation of Equipments in Common Use)

【目的要求】

(1)了解微生物学实验室常用器材的处理、保存和准备。

(2)熟练掌握试管、玻璃器皿、移液管的包扎方法。

【基本原理】

清洁的玻璃器皿是获得正确实验结果的重要条件之一。清洗的目的在于除去玻璃器皿上的污垢(如灰尘、油污、无机盐等)。

实验室常用洗涤剂的种类及其应用如下:①洗衣粉:使用时多用刷子(试管刷、瓶刷)蘸少许洗衣粉刷洗容器或载玻片和盖玻片,再用水冲洗。②洗洁精:在清洗盆中加入水后添加少量的洗洁精,然后用刷子洗刷玻璃器皿等物品,用水冲洗干净,再用蒸馏水冲洗。③洗涤液:通常用的洗涤液是重铬酸钾(或重铬酸钠)的硫酸溶液。重铬酸钾与硫酸作用后形成铬酸。铬酸是一种强氧化剂,去污能力很强,实验室常用其除去玻璃和瓷质器皿上的有机质,但切不可用于洗涤金属器皿。

(一)新购玻璃器皿的处理

(1)玻璃器皿的清洗:新购玻璃器皿(包括载玻片、盖玻片、试管、吸管、平皿、三角锥瓶等)常附有游离碱质,不可直接使用,应先在1%~2%的盐酸溶液中浸泡数小时,以中和其碱质;然后再用肥皂水及清水刷洗,以除去遗留的酸质,最后用蒸馏水冲洗3次,在55 ℃烘箱内烘干备用。

(2)石英和玻璃比色皿的清洗:绝不可用强碱清洗,因为强碱会侵蚀抛光的比色皿,只能用洗涤液浸泡,然后用自来水冲洗。清洗干净的比色皿内外壁也应不挂水珠。

(二)使用过的玻璃器皿的清洗

(1)载玻片:用过的载玻片放入1%的洗衣粉溶液中煮沸20~30 min(注意:溶液一定要浸没玻片,否则会使玻片钙化变质),待冷却后逐个用自来水洗净,浸泡于95%的酒精中备用。带有活菌的载玻片可先浸在5%的石炭酸或2%~3%的来苏水或0.1%的升汞溶液中消毒24~48 h后,再按上述方法洗涤。使用前,将载玻片从酒精中取出,经火焰点燃,使载玻片表面的残余酒精烧净,方可使用。

(2)血细胞计数板:血细胞计数板使用后应立即用水冲净,必要时可用95%的酒精浸泡,或用酒精棉轻轻擦拭。切勿用硬物洗刷或抹擦,以免损坏网格刻度。洗涤完毕后镜检血细胞计数板的计数区是否残留菌体或其他沉淀物。洗净后自然晾干或吹干后放入盒内保存。

(3)一般玻璃器皿:一般玻璃器皿可先用毛刷蘸洗涤剂洗去灰尘、油污、无机盐等物质,再用自来水冲洗干净。如果器皿要盛高纯度的化学药品或者做较精确的实验，可先在洗涤液中浸泡过夜，再用自来水冲洗，最后用蒸馏水洗 3 次。将洗刷干净的玻璃器皿烘干备用。

染菌的玻璃器皿应先经 121 ℃高压蒸汽灭菌 20～30 min 后取出，趁热倒出容器内的培养物，再用洗洁精洗刷干净，最后用水冲洗。染菌的移液管和毛细吸管使用后应立即放入 5%的石炭酸溶液中浸泡数小时，先灭菌，然后再冲洗。

(4)含有琼脂培养基的玻璃器皿：对于含有琼脂培养基的玻璃器皿，应先用玻璃棒等将器皿中的琼脂培养基刮下。如果琼脂培养基已经干燥，可将器皿放在少量水中煮沸，待琼脂融化后趁热倒出。再将培养皿底或皿盖上的标记擦去，用自来水洗刷至无污物，然后用合适的毛刷蘸洗液刷洗内壁，最后用清水冲洗干净；或浸泡在 0.5%的清洗剂中超声清洗，用自来水彻底洗净后，用蒸馏水洗 2 次。洗净的培养皿的盖或底全部向下，一个接一个压着皿边，扣在桌子上晾干备用。清洗后器皿内外不可挂有水珠，否则需用洗液浸泡数小时后，重新清洗。如果器皿上沾有蜡或油漆等物质，可用加热的方法使之融化后揩去，或用有机溶剂(二甲苯、丙酮等)擦拭。

(5)用过的吸管：用过的吸管应及时浸泡在水中，进行清洗。清洗后的吸管，倒转使吸管顶尖向上，将吸管内的水分晾干，或放在烘箱中烘干。

(三)玻璃器皿等器材的包扎

包扎是为了防止器皿消毒灭菌后再次受到污染。常规的包扎应采用牛皮纸或报纸，主要是要防止瓶口污染，包括玻璃培养皿的包扎、玻璃移液管的包扎、试管包扎、三角锥瓶瓶口的包扎等。

【器材准备】

(1)培养细菌后需处理的玻璃平皿若干。

(2)三角锥瓶若干，相应大小硅胶塞若干。

(3)牛皮纸或干净报纸若干，棉线若干。

(4)移液管若干。

(5)试管若干，试管塞若干，相应大小硅胶塞若干。

【实验步骤】

(一)污染细菌的玻璃平皿清洗、干燥

(1)高压灭菌：将培养细菌后需处理的玻璃平皿置高压灭菌器中，0.104 MPa 压力下灭菌 20～30 min。

(2)玻璃平皿洗涤：将灭菌后玻璃平皿浸泡于水中，用毛刷或试管刷擦上肥皂，刷去油污和污垢，然后用清水冲洗数次，最后用蒸馏水冲洗干净。

(3)玻璃平皿经清水冲洗后仍有油迹时，可置于 1%～5%的碳酸氢钠溶液中或 5%的肥皂水中煮沸 30 min，再用毛刷刷去油污，最后用清水或蒸馏水冲洗干净。

(4)洗净的玻璃器皿，倒扣于干燥架上，令其自然干燥，必要时亦可放于恒温箱或 50 ℃左右干燥箱中烘干。

(二)玻璃器皿的包扎

为避免二次污染,在灭菌之前,洗涤干净且自然干燥或烘干的玻璃器皿,需做必要的包扎。

(1)玻璃培养皿的包扎:洗净晾干的培养皿,用旧报纸进行包扎,每包 4～5 套(图 1-5)。包扎后的培养皿经过灭菌后才可使用。

(2)玻璃移液管的包扎:首先在移液管的上端塞上一小段棉花(非脱脂棉),塞入的棉花应与吸管口保持 5 mm 左右的距离;然后将旧报纸撕成长条,将移液管的尖端放在纸条的一端,并呈 45°角,折叠纸条,包住尖端;一手捏住管身,一手将移液管压紧在桌面上,向前滚动,以螺旋式进行包扎,剩余的纸条折叠打结。最后把包扎好的移液管成捆扎好,标记,以备灭菌。

(3)玻璃试管的包扎:先塞上合适的硅胶塞(塞子应有 1/2～2/3 进入试管),或盖上合适的试管套,然后 7 支一捆先用报纸包扎,再用棉线扎紧,以盖住试管口为宜(图 1-6),进行高压灭菌。包扎的目的是防止试管塞或硅胶塞在高压时掉落而污染。切勿从上包到底,以免观察不到试管。

图 1-5　培养皿的包扎

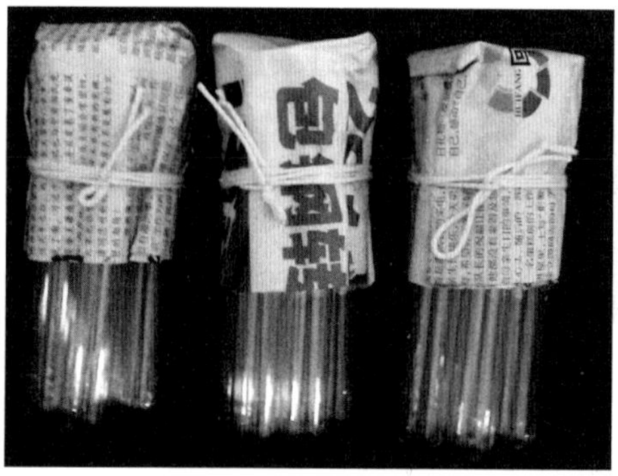

图 1-6　试管的包扎

(4)试剂瓶的包扎:用报纸或牛皮纸包扎后,灭菌。

(5)三角锥瓶的包扎:塞上合适的瓶塞,或盖上 8 层纱布,外加 2 层报纸,用棉绳包扎后灭菌。

【注意事项】

(1)对于含有致病菌的玻璃器皿,应先将其浸在 5%的石炭酸溶液内或经高压灭菌后再行洗涤。

(2)用过的器皿必须立即洗刷,放置太久会增加洗刷难度。洗涤前应检查玻璃器皿是否有裂缝或者缺口,发现破裂或有缺口则应弃去。使用洗涤液时,投入的玻璃器皿应尽量干燥,以避免稀释洗涤液。如果想要去污作用更强,可将洗涤液加热至 40～50 ℃(稀铬酸洗液可以煮沸)。用洗涤液洗过的器皿,应立即用水冲洗至无色为止。

(3)任何洗涤方法都不应对玻璃器皿造成损伤。因此,既不能使用对玻璃器皿有腐蚀作用的化学试剂,也不能使用比玻璃硬度大的制品擦拭玻璃器皿。

(4)吸管接口端堵塞的棉花应与吸管接口保持 5 mm 左右的距离,若棉花露在管口外,会导致堵塞不严、漏液,操作不方便。塞入的棉花全长不得短于 10 mm,并且松紧度要适宜,过松易脱落,过紧不透气,无法使用。

【实验报告】

(一)实验结果

详细叙述使用过的玻璃器皿的洗涤过程。

(二)思考题

(1)微生物学常用玻璃器皿的清洁方法有哪些?
(2)如何确定玻璃器皿已清洗干净?
(3)器皿包扎的基本要求有哪些?

第二章　细菌的培养与鉴定

(Cultivation and Identification of Bacteria)

实验3　细菌的分离培养、计数及其生长曲线的绘制

(Isolation, Cultivation, Counting and Growth Curve of Bacteria)

【目的要求】

(1)掌握细菌分离培养的基本要领。

(2)了解细菌分离培养的基本原则。

(3)掌握几种常用的细菌分离纯化方法。

(4)掌握平板菌落计数法测定细菌数量的基本原理和方法。

(5)掌握细菌生长曲线的绘制方法及意义。

(6)了解大肠埃希菌生长曲线的特点及其测定的原理。

(7)掌握用比浊法绘制细菌生长曲线的操作方法。

一、细菌的分离

【基本原理】

自然界中各种微生物呈杂居状态，如普通动物肠道内约有上千种细菌，即使取少量样品也是许多微生物共存的群体。要研究或应用某种微生物，首先需使其成为纯培养物(pure culture)，即由单一微生物生长、繁殖形成的群体。可采用无菌显微操作技术直接挑取微生物的单细胞，经培养获得纯培养物。此法对仪器和操作技术要求较高，多应用于高度专业化的科学研究中。实践中常采用平板划线法(streak plate method)、涂布平板法(spread plate method)和倾注平板法(pour plate method)等进行细菌分离，在固体培养基表面获得纯培养物。

(一)平板划线法

【器材准备】

(1)菌种：葡萄球菌和大肠埃希菌的混合培养液(或其他待分离材料)。

(2)培养基：普通营养琼脂平板(或其他培养基)。

(3)其他用具：接种环、酒精灯、试管架、记号笔和废物缸等。

【实验步骤】

(1)在平皿底边缘用记号笔做好标记，如菌种、班级、姓名、接种日期、原划线位置。

(2)右手持接种环绝缘柄，先将环端烧热(图2-1A)，然后将接种环提起，垂直置于火焰上

(图 2-1B),待接种环烧红,再将其倾斜,沿金属柄向上,烧至可能接触培养皿的部位,再移向环端,如此快速来回通过火焰 3～5 次(图 2-1C)。也可在红外线灭菌器内转动灭菌 5～7 s。

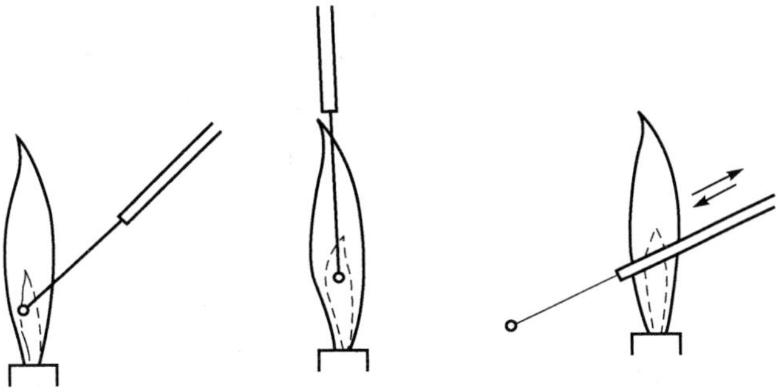

图 2-1　接种环(针)的火焰灭菌示意图

(3)灼烧的接种环冷却后,接种环取满混匀的葡萄球菌和大肠埃希菌混合培养液。

(4)左手斜持琼脂平板,略开盖(约 35°),平板距酒精灯火焰左前上方 5～6 cm,右手持已取标本的接种环,在琼脂平板表面一侧边缘的皿底标记原划线位置,作原划线(图 2-2A),接种环灼烧灭菌。

(5)接种环冷却后,自原划线末端蘸取少许标本,使接种环面与平板表面呈 30°～40°角,连续划线,即用腕力将接种环在培养基表面来回划线(图 2-2B),稀释待分离材料。划线密但不重叠,充分利用平板的表面积,不要划破琼脂,并注意无菌操作。

也可用分区划线法。即从原划线末端蘸取标本后只划平板的 1/4～1/3(第一段,图 2-2C),划毕灭菌接种环,待冷却;于第二段处再划线,且在划线时与第一段的线相交数点(图 2-2D);待第二段划线完成,再同上法灭菌,冷却后同样划线,依次划至最后一段(图 2-2E)。接种环灼烧灭菌时,为防止细菌溅入周围环境,应先灼烧金属丝中部,使热量传向环端,待环端细菌干涸后,再用火焰直接灼烧接种环。

(6)将培养皿倒置(皿底朝上)于 37 ℃恒温箱中,培养一定时间后取出观察结果。

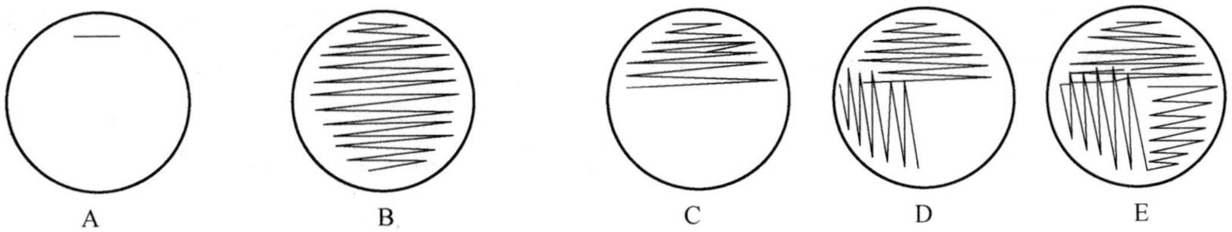

图 2-2　平板接种与划线法示意图

【注意事项】

观察菌落时,不要将落入培养基的杂菌误认为目标菌落。杂菌一般生长于划线痕迹外,或为个别形状异常的孤立菌落。另外,观察时也要注意保护好平板,勿落入杂菌。在分离培养前,应注意下列事项:

(1)选择适合分离细菌生长的培养基。

(2)根据细菌培养的最适温度选择培养温度。

(3)考虑所分离细菌对气体的需求,选择培养的气体条件。

(4)初代分离时,如发现有多种细菌,应进一步选择可疑菌落进行纯培养。

(5)划线时也可先将接种环稍弯曲,使环面与平皿内琼脂面角度小些,避免划破培养基。

分区划线法主要用在从脓汁、粪便等含菌量较多的病料中分离细菌时。连续划线法主要适用于含菌量较少的标本,也可取一小块病料,用镊子夹住,灼烧表面后,用灭菌剪刀剪开,用其切面直接涂布。如果病料中细菌过少,可先经液体培养基增菌后再进行分离培养。

(二)涂布平板法

【器材准备】

(1)菌种:适当稀释的葡萄球菌和大肠埃希菌的混合培养液。

(2)培养基:普通营养琼脂平板培养基。

(3)其他用具:200 μL 微量移液器及灭菌吸头、无菌玻璃涂棒、试管架、记号笔和废物缸等。

【实验步骤】

(1)用记号笔在平皿底标明待接种的菌种名称、稀释度、日期和接种者。

(2)用微量移液器吸取 100 μL 葡萄球菌和大肠埃希菌混合液,小心滴在普通琼脂培养基表面的中央。右手持无菌玻璃涂棒,平放在培养基表面,将菌液先沿一条直线轻轻地来回推动,使之分布均匀(图 2-3),然后改变方向沿另一垂直线来回推动。在平板内部边缘处,可改变方向用涂棒再涂布几次。室温下静置 5～10 min,使菌液渗透进培养基。

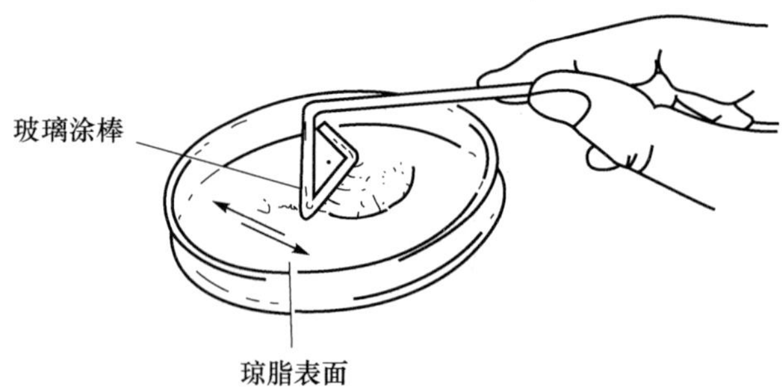

图 2-3 平板涂布操作示意图

(3)将培养基平板倒置于 37 ℃恒温箱中培养一定时间后,观察结果。

此方法可用于含菌量较少的病料中的细菌分离,也可用于较大量地培养细菌和药物敏感试验。

(三)倾注平板法

倾注平板法主要用于牛乳、尿液等液体标本的细菌计数,具体方法见细菌计数部分。

(四)斜面培养基接种法

本法主要用于细菌的纯培养,以进一步鉴定、应用细菌或保存菌种。

【器材准备】

(1)菌种:大肠埃希菌、葡萄球菌斜面培养物或长有单菌落的平板培养物。

(2)培养基:琼脂斜面培养基。

(3)其他用具:酒精灯、接种环、试管架、记号笔和废物缸等。

【实验步骤】

(1)在斜面培养基试管中下部,用记号笔标明待接种的菌种名称、日期和接种者。

(2)在酒精灯无菌区域内,将菌种试管和待接种的斜面试管用大拇指和食指、中指、无名指握在左手中,试管底部放在手掌内并将中指夹在两试管间,使斜面向上呈水平状态(图 2-4A)。在火焰旁用右手松动试管塞,以利于接种时拔出,灼烧管口、管塞并冷却。

(3)右手持接种环通过火焰灼烧灭菌,在火焰旁用右手的手掌边缘和小指、无名指分别夹持试管塞,将其取出,迅速灼烧管口、管塞并冷却。

(4)将灭菌的接种环伸入菌种试管内,先将接种环接触试管内壁或未长菌的培养基,使接种环冷却,再钓取少许菌苔(图 2-4A)。将接种环退出菌种试管,迅速伸入待接种的斜面试管,用环在斜面上自试管底部向上端轻轻划一直线,再从斜面底部向上轻轻曲折连续划线(图 2-4B)。如果菌种为平板表面的单菌落,用灭菌冷却后的接种环钓取,用上法接入斜面培养基。

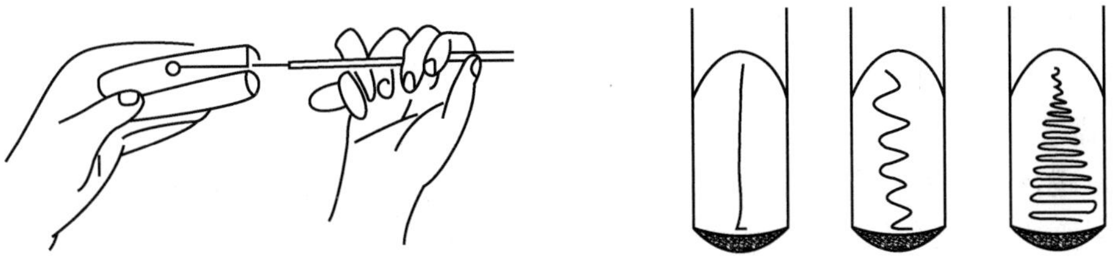

A　　　　　　B

图 2-4　斜面培养基接种法示意图

(5)接种环退出斜面试管,再用火焰灼烧管口、管塞,并在火焰旁将试管塞上。将接种环逐渐接近火焰再灼烧,如果接种环上沾的菌体较多,应先将环在火焰旁烤干,然后灼烧,以免未烧死的菌种飞溅污染环境,接种病原菌时更要注意此点。

(6)将接种试管包装或立于试管架,置 37 ℃恒温箱中培养一定时间后,观察结果。

【注意事项】

(1)取试管塞或管帽时要缓慢拔出,不宜用力过猛。

(2)不要将培养基划破,也不要使接种环接触管壁外侧或管口。

(五)液体培养基接种法

【器材准备】

(1)菌种:大肠埃希菌、葡萄球菌的斜面培养物和肉汤培养物。

(2)培养基:营养肉汤培养基。

(3)其他用具:酒精灯、接种环、试管架、记号笔和废物缸等。

【实验步骤】

(1)在接种的试管中下部,用记号笔标明待接种的菌种名称、日期和接种者。

(2)用斜面培养基接种法握持菌种管及待接种的肉汤管。

(3)右手持接种环,利用火焰灼烧管口和管塞,灭菌,在火焰旁用右手手掌边缘和小指、无名指分别夹持试管塞,将其取出,并迅速灼烧管口和管塞。

(4)接种环灭菌、冷却后,伸入接种管钓取少许菌苔,退出菌种管。将接种环伸入肉汤管,在液体表面处的管内壁轻轻摩擦,使菌体分散,进入液体培养基,灼烧管口和管塞,塞好管塞。

(5)接种完毕,灭菌接种环,将肉汤管包装或立于试管架,置于37 ℃恒温箱培养。

(6)接种物若为液体培养物,可用微量移液器定量吸出后加入肉汤管。

【注意事项】

(1)塞好试管塞,完成接种后摇动试管,使菌体在培养液中分布均匀。

(2)整个接种过程都要无菌操作。

(六)半固体穿刺接种法

【器材准备】

(1)菌种:大肠埃希菌、葡萄球菌斜面培养物。

(2)培养基:半固体琼脂培养基。

(3)其他用具:接种针、酒精灯、试管架、记号笔和废物缸等。

【实验步骤】

(1)在接种的试管上,用记号笔标明待接种的菌种名称、日期和接种者。

(2)如斜面培养基接种法握持待接种的半固体培养基试管。

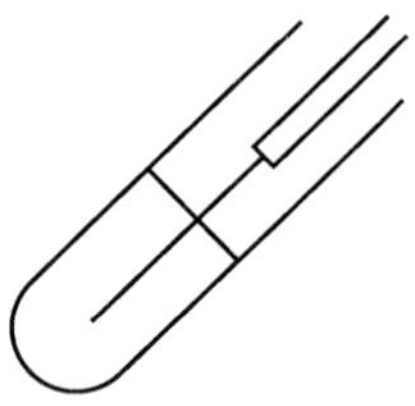

图2-5 半固体培养基穿刺接种法

(3)右手持接种针通过火焰灼烧灭菌管口和管塞,在火焰旁用右手的手掌边缘和小指、无名指分别夹持试管塞将其取出,并迅速灼烧管口和管塞。

(4)接种时先将接种针灭菌、冷却,钓取菌苔,而后将接种针垂直穿入半固体培养基中心至接近试管底部,但注意不可穿至管底,然后迅速循原路退出(图2-5),灼烧管口、管塞,塞好试管塞。

(5)灭菌接种针,将新接种试管包装或立于试管架,置于37 ℃恒温箱中,培养一定时间后取出观察结果。

【注意事项】

接种针垂直穿入半固体培养基中心至接近试管底部,但注意不可穿至管底,并循原路退出。此法主要用于半固体、明胶等培养基的接种。

二、细菌培养方法

【基本原理】

细菌培养是人为地提供细菌生长繁殖需要的基本条件,使其生长繁殖后达到鉴定及应用等目的。人工培养细菌,除充足的营养物质外,还需有合适的酸碱度、温度及必要的气体环境。需氧菌和兼性厌氧菌用一般培养法;弯曲菌、布氏杆菌等需要相应的气体条件;厌氧菌在氧化-还原电势较低的条件下生长。根据物理、化学、生物或综合原理建立的各种厌氧微生物培养技术有多种,其中有些操作十分复杂,对实验仪器要求较高,如主要用于严格厌氧菌分离和培养的Hungate技术、厌氧培养箱培养等;有些操作相对简单,可用于对厌氧环境要求相对较低的厌氧菌培养,如碱性焦性没食子酸法、厌氧生物袋法、庖肉培养基法等。

【器材准备】

(1)菌种:产气荚膜梭菌、葡萄球菌、空肠弯曲菌等培养物。

(2)培养基:庖肉培养基、鲜血琼脂培养基。

(3)溶液及试剂:10%NaOH 溶液、灭菌的石蜡凡士林、焦性没食子酸。

(4)其他器材:培养箱、CO_2 培养箱、厌氧培养箱、玻璃干燥器或磨口标本缸、厌氧罐、厌氧袋、无菌纱布、无菌带橡皮塞的大试管、灭菌的玻璃板(直径比培养皿大 3～4 cm)或培养皿盖、滴管、烧瓶和小刀等。

【实验步骤】

(一)一般培养法

一般培养法又称需氧培养法,是将已接种好标本的各种培养基,置于 37 ℃恒温箱中培养 18～24 h,需氧菌或兼性厌氧菌即可生长。但生长慢的细菌需培养 3～7 d,甚至 1 个月以上。

(二)二氧化碳培养法

二氧化碳培养法是将某些细菌,如布氏杆菌,于 CO_2 环境中培养。产生 CO_2 的常用方法有烛缸法和化学法,此外还有 CO_2 培养箱法。

(1)烛缸法:将已接种标本的平板置于容量为 2L 的玻璃干燥器或磨口标本缸内,在盖子及磨口处涂上凡士林,放小段点燃的蜡烛于缸内,加盖密封。缸内燃烛于 0.5～1 min 内因缺氧自行熄灭,此时容器内 CO_2 含量为 5%～10%。置于 37 ℃恒温箱中培养。

(2)化学法(碳酸氢钠-盐酸法):将已接种细菌的平板培养基置于干燥器内,取一平皿,按照干燥器的容积每升分别加入碳酸氢钠 0.4 g 与 1 mol/L 盐酸 0.35 mL,两者不接触,置于干燥器内,密封缸盖后倾斜容器,使盐酸与碳酸氢钠混合生成 CO_2。

(3)CO_2 培养箱法:按常规操作,将标本置于 CO_2 培养箱内培养。

(三)微需氧培养法

用真空泵排净厌氧罐内空气,再注入含 5%O_2、10%CO_2、85%N_2 的混合气体,将接种好的空肠弯曲菌等标本置于罐内培养。

(四)厌氧培养法

(1)庖肉培养基法:将盖在庖肉培养基液面的石蜡凡士林先于火焰上微微加热,使其边缘融化,再用接种环将石蜡凡士林块拨至斜立或直立在液面上,然后用接种环或无菌滴管接种。接种后再将液面上的石蜡凡士林块在火焰上加热使其融化,然后将试管直立静置,使石蜡凡士林凝固并密封液面。将接种了产气荚膜梭菌、葡萄球菌培养物的庖肉培养基置于 37 ℃恒温箱中培养,并注意观察培养基中肉渣颜色变化和融封石蜡凡士林层的状态。

(2)碱性焦性没食子酸法:可分为大管套小管法和培养皿法。

①大管套小管法:在 1 支已灭菌、带橡皮塞的大试管中,放入少许脱脂棉和焦性没食子酸。焦性没食子酸的用量按其在过量碱液中每克能吸收 100 mL 空气中的氧估算。取 1 支小试管鲜血琼脂斜面,接种产气荚膜梭菌培养物。在大试管中迅速滴入 10% NaOH 溶液,使焦性没

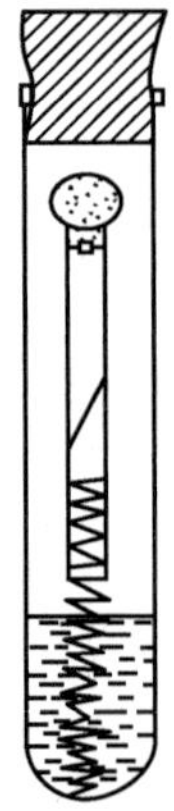

图 2-6 大管套小管碱性焦性没食子酸厌氧培养法

食子酸润湿，并立即放入除掉棉塞已接种厌氧菌的小试管斜面（试管口朝上），塞上橡皮塞（图 2-6），于 37 ℃恒温培养。定期观察斜面上菌种的生长状况并记录。以葡萄球菌培养物作对照。

②培养皿法：取灭菌的玻璃板或培养皿盖，铺上一薄层无菌纱布，将 1 g 焦性没食子酸放在其上。在鲜血琼脂培养基平板上一半划线接种产气荚膜梭菌，另一半划线接种葡萄球菌，并在皿底用记号笔做好标记。滴加 10%NaOH 溶液约 2 mL 于焦性没食子酸上，切勿使溶液溢出纱布，立即将已接种的平板覆盖于玻璃板上或培养皿盖上，必须将纱布全部罩住，而焦性没食子酸反应物不能与培养基表面接触。以融化的石蜡凡士林液密封皿底与玻板或皿盖接触处，置于 37 ℃恒温培养，定期观察平板上菌种的生长状况并记录。

（3）厌氧生物袋法：用鲜血琼脂平板划线接种产气荚膜梭菌和葡萄球菌培养物，并做好标记。接种好的平板放入厌氧罐中，除去厌氧生物袋外包装，立即与氧气显示剂分别放入厌氧罐并密封。放入 37 ℃恒温箱中培养，观察并记录细菌生长情况。

（4）厌氧培养箱法：将厌氧培养的培养物置于厌氧培养箱内进行培养。厌氧培养箱由手套操作箱及传递箱两个主要部分组成，适用于在无氧环境中连续进行标本接种、培养和鉴定等全部工作。手套操作箱由塑料制成，有两个门，一个与操作箱连接，一个与外部相通，起缓冲作用，以保持操作箱内的无氧环境。标本和实验器材通过此处进出操作箱。由外向内传递物品时，先将内侧门关严，物品进入传递箱之后，关闭外侧门。用真空泵排气减压，充入氮气。重复排气一次，氧气可被排除 99%以上。戴上手套打开内侧门，无氧混合气体从操作箱自动流入传递箱，恢复正常。

【注意事项】

（1）进行烛缸培养法操作时，缸内点燃的蜡烛勿靠近缸壁，以免缸壁过热而炸裂。

（2）配好的庖肉培养基试管若已放置一段时间，则接种前应将其置于沸水浴中加热 10 min，以除去溶入的氧。刚灭完菌的新鲜庖肉培养基可先接种，后用石蜡凡士林封闭液面。用火焰融化培养基液面的石蜡凡士林时，应注意不要使下面培养基的温度升得太高，以免烫死刚接入的菌种。

（3）对于一般的厌氧菌，接种的庖肉培养基可直接放在恒温箱里培养。对于一些要求厌氧环境比较苛刻的厌氧菌，接种的庖肉培养基应先放在厌氧罐中，然后再送恒温箱培养。

（4）在进行厌氧培养时，可同时接种一平皿需氧菌作对照。

（5）焦性没食子酸遇碱性溶液后即会迅速发生反应并开始吸氧，所以在采用此法进行厌氧微生物培养时应注意，只有在一切准备工作都已齐备后，再向焦性没食子酸上滴加 NaOH 溶液，并迅速封闭。

三、细菌计数

【基本原理】

细菌群体生长情况可通过测定单位时间内细菌数量的增加或细胞物质的增加评价。常见的测定方法主要有：①显微镜直接计数法；②测量细胞生物量法，如细胞干重或湿重的测定、OD 值等；③间接计数法——平板菌落计数法；④细菌某种成分，如蛋白质、核酸等含量测定；⑤比浊计数法。其中，平板菌落计数法可较准确地测得活菌数量，在动物医学中常用。微生物在固体培养基上所形成的一个菌落一般由一个单细胞繁殖而成，称为一个菌落形成单位（colony forming unit，CFU）。进行平板菌落计数法计数时，先将待测样品做一系列稀释，使其分散成单细胞；再取一定量的稀释菌液接种到固体培养基表面或内部，使其均匀分布；经培养后，由单个细胞生长繁殖形成菌落，统计菌落数目，即可换算出样品中的活菌数。

【器材准备】

（1）微生物及培养基：大肠埃希菌悬液、肉汤培养基、营养琼脂培养基。

（2）仪器：恒温培养箱。

（3）其他用具：装有 0.9 mL 无菌生理盐水的 EP 管、灭菌平皿、微量移液器及配套灭菌吸头、灭菌涂布棒等。

【实验步骤】

（1）平皿、试管编号：取灭菌平皿 9 套，分别用记号笔标明 10^{-4}、10^{-5}、10^{-6}各 3 套。另取 6 支盛有 0.9 mL 无菌生理盐水的 EP 管，排列于 EP 管架上，依次标明 10^{-1}、10^{-2}、10^{-3}、10^{-4}、10^{-5}、10^{-6}。

（2）系列稀释：取培养一定时间的大肠埃希菌悬液作为待测样品，用无菌吸头吸取 0.1 mL，加入 10^{-1}管中，然后仍用此吸头将管内悬液吸吹 3 次，使其混合均匀。另取一支吸头，自 10^{-1}管吸取 0.1 mL 菌液，加入 10^{-2}管中，吸吹 3 次，混匀。其余 4 管的稀释过程依此类推。

（3）接种培养：分为混合培养法和涂布培养法。

混合培养法：用 3 支无菌吸头分别精确地吸取 10^{-4}、10^{-5}、10^{-6}的稀释菌液 0.1 mL，加入对应编号的无菌培养皿中。在每个平皿中倒入已融化并恒温于 45～50 ℃的营养琼脂培养基，迅速旋动平皿使菌液与培养基混匀（注意勿使液体溢出平皿外），静置，待培养基凝固后，倒置于 37 ℃恒温箱培养。

涂布培养法：先将培养基融化后倒入已编号的 9 套无菌平皿中。待凝固后，用微量移液器分别吸取 0.1 mL 稀释菌液，对应加到上述已制备好的无菌平板表面。然后用无菌涂布棒将琼脂表面的菌液涂均匀（每个稀释度更换一个涂布棒）。将涂布过的平板放置 20 min，使菌液渗入培养基。最后将平板倒置于 37 ℃培养箱中培养。

（4）计数：接种培养 24 h 后，取出培养基平板，记录同一稀释度的 3 个平板上的菌落数。取平均值后按公式计算：每毫升中总活菌数＝同一稀释度平行 3 次的菌落平均数×稀释倍数×10。

实验中一般选择每个平板上长有 30～300 个菌落的稀释度较合适，同一稀释度的 3 个平板中的菌落数不能相差太多，由 3 个相邻的稀释度计算出的每毫升菌液中总菌数应相差不大，否则表示实验结果不精确。实验中稀释度的选择根据细菌浓度情况确定。

四、细菌生长曲线绘制

【基本原理】

将一定量的微生物接种于合适的新鲜液体培养基中，在适宜条件下培养，以菌数的对数（或生长量）作纵坐标、生长时间作横坐标，得到的曲线称生长曲线。不同的微生物有不同的生长曲线，同一微生物在不同的培养条件下生长曲线也不同。测定在一定条件下培养的微生物的生长曲线，了解其生长繁殖规律，对科研和生产都有重要指导意义。

测定细菌生长曲线的方法主要是采用平板菌落计数法和比浊法。本实验采用比浊法测定大肠埃希菌的生长量。细菌悬液的浓度与浑浊度成正比，因此可用光电比色计测定细菌悬液的光密度，推知菌液的浓度，以测得的结果及其相对应的培养时间绘出生长曲线。

【器材准备】

（1）菌种：培养 18～20 h 的大肠埃希菌悬液、牛肉膏蛋白胨液体培养基。

（2）仪器：721 分光光度计、恒温摇床。

（3）其他用具：三角烧瓶、微量移液器及配套灭菌吸头、试管等。

【实验步骤】

（1）编号：取 16 支无菌试管，用记号笔分别标明时间 0 h、0.5 h、1 h、1.5 h、2 h、2.5 h、3 h、4 h、5 h、6 h、8 h、10 h、12 h、14 h、16 h 和 18 h。

（2）接种：用 5 mL 吸头吸取 2.5 mL 大肠埃希菌培养液，放入装有 90 mL 肉汤培养基的三角烧瓶中，混匀，分别吸取 5 mL 放入已编号的 16 支试管中。

（3）培养：将 16 支试管置于恒温摇床上，37 ℃振荡培养。分别在相应时间取出，放入冰箱中贮存，最后一起进行比浊测定。

（4）比浊：以未接种的牛肉膏蛋白胨液体培养基作空白参照，选用 600 nm 波长用分光光度计进行比浊测定。从最低浓度的菌悬液开始依次测定。浓度高的菌悬液用牛肉膏蛋白胨培养液适当稀释后再测定，使其光密度值为 0.1～0.65，记录 OD 值。

【注意事项】

在 OD 值测定过程中，测每管的 OD 值前均用空白培养液校正分光光度计的零点。

【实验报告】

（一）实验结果

（1）观察并描述细菌生长状况，填入表 2-1。

表 2-1　细菌生长状况记录表

序号	菌种名称	培养基及菌落特点（包括大小、颜色、边缘、形状、隆起度、光泽、透明度、表面、质地等）	液体培养基（一般培养、厌氧培养）	半固体培养基
1				
2				
3				
4				

(2)将平板菌落计数的结果填入表 2-2。

表 2-2　细菌计数结果

稀释度	10^{-4}				10^{-5}				10^{-6}			
	1	2	3	平均	1	2	3	平均	1	2	3	平均
菌落数												
总活菌数/(CFU/mL)												

注:可以同时做两种接种培养法(混合培养法和涂布培养法),通过观察结果比较这两种方法各自的优缺点并分析实验误差。

(3)将测定的 OD 值填入表 2-3。

表 2-3　OD 值测定结果记录表

时间/h	OD_{600}	时间/h	OD_{600}	时间/h	OD_{600}	时间/h	OD_{600}
0		2		5		12	
0.5		2.5		6		14	
1		3		8		16	
1.5		4		10		18	

(4)以菌悬液光密度值为纵坐标,培养时间为横坐标,绘出大肠埃希菌生长曲线,并标出生长曲线中 4 个时期的位置及名称。

(二)思考题

(1)接种环(针)接种前后灼烧的目的是什么?为什么在接种前一定要将其冷却?如何判断灼烧过的接种环已冷却?

(2)平板划线法与涂布平板法各适用于哪些待检样品?

(3)用光电比浊法测定 OD 值时应如何选择其波长?为什么要用未接种的牛肉膏蛋白胨液作空白对照?

(4)在进行厌氧菌培养时,为什么要同时培养需氧菌?

(5)根据所做的实验,试述几种厌氧培养法各有何优、缺点。除此之外,你还知道哪些厌氧培养技术?请简述其特点。

(6)若要从送检病料中直接分离到可疑的需氧病原菌或可疑的厌氧病原菌,常采用哪几种方法?

(7)在进行未知菌分离培养时,一般要同时进行需氧培养和厌氧培养,为什么?

(8)你所做的分离培养是否较好地得到了单菌落?如果不是,请分析其原因。

(9)在混合培养法中,为什么融化后的培养基需冷却至 45～50 ℃再倒平板?

(10)绘制细菌生长曲线有何意义?

(11)观察并描述细菌菌落的目的。

实验 4　细菌的染色与形态结构观察

(Coloration and Observation of Morphology and Structures of Bacteria)

【目的要求】

(1)掌握细菌抹片的制备方法和几种常用的染色方法。

(2)认识革兰染色和抗酸染色的反应特性。

(3)认识细菌的基本形态和结构。

(4)通过细菌标本片观察,进一步熟悉光学显微镜的使用。

【基本原理】

细菌是单细胞生物,尽管个体微小,但有完整的形态特征和结构。细菌的基本形态可分为球状、杆状和螺旋状3种。细菌除细胞壁、细胞膜、细胞质和核质等基本结构外,尚有鞭毛、菌毛、芽孢、荚膜等特殊结构,这些也是辨别、鉴定菌种的重要依据。由于细菌细胞个体微小,故不借助显微镜,仅肉眼是无法观察到的。细菌细胞呈无色半透明状,直接在普通光学显微镜下也只能大致观察到其外貌。制成抹片和染色后,则能较清楚地显示其形态和结构,也可以根据不同染色反应鉴别细菌。细菌的染色方法按功能差异可以分为简单染色法和复合染色法。其中,简单染色法只用一种染料染色,如亚甲蓝染色;复合染色法则需要两种或者两种以上的染料多次染色,使细菌菌体和构造显示不同颜色,以达到鉴别的目的,如革兰染色法、抗酸染色法、芽孢染色法、荚膜染色法及鞭毛染色法等。

(一)简单染色法

简单染色法是最基本的染色方法。由于细菌在中性环境中一般带负电荷,常选择一种碱性染料进行染色,如亚甲蓝、碱性复红、结晶紫、孔雀绿、蕃红等。这类染料解离后带正电荷,易与带负电荷的细菌结合,从而使细菌着色。

(二)革兰染色法

革兰染色法是细菌学中广泛使用的重要鉴别染色法。通过此法染色,可将细菌分为革兰阳性细菌(G^+)和革兰阴性细菌(G^-)两大类。革兰染色过程中所用的4种不同溶液的作用不同:①草酸铵结晶紫溶液为碱性染料;②碘液为媒染剂,作用是增强染料与菌体的亲和力,加强染料与细胞的结合;③酒精为脱色剂,将染料溶解,使被染色的细胞脱色,利用不同细菌对染料脱色的难易程度不同而加以区分;④复红溶液是复染剂,目的是使经脱色的细菌重新染上另一种颜色,以便与未脱色的细菌进行比较。

革兰染色法具有重要的理论与实践意义,其染色原理是利用细菌细胞壁组成成分和结构的不同而进行区分。革兰阴性细菌的细胞壁脂类含量较多,肽聚糖层少而薄,网状结构交联少。当以95%酒精脱色时,脂类被溶解,使得细胞壁孔隙变大。尽管95%酒精处理能使肽聚糖孔隙缩小，但因其肽聚糖含量较少，细胞壁缩小有限，故能让结晶紫与碘形成的紫色复合物被95%酒精脱出细胞壁外，而被之后的红色复染剂染成红色。革兰阳性细菌的细胞壁所含脂类较少，肽聚糖层厚，交联而成的肽聚糖网状结构致密。经95%酒精脱色处理时，肽聚糖发生脱水作用，使孔隙缩小，通透性降低，结晶紫与碘形成的大分子紫色染料复合物保留在细胞内而不被脱色，从而使细菌细胞被染成紫色。

（三）抗酸染色法

此染色法常用于鉴别分枝杆菌属的细菌。分枝杆菌属细菌细胞壁含有分枝菌酸，用普通染色法不易着色，需在加热条件下与石炭酸复红牢固结合形成复合物，酸性条件下，用酒精处理不能使其脱色，故菌体被染成红色。

（四）芽孢染色法

细菌的芽孢壁结构比细菌繁殖体的细胞壁复杂且致密，透性低，着色和脱色都比细菌繁殖体困难。因此，一般使用碱性染料并将其在微火上稍加热，或延长染色时间，使细菌和芽孢同时染上颜色后，再用蒸馏水冲洗，脱去菌体的颜色，但仍保留芽孢的颜色。再用另一种对比鲜明的染料使菌体着色，如此就可以在显微镜下明显区分芽孢和细菌繁殖体。

（五）荚膜染色法

荚膜是某些细菌细胞壁外存在的一层胶状黏液性物质，与染料亲和力低。一般采用负染色的方法，使背景与菌体之间形成一透明区，从而将菌体衬托出来便于观察分辨。因此，荚膜染色法又称衬托染色法。因荚膜薄且易变形，所以不能用加热法固定。

（六）鞭毛染色法

细菌鞭毛非常纤细，超过一般光学显微镜的分辨力，观察时需通过特殊的鞭毛染色法。鞭毛的染色法较多，主要原理是经媒染剂处理。实验中介绍的两种方法均以单宁酸（鞣酸）作媒染剂。媒染剂的作用是促使染料分子吸附到鞭毛上，形成沉淀，使鞭毛直径加粗，从而在显微镜下可以观察到鞭毛。

【器材准备】

（1）仪器及试剂：载玻片，接种棒，酒精灯，打火机，吸水纸，生理盐水，简单染色法染料、革兰染色染料、抗酸染色染料、瑞氏染液、吉姆萨染色液等，显微镜，香柏油，二甲苯，擦镜纸。

（2）菌种：大肠杆菌，炭疽杆菌，枯草杆菌，葡萄球菌的纯培养物。

（3）细菌标本片：革兰染色的葡萄球菌、链球菌、炭疽杆菌、弧菌、大肠杆菌等；吉姆萨染色的巴氏杆菌、炭疽杆菌的组织触片；其他如观察芽孢、鞭毛、荚膜等结构的特殊染色标本。

【实验步骤】

（一）细菌抹片的制备

（1）载玻片准备：载玻片应清晰透明，洁净无油渍，滴上水后能均匀展开，附着性好。若有残余油渍，处理方法为滴95%酒精2～3滴，用洁净纱布揩擦，然后在酒精灯外焰处轻轻拖几次。若仍不能去除油渍，可再滴1～2滴冰醋酸，用纱布擦净，再在酒精灯上轻轻拖过。

(2)抹片：所用材料不同，抹片方法也有差异。液体材料(如液体培养物、血液、渗出液、乳汁等)可直接用灭菌接种环取一环材料，于载玻片的中央均匀地涂布成适当大小的薄层；非液体材料(如菌落、脓液、粪便等)则应先用灭菌接种环取少量生理盐水或蒸馏水，置于载玻片中央，然后再用灭菌接种环取少量材料，在液滴中混合，均匀涂布成适当大小的薄层；组织脏器材料可先用镊子夹持中部，然后以灭菌或洁净剪刀取一小块，夹出后将其新鲜切面在载玻片上压印或涂抹成一薄层。如果有多个样品需要同时制成抹片，只要染色方法相同，亦可在同一张载玻片上有秩序地排好，做多点涂抹，或者先用记号笔在载玻片上划分成若干小方格，每个方格涂抹一种样品。

(3)干燥：上述涂片应让其自然干燥。

(4)固定：有两类固定方法。①火焰固定：将干燥好的抹片涂抹面向上，以其背面在酒精灯外焰上如钟摆样来回拖数次，略加热，以不烫手为宜，进行固定。②化学固定：血液、组织脏器等组织抹片做吉姆萨染色时，一般不采用火焰固定，而使用甲醇固定。可将已经干燥的组织抹片浸入甲醇中2～3 min，取出晾干；或者在抹片上滴加数滴甲醇，作用2～3 min，自然挥发干燥。若抹片做瑞氏染色，则不必先做固定，因为染料中含有甲醇，可以达到固定的目的。

细菌抹片固定的目的：①除去抹片的水分，使材料能很好地贴附在载玻片上，以免水洗时被冲掉；②使抹片易于着色或更好地着色，因为变性的蛋白质比非变性的蛋白质着色力更强；③杀死抹片中多数的微生物。

(二)几种常用的染色方法

(1)亚甲蓝染色法：细菌菌体蛋白质的等电点多偏酸性(pH 2.0～5.0)，而细菌生活环境的pH在7.0左右，此时，细菌菌体带负电荷，极易与碱性亚甲蓝染料结合呈蓝色。

在已干燥固定好的抹片上，滴加适量的亚甲蓝染色液，经1～2 min，水洗，干燥，镜检。菌体被染成蓝色。

(2)革兰染色法：①初染：在已干燥、固定好的抹片上，滴加草酸铵结晶紫溶液，染色1～2 min，水洗；②媒染：加革兰碘液于抹片上媒染，作用1～3 min，水洗；③脱色：加95%酒精于抹片上脱色，作用0.5～1 min，水洗；④复染：加稀释的石炭酸复红(或沙黄水溶液)复染10～30 s，水洗；⑤用吸水纸吸干或自然干燥，镜检。革兰阳性细菌呈蓝紫色，革兰阴性细菌呈红色。

(3)抗酸染色法：抗酸杆菌类一般不易着色，需用强浓染液加温或延长时间才能着色，但一旦着色后即使使用强酸、强碱或酒精也不能使其脱色。抗酸染色法一般有以下三种。

方法一：齐-内(Ziehl-Neelsen)染色法。首先在已干燥、固定好的抹片上滴加较多的石炭酸复红染色液，在载玻片下以酒精灯火焰微加热至产生蒸汽为度(不要煮沸)，维持微微产生蒸汽，经3～5 min，水洗；然后用3%盐酸酒精脱色，至标本无色脱出为止，充分水洗；再用碱性亚甲蓝染色液复染约1 min，水洗；最后用吸水纸吸干，镜检。抗酸性细菌呈红色，非抗酸性细菌呈蓝色。

方法二：在固定后的抹片上滴加Kinyoun氏石炭酸复红染液，历时3 min；连续水洗90 s后滴加Gabbott氏复染液，历时1 min；连续水洗1 min，用吸水纸吸干，镜检。抗酸性细菌呈红色，其他细菌呈蓝色。

方法三：在已干燥固定过的抹片上，滴加石炭酸复红染液染色 1 min，水洗；再用 1%亚甲蓝酒精复染 20 s；水洗，自然干燥，镜检。抗酸性细菌呈红色。镜检前对光检查染色片，标本片须呈蓝色；如果标本片呈现红色或棕色，表示复染不足，应再染 5～10 s，再观察；如果仍未全呈蓝色，仍可反复染，至符合要求为止。

(4)瑞氏染色法：瑞氏染料是亚甲蓝与酸性伊红钠盐混合而成的染料，当其溶于甲醇后即发生分离，分解成酸性和碱性两种染料。细菌带负电荷，与带正电荷的碱性染料结合呈蓝色。组织细胞的细胞核含有大量的核糖核酸镁盐，也与碱性染料结合呈蓝色。背景和细胞质一般为中性，易与酸性染料结合染成红色。

方法一：抹片自然干燥，滴加瑞氏染色液。为了避免很快变干，染色液可适当多加些，染色过程不能干燥，可视情况补充滴加；经 1～3 min，再加与染色液等量的中性蒸馏水或缓冲液，轻轻晃动载玻片，使之与染色液混合均匀，经 5 min 左右，直接用水冲洗(注意：不要将染料先倾去)，用吸水纸吸干或烘干，镜检。经此法染色细菌呈蓝色，组织细胞的细胞质呈红色，细胞核呈蓝色。

方法二：抹片自然干燥，按抹片点大小盖上一块略大的清洁滤纸片，在其上轻轻滴加染色液，至略微浸过滤纸，并视情况补滴，维持不变干，染色 3～5 min；直接以水冲洗，吸干或烘干，镜检。此法的染色液经滤纸过滤，可大大避免沉渣附着于抹片上而影响镜检观察。

(5)吉姆萨染色法：于 5 mL 新煮过的中性蒸馏水中滴加 5～10 滴吉姆萨染色液原液，即稀释为常用的吉姆萨染色液；抹片经甲醇固定干燥后，在其上滴加足量染色液或将抹片浸入盛满染色液的染缸中，染色 30 min，或者染色数小时至 24 h，取出水洗，吸干或烘干，镜检。染色后细菌呈蓝青色，组织细胞的胞质呈红色，细胞核呈蓝色。

(6)芽孢染色法：分为复红亚甲蓝染色法和孔雀绿-沙黄染色法。细菌的芽孢外面有较厚的芽孢膜，能阻止一般染料的渗入，用碱性复红、亚甲蓝等做简单染色，芽孢不易着色。采用对芽孢有强力作用的化学媒染剂如石炭酸复红进行加温染色，则芽孢着色牢固，一旦芽孢着色，于酸类溶液中处理也难以使之脱色，再用碱性亚甲蓝溶液复染时，只能使菌体着色。

复红亚甲蓝染色法：抹片经火焰固定后，滴加石炭酸复红液于抹片上，加热至产生蒸汽，经 2～3 min，水洗；以 5%醋酸脱色，至淡红为止，水洗；以骆氏亚甲蓝液复染 0.5 min，水洗；吸干或烘干，镜检。染色后菌体呈蓝色，芽孢呈红色。

孔雀绿-沙黄染色法：抹片经火焰固定后滴加 5%孔雀绿水溶液，加热 30～60 s，使其产生蒸汽 3～4 次，水洗 0.5 min；以 0.5%沙黄水溶液复染 0.5 min；水洗，吸干，镜检。染色后菌体呈红色，芽孢呈绿色(所用载玻片最好先以酸液处理，可防绿色褪色)。

(7)荚膜染色法：可分为亚甲蓝染色法、瑞氏染色法或吉姆萨染色法、节氏(Jasmin)荚膜染色法等。

亚甲蓝染色法：带负电荷的菌体与带正电荷的碱性染料结合成蓝色，荚膜因不易着色而染成淡红色。抹片自然干燥，甲醇固定，以久储的骆氏亚甲蓝液做简单染色，则荚膜呈淡红色，菌体呈蓝色。

瑞氏染色法或吉姆萨染色法：抹片自然干燥，甲醇固定，以瑞氏染色液或吉姆萨染色液染色。染色后荚膜呈淡紫色，菌体呈蓝色。

节氏荚膜染色法：取 9 mL 含有 0.5%石炭酸的生理盐水，加入 1 mL 无菌血清(各种动物血清均可)，混合后成为涂片稀释液。用接种环取此液置于载玻片上，再以接种环取细菌少许，使细菌均匀混悬其中，涂成薄层，自然干燥；在火焰上微微加热固定，置甲醇中处理，并立即取出，在火焰上烧去甲醇。以革兰染色液中的草酸铵结晶紫染色液染色 0.5 min，干燥后镜检。染色后背景为淡紫色，菌体呈深紫色，荚膜无色。

(8)鞭毛染色法：细菌抹片的制备：分为 3 步。①载玻片处理：将新载玻片用沸水加洗衣粉煮 20 min，然后用自来水冲洗干净，晾干后泡酸 2 d，再用自来水冲洗干净，晾干，160 ℃烤干，备用。②菌液制备：以普通变形杆菌为例。将待染细菌在新制备的肉膏蛋白胨培养基上(斜面底部要有少量冷凝水)连续移种 3～4 次，每次培养 12～18 h；再把变形杆菌接种于新鲜普通琼脂培养基上，37 ℃培养 14～16 h；再转种至肉汤培养基 1 次，37 ℃培养 8～10 h；吸取 0.2 mL 点种至新鲜普通琼脂培养基上，37 ℃培养 14～16 h；再取出，吸取 2 mL 无菌蒸馏水轻轻滴入软琼脂培养基中，轻晃平板，使菌体洗入水中，作用约 5 min，把洗下的菌液吸出，滴入装有无菌蒸馏水的试管中，菌液浓度约为 1.5×10^{2} CFU/mL，然后置 37 ℃培养箱中 10 min，取出后置室温下 30 min。③制片：用微量吸管吸取表面菌液 1 小滴置于处理过的载玻片上(切勿涂抹)，置 37 ℃培养箱中自然干燥备用。

莱氏(Leifson)鞭毛荚膜染色法：鞭毛直径一般 10～20 nm，在普通光学显微镜下看不见，此法在染料中加入明矾与鞣酸作媒染剂，染料附着于鞭毛上，使鞭毛增粗，容易观察。染色时间愈长，鞭毛愈粗。染色方法：滴染色液于自然干燥的抹片上，在温暖处染色 10 min。若不做荚膜染色，即可水洗，自然干燥后镜检，鞭毛呈红色；若做荚膜染色，可再滴加复染剂于抹片上，再染色 5～10 min，水洗，干燥后镜检，荚膜呈红色，菌体呈蓝色。

卡-吉二氏(Casares-Cill)鞭毛染色法：制片自然干燥后，将上述媒染剂作 1∶4 稀释，滤纸过滤后滴于细菌抹片上染 2 min，水洗后加石炭酸复红染色 5 min，水洗，自然干燥，镜检。菌体与鞭毛均呈红色。

银染法：细菌抹片自然干燥，滴加硝酸银染色液 A 于涂片上，染色 7 min，然后滴加蒸馏水冲洗 5 min；用 B 液冲去残水，再滴加 B 液于涂片上，用微火加热至出现蒸汽；再用蒸馏水洗去染液，自然干燥，镜检。菌体为深褐色，鞭毛为褐色。

(9)异染颗粒染色法：异染颗粒的主要成分是核糖核酸和多偏磷酸盐，嗜碱性强，用特殊染色法可染成与细菌其他部分不同的颜色。异染颗粒染色法包括亚甲蓝染色法和阿尔倍德(Albert)染色法。

亚甲蓝染色法：抹片在火焰中固定后，以骆氏亚甲蓝液染色 0.5 min，水洗，用吸水纸吸干，镜检。染色后菌体呈深蓝色，异染颗粒呈淡红色。

阿尔倍德染色法：抹片在火焰中固定后，以阿尔倍德染色液染色 5 min，水洗后再以碘溶液染色 1 min，水洗，用吸水纸吸干，镜检。染色后菌体呈绿色，异染颗粒呈黑色。

【注意事项】

(1)在制备细菌抹片时，应注意无菌操作，尤其是接触到病原菌时，需防止细菌污染环境，并注意操作者个人的安全防护。

(2)在准备细菌抹片玻片时，应注意其是否有油渍。如有油渍应及时处理，否则玻片上的细菌抹片不能很好地均匀展开，将影响细菌的观察。

(3)细菌抹片制备后，应尽可能自然干燥，不能用火焰烤，尤其是组织抹片标本。

(4)细菌抹片的固定，应根据不同标本的抹片，采用不同的方法。一般来说，纯培养物常用火焰固定；组织抹片常用化学方法固定。采用瑞氏染色法时，不用专门固定，因为瑞氏染色液中含有甲醇。

(5)因抹片固定并不能保证杀死全部的细菌，也不能完全避免在染色水洗时不将部分待检材料冲脱，故对于一些感染性较强的病原菌，特别是带芽孢的病原菌的抹片，应严格慎重处理染色时用过的残液和抹片，以免引起病原的散播。

【实验报告】

(一)实验结果

(1)按比例大小绘制出所观察标本抹片及染色后镜检的细菌形态图。

(2)按比例大小绘制出所观察标本片的细菌特殊结构图。

(二)思考题

(1)有时革兰阳性细菌培养物经革兰染色后菌体染成了红色，而革兰阴性细菌培养物经革兰染色后，却有掺杂蓝紫色细菌的现象。请分析其原因。

(2)为什么必须用培养 24 h 以内的菌体进行革兰染色？

(3)要得到正确的革兰染色结果，必须注意哪些操作？哪一步是关键步骤？为什么？

(4)简述比较常用的细菌染色方法的异同及主要适用范围。

(5)芽孢染色为什么需要加热或延长染色时间？

(6)鞭毛染色为什么必须用培养 12～16 h 的菌体？染色成功的关键步骤是什么？

实验 5　细菌的致病性实验

(Pathogenicity Test of Bacteria)

【目的要求】

(1)了解细菌对宿主细胞黏附的原理及检测方法。

(2)掌握检测细菌扩散酶的原理和方法。

(3)掌握荚膜和生物被膜在抵抗宿主防御中的作用及检测方法。

(4)掌握细菌内毒素对动物的致热作用及检测内毒素的方法。

(5)掌握常见的细菌外毒素生物学活性检测的原理及方法。

(6)了解细菌半数致死量(median lethal dose,LD_{50})的动物试验测定及计算方法。

在种类繁多的细菌中,有少部分作为病原菌给人、动物或植物造成危害。病原菌的致病作用取决于它的致病性和毒力。构成病原菌毒力的因素包括侵袭力和毒素。侵袭力促使病原菌突破动物机体的防御功能并在其体内繁殖、蔓延扩散;毒素是细菌产生的对机体有毒性的物质,主要包括以脂多糖(LPS)为主要成分的内毒素和大部分分泌到菌体外的蛋白类外毒素。检测细菌的外毒素可采用分子生物学、免疫学和生物学活性等方法,这里主要介绍生物学活性检测方法。

一、细菌对细胞的黏附试验

【基本原理】

病原菌突破动物机体的皮肤和黏附屏障后,首先要黏附并定殖于宿主的呼吸道、消化道和泌尿生殖道黏膜上皮细胞表面,才可能侵入细胞内生长、繁殖并向周围扩散,因此黏附是细菌感染的首要步骤。细菌的黏附作用需要两个基本条件,即黏附素和宿主细胞表面的黏附素受体。黏附素是细菌表面与黏附相关的组分,包括菌毛黏附素(fimbrial adhesion)和非菌毛黏附素(afimbrial adhesion)。很多研究表明,病原菌一旦失去菌毛,其致病性也随之消失。非菌毛黏附素来自细菌表面的其他组分,如革兰阴性菌的外膜蛋白和革兰阳性菌细胞壁的脂磷壁酸等。

【器材准备】

(1)菌种:培养至对数期并用未添加抗生素的 RPMI-1640 培养液重悬,调整浓度至 1×10^8 CFU/mL 的有黏附性的致病性链球菌。

(2)细胞:Hep-2 细胞(已计数)。

(3)培养基:含 10%胎牛血清、不加抗生素的 RPMI-1640 培养液。

(4)其他:PBS(pH 6.5)、24 孔细胞培养板、6 孔细胞培养板、无水甲醇、TSB 琼脂、0.25%胰酶、生理盐水、离心机、吉姆萨染液、37 ℃恒温培养箱、灭菌盖玻片等。

【实验步骤】

(1)在 24 孔细胞培养板中加入 Hep-2 细胞(1×10^6 个/孔)。

(2)取稀释的细菌悬液加入细胞中,使 MOI=10∶1(MOI 等于感染的细菌数目与细胞数目的比值),每株菌做 3 个重复,设只加 RPMI-1640 培养液的为阴性对照;内加灭菌盖玻片的 6 孔板做同样处理,即 3 个孔加菌液,3 个孔加 RPMI-1640 培养液。

(3)800 g 离心 5 min,使细菌与细胞充分接触。37 ℃、5%CO_2 条件下孵育 2 h,使细菌黏附细胞。

(4)用 PBS 洗涤 5 次,除去未黏附细菌,并在未加盖玻片的孔中加入 100 μL 含 0.25%胰酶的细胞培养液,37 ℃恒温作用 1 min,加 800 μL 含 10%胎牛血清的 RPMI-1640 培养液终止消化;细胞充分吹匀后加入 100 μL1% TritonX-100,反复吹打裂解细胞;将盖玻片取出,PBS 洗涤 5 次,自然干燥,无水甲醇固定 10 min,吉姆萨染色,油镜下观察。可见细菌集中在细胞表面或边缘,计数每个载玻片上 20 个细胞共黏附的细菌数。

(5)吸出 24 孔细胞培养板中液体,适当稀释后,用 TSB 琼脂平板计数。

【结果判定】

根据计数结果,应用统计学方法分析不同菌株的黏附能力是否存在统计学差异。

【注意事项】

(1)严格无菌操作。

(2)每株菌至少做 3 个重复,统计时先计算平均值再分析,以免造成误差。

(3)进行细胞计数,保证每孔细胞数量相当。

二、透明质酸酶试验

【基本原理】

乙型溶血性链球菌等产生的透明质酸酶,能水解动物机体结缔组织中的透明质酸,使结缔组织疏松,通透性增加,导致细菌和毒性物质易于扩散,故此酶又称为扩散因子。

【器材准备】

(1)实验动物:白色健康家兔 1 只。

(2)菌种:乙型溶血性链球菌 24 h 肉汤培养物的滤液。

(3)其他:过滤黑墨水、生理盐水、无菌注射器、针头、75%酒精、剪刀等。

【实验步骤】

(1)取 2 支洁净小试管,编号,先分别加入 0.5 mL 黑墨水。1 号试管内再加入 0.5 mL 乙型溶血性链球菌 24 h 肉汤培养物的滤液,2 号试管内再加入 0.5 mL 生理盐水,分别混匀备用。

(2)保定家兔,剪去背部两侧兔毛,用 75%酒精消毒注射部位。

(3)于家兔背部左侧(试验侧)分别皮内注射 1 号试管内混合液 0.1 mL,于右侧(对照侧)皮内注射 2 号试管混合液 0.1 mL。

【结果判定】

(1)注射后 1~2 h 观察结果,比较两侧黑墨水扩散范围的大小并记录分析。

(2)家兔试验侧墨水扩散区明显大于对照侧时,可说明透明质酸酶的作用。

【注意事项】

(1)家兔背部两侧毛要剪除干净。

(2)注射时应注意避免液体漏出,使表皮着色,以免影响结果观察。

(3)幼龄家兔效果明显,因其皮肤较嫩,注射试剂后扩散范围易于观察。

三、血浆凝固酶试验

【基本原理】

血浆凝固酶是判断葡萄球菌有无致病性的重要标志之一,大多数金黄色葡萄球菌产生此酶,少数表皮葡萄球菌也能产生此酶。凝固酶有游离型和结合型两种,游离型凝固酶被分泌到菌体外,可被人或兔血浆中的协同因子激活为凝血酶样物质,使液态的纤维蛋白原变成固态的纤维蛋白,导致血浆凝固,常用试管法检查;结合型凝固酶结合于细菌细胞壁表面,可直接作用于血浆中的纤维蛋白原,导致葡萄球菌凝集成块,常用玻片法检查。

【器材准备】

(1)血浆制备:无菌取兔血,并立即与 1/5 的抗凝剂(0.1%肝素或 5%柠檬酸钠)混匀,1 500~3 000 r/min 离心 15 min,取上清液,即为血浆。

(2)菌种:血浆凝固酶阳性的金黄色葡萄球菌、血浆凝固酶阴性的表皮葡萄球菌琼脂斜面 20 h 培养物。

(3)其他:试管、载玻片、生理盐水、接种环、胶头滴管或微量移液器、灭菌肉汤等。

【实验步骤】

(一)玻片法

(1)取洁净载玻片 1 块,均匀分成 3 格,每格先加 1 滴生理盐水。

(2)用接种环蘸取金黄色葡萄球菌培养物,分别与第 1、3 格中的生理盐水充分混匀;蘸取表皮葡萄球菌培养物与第 2 格中的生理盐水充分混匀。

(3)在第 1、2 格的悬液中分别加入 1 滴兔血浆,在第 3 格悬液中加入 1 滴生理盐水,充分混匀后,静置片刻,观察结果。

(二)试管法

(1)用生理盐水将兔血浆按 1∶4 稀释,分别吸取 0.5 mL 置于 3 支试管中。

(2)用接种环分别蘸取金黄色葡萄球菌、表皮葡萄球菌菌苔,混悬于兔血浆中,制成浓厚菌悬液,第 3 支试管加入灭菌肉汤 0.5 mL,37 ℃恒温培养 2 h,观察结果。

【结果判定】

(1)玻片法中,若生理盐水组(第 3 格)液体呈均匀浑浊状,而在兔血浆中呈团块状或无法混匀,则为血浆凝固酶试验阳性;反之,若细菌在血浆中呈均匀浑浊状,则为血浆凝固酶试验阴性。

(2)试管法中,若将试管倾斜或倒置,血浆呈凝块状或凝固体积大于原体积的一半,则相应管中细菌为血浆凝固酶试验阳性;若血浆未凝固,则相应管中细菌为血浆凝固酶试验阴性。

【注意事项】

(1)抗凝兔血浆以新鲜制备为宜。

(2)用接种环蘸取细菌与生理盐水混匀后,应将接种环灭菌、冷却后再做后续实验。

(3)细菌培养物与生理盐水或血浆混合后要研磨均匀,否则影响结果。

(4)如果玻片法判定血浆凝固酶为阴性,仍应用试管法做最后确定。

四、荚膜的致病作用试验

【基本原理】

荚膜具有抗动物吞噬细胞的吞噬、抗体液中有害物质损伤的作用,是致病菌的重要毒力因子之一,在感染早期有助于细菌突破宿主的防御屏障,迅速向周围扩散。因此,荚膜与细菌的侵袭力密切相关。荚膜菌株一旦失去荚膜,其致病力也会随之减弱或消失。

【器材准备】

(1)菌种:荚膜株肺炎链球菌和无荚膜株肺炎链球菌 18～24 h 的血清肉汤培养物。

(2)实验动物:健康小白鼠(体重 20 g 左右)2 只。

(3)其他:无菌注射器、剪刀、载玻片、革兰染色液、荚膜染色液等。

【实验步骤】

(1)将小白鼠做好标记。

(2)进行腹部常规消毒后,一只腹膜腔注射荚膜株肺炎链球菌培养物 0.2 mL,另一只同样方法注射无荚膜株肺炎链球菌培养物 0.2 mL。

(3)将 2 只小白鼠置于玻璃缸内饲养,观察其发病情况。

(4)待小白鼠濒死时,及时解剖,取其心腔血液或腹腔液涂片,分别进行革兰染色和荚膜染色,在显微镜下观察细菌形态及荚膜的存在。

【结果判定】

(1)荚膜株肺炎链球菌能使小白鼠在 12～24 h 濒临死亡,而接种无荚膜株肺炎链球菌的小白鼠则未出现发病及死亡现象。

(2)在接种荚膜株肺炎链球菌的小白鼠心腔血液或腹腔液涂片中,可观察到有荚膜的革兰阳性双球菌;在接种无荚膜株肺炎链球菌的小白鼠涂片中,也可观察到革兰阳性双球菌,但无荚膜形成。

【注意事项】

实验中要特别注意无菌操作和操作者安全。

五、生物被膜的检测

【基本原理】

生物被膜中的细菌由于被保护,对外环境的抵抗力及抗生素的抗性均比浮游的单个菌体强,从而影响抗生素的疗效和灭菌效果。检测细菌生物被膜的方法有试管法、荧光法、扫描电子显微镜观察法及激光共聚焦显微镜观察法等,其中 96 孔微量板定量检测法是常用方法,既能用于定性检测又能用于定量检测。本方法的原理是使用 1%结晶紫溶液对黏附在微量板上的细菌进行染色，用水洗去未结合的染料，以酒精或乙酸溶液溶解附着于生物被膜上的染料，所得有色溶液用分光光度计或酶标仪测定 OD_{595} 值，以此推算细菌形成生物被膜的能力。

【器材准备】

（1）菌种：能形成和不能形成生物被膜的细菌各 1 株，如嗜水气单胞菌和黏质沙雷菌，稀释到 OD_{595} 值为 1。

（2）培养基：LB 液体培养基。

（3）其他：1%结晶紫染液（2 mL 结晶紫饱和酒精溶液加入 18 mL 去离子水稀释 10 倍，再加入 1%草酸铵水溶液 80 mL，混合均匀后用 0.45 μm 滤膜过滤）、恒温培养箱、酶标仪（OD_{595}）、96 孔灭菌微量板、95%酒精、微量移液器、灭菌去离子水、无菌 PBS 等。

【实验步骤】

（1）将菌液稀释 100 倍后向 96 孔聚苯乙烯微量板每孔中加入 200 μL，阴性对照孔只加入 200 μL LB 液体培养基，置于 28 ℃恒温箱中静置培养 24 h。

（2）培养结束后，弃去培养物上清液，用无菌的 PBS(pH 7.2)洗涤 3 次以除去浮游菌体，用 200 μL 甲醇固定 15 min。

（3）室温干燥 15 min 后，加入 200 μL 结晶紫染液染色 10 min，用灭菌去离子水冲洗 5 次。

（4）待完全干燥后，每孔加入 200 μL95%酒精溶液溶解结晶紫。

（5）10 min 后用酶标仪测量 OD_{595} 值。每株菌重复接种 10 孔，重复检测 3 次，取平均值，计算、判断生物被膜的生成情况。

【结果判定】

生物被膜形成能力分为 4 个等级。先计算阴性对照的平均吸光度值加上其标准差定义为 ODc，再将待测菌的 OD_{595} 与 ODc 比较。$OD_{595} < OD_C$ 者为阴性，即不具有生物被膜形成能力，用“—”表示；$ODc \leqslant OD_{595} < 2OD_C$ 为弱阳性，即生物被膜形成能力较弱，以“＋”表示；$2OD_C \leqslant OD_{595} < 4OD_C$ 为中等阳性，即生物被膜形成能力适中，以“＋＋”表示；$4OD_C \leqslant OD_{595}$ 为强阳性，即生物被膜形成能力较强，以“＋＋＋”表示。

六、内毒素的检测

（一）家兔热原检测法

【基本原理】

内毒素是革兰阴性菌细胞壁的脂多糖（LPS）成分，细菌细胞壁破裂后被释放。与外毒素相比，内毒素耐热、毒性作用相对较弱。各种革兰阴性菌产生的内毒素致病作用相似，如引起发热、微循环障碍、休克、弥散性血管内凝血等。内毒素的致热作用是由于 LPS 激活单核/巨噬细胞等，产生 IL-1、IL-6、TNF-α 等内源性致热源，通过促进下丘脑产生前列腺素 E 等生物活性物质，作用于体温调节中枢，上调体温调定点，使机体发热。

【器材准备】

（1）实验动物：1.5～2 kg 健康家兔 3 只。

（2）菌种：伤寒沙门氏菌菌液（稀释至 1×10^9 CFU/mL，100 ℃加热 30 min）。

(3)其他:体温计、无菌注射器、棉球、碘酒、75%酒精、凡士林等。

【实验步骤】

(1)实验前家兔禁食 1 h,用体温计测试家兔体温。测试步骤如下:①用酒精棉球消毒体温计,于其尖端涂抹少量凡士林;②将家兔轻轻固定在实验台上,从肛门插入体温计,15 min 后取出,用干棉球擦去凡士林,观察并记录体温;③肛温测试连续做 3 次,每次间隔 1 h。肛温应在 38.2~39.6 ℃正常范围内,后两次肛温差<0.2 ℃者,该兔可供实验用,并取 3 次肛温平均值作为该兔正常体温。

(2)于测定体温后 15 min 内,用注射器吸取预温至 37 ℃的伤寒沙门氏菌菌液 0.5~1.0 mL,注入家兔耳静脉内。

(3)每隔 1 h 测肛温一次,连测 3 次,取最高一次肛温减去正常体温即为该兔的升温值。

【结果判定】

3 只实验家兔中,有 2 只或以上升温值≥0.6 ℃,则为内毒素发热反应阳性。

【注意事项】

(1)体温计插入家兔肛门时动作要轻,避免动物挣扎而影响体温。

(2)体温计插入各兔肛门的深度和时间应相同,深度一般约为 6 cm,时间不少于 15 min。

(3)每只试验兔固定用 1 只体温计,以减小误差。

(4)试验用的注射器、针头、试管等,应先做 250 ℃干热 1 h 处理,以除去热原质。

(二)鲎试验

【基本原理】

鲎是一种海洋节肢动物,用其血液中变形细胞的裂解物作为试剂检测细菌内毒素,是一种快速、简单、敏感的试验方法。内毒素可激活鲎变形细胞的裂解胞质中致密颗粒所含的 C 因子(一种丝氨酸蛋白酶原),通过活化 B 因子,使该颗粒中的可溶性凝固蛋白原变成凝固蛋白,使鲎变形细胞裂解物呈凝胶状态。鲎试验常用于检测注射制剂、生物制品、脑脊液、血液等标本中的内毒素。主要有凝胶法和动态浊度法,这里介绍凝胶法。

【器材准备】

(1)试剂:灵敏度复核试验有效的鲎试剂、内毒素标准品、细菌内毒素检查用水。

(2)待测标本:已发热兔子的血液或伤寒沙门氏菌培养上清液等。

(3)其他:200 μL 微量移液器及相应灭菌吸头、37 ℃恒温水浴锅等。

【实验步骤】

(1)打开 3 支鲎试剂冻干品安瓿瓶,各加入 0.1 mL 内毒素检查用水溶解,编号。

(2)3 支鲎试剂中分别加入标准内毒素、内毒素检查用水、待测标本 0.1 mL,摇匀。

(3)垂直放入 37 ℃水浴锅中,保持 60 min,取出观察结果。

【结果判定】

(1)安瓿瓶倾斜 45°,观察并记录结果。

+++:强阳性,呈固体状。

++:阳性,呈凝胶状,有变形但不流动。

+：弱阳性，呈黏性半流动状。

—：阴性，呈可流动未凝固状。

(2)凡结果阳性者，表示内毒素阳性。

【注意事项】

鲎试验无特异性，不能区别检出的内毒素来自何种革兰阴性菌。需充分验证样品对试验无干扰作用，以保证试验结果有效。

七、破伤风痉挛毒素对小鼠的致病作用

【基本原理】

外毒素是由革兰阳性菌和少数革兰阴性菌合成并分泌到菌体外的毒性蛋白质产物，性质不稳定，对热和蛋白酶较敏感，抗原性强，毒性作用强，有组织亲嗜性，能选择性作用于某些组织器官，引起特殊病变。破伤风梭菌产生的痉挛毒素(tetanospasmin)是一种神经毒素，对脑神经和脊髓前角细胞有高度亲嗜性，毒素与之结合后，可通过阻断神经突触及神经-肌肉接头处的信号传递而导致中枢神经系统功能紊乱，引起肌肉抽搐、痉挛。

【器材准备】

(1)菌种：破伤风梭菌培养滤液。

(2)实验动物：小白鼠 2 只。

(3)其他：1 mL 注射器、2%碘酒、75%酒精棉球等。

【实验步骤】

(1)取 1 只小白鼠，用 2%碘酒、75%酒精棉球先后消毒腿部皮肤，取 0.2 mL 破伤风梭菌培养滤液进行肌内注射。

(2)取第 2 只小白鼠，于后腿肌内注射肉汤 0.2 mL 作对照。

【结果判定】

次日仔细观察、记录两只小白鼠的表现，注意观察第 1 只小白鼠有无出现尾部、肌肉痉挛强直及角弓反张等症状，而对照组应无上述症状。

八、动物试验检测金黄色葡萄球菌肠毒素

【基本原理】

金黄色葡萄球菌的某些菌株能产生引起急性胃肠炎的肠毒素(enterotoxin)，此为一组结构相似的可溶性蛋白质，分子量为 26～34 kU，目前已经报道的主要有 A、B、C、D、E 等多个血清型，动物中毒以 A 型肠毒素引起者最多。肠毒素对热的抵抗力极强，100 ℃加热 30 min 不能完全破坏，能够抵抗胃肠液中蛋白酶的水解作用，幼猫及幼猴对此毒素敏感，其浓度达到纳克数量级便能产生致毒活性。

【器材准备】

(1)菌种：肠毒素阳性的金黄色葡萄球菌。

(2)实验动物：6～8 周龄幼猫。

(3)其他：1 mL 注射器、2%碘酒、75%酒精棉球。

【实验步骤】

取肠毒素阳性的金黄色葡萄球菌，接种于肉汤培养基，置于30%CO_2条件下培养40 h，离心取上清液；100 ℃加热30 min后，取适量经腹腔注射6～8周龄幼猫的上清液。

【结果判定】

如果幼猫在注射后4 h内发生呕吐、腹泻、体温升高或死亡等症状，则提示有肠毒素存在的可能。

九、链激酶试验

【基本原理】

A族链球菌可产生链激酶(streptokinase，SK)，即溶纤维蛋白酶，激活血浆中的血浆蛋白酶原，使之变为活动性的血浆蛋白酶，溶解纤维蛋白，使血块溶解或阻止血浆凝固。

【器材准备】

(1)菌种：A族链球菌(链激酶阳性)、待测链球菌18～24 h肉汤培养物。

(2)待测标本：兔血浆。

(3)其他：草酸钾、0.25%氯化钙、生理盐水、离心管、离心机、水浴锅。

【实验步骤】

(1)草酸钾血浆的制备：取0.01 g草酸钾，加5 mL兔血浆，混匀，离心，取上清液。

(2)取草酸钾血浆0.2 mL，加入0.8 mL生理盐水，混匀。

(3)加入36 ℃下培养18～24 h待检菌肉汤培养物0.5 mL、0.25%氯化钙0.25 mL，混匀，置于37 ℃水浴锅中。同时用肉汤做阴性对照，用已知链激酶阳性的菌株做阳性对照。

【结果判定】

每2 min观察一次血浆是否凝固。一般10 min内血浆先凝固，然后继续观察并记录溶解时间。溶解的时间与链激酶含量有关，链激酶含量越高，溶解所需时间越短。一般20 min内凝固的血浆完全溶解，如2 h后无变化，则在水浴锅中继续放置，24 h后再观察；如果凝块仍不溶解，则为阴性；如果凝块全部溶解，则为阳性。

十、细菌半数致死量的测定

【基本原理】

根据细菌的毒力强弱，可分为强毒株、弱毒株和无毒株。在研制疫苗、血清效价测定、药物筛选等工作中，需要知道细菌的毒力，其表示方法有很多，最实用的是LD_{50}和半数感染量(medianinfectiousdose，ID_{50})。前者是指使接种的实验动物在感染后一定时间内死亡一半所需要的微生物量或毒素量。

【器材准备】

(1)菌种：对数生长期的致病性大肠埃希菌(约50 mL)液体培养物。

(2)实验动物：健康小鼠70只，雌雄各半。

(3)其他：1 mL注射器、PBS、2%碘酒、75%酒精棉球。

【实验步骤】

(1)将菌液于 4 ℃下 5 000 r/min 离心 10 min,弃上清液,用无菌的 PBS 洗涤 3 次,置 4 ℃备用。活菌计数,调整到合适浓度。取菌液进行 10 倍系列稀释,取 6 个稀释度,使最大稀释度的菌液腹腔接种小鼠的死亡率为 0,最小稀释度的菌液腹腔接种小鼠的死亡率为 100%。

(2)将小鼠随机分为 7 组,每组雌雄各半,其中一组为对照组,腹腔接种培养基,其他 6 组接种稀释好的菌液,0.2 mL/只。

(3)连续观察 7 d,记录小鼠发病和死亡情况。

(4)试验结束后,应用 Reed-Muench 法的公式计算 LD_{50}。

$$\lg LD_{50}=\lg(\text{高于 }50\%\text{死亡率的最小稀释度})+\text{距离比例}\times\lg(\text{稀释系数})$$

其中:

$$\text{距离比例}=\frac{\text{高于 }50\%\text{死亡率}-50\%}{\text{高于 }50\%\text{死亡率}-\text{低于 }50\%\text{死亡率}}$$

【注意事项】

(1)试验前根据实践经验并参考有关资料进行预试验,了解死亡率为 0 和 100%的剂量,然后根据组数(一般分 5~8 组),按照等比级数计算每组动物的接种剂量。

(2)同一试验中,试验动物个体的年龄、体重尽量一致,雌雄各半,各组动物数量相等。

(3)也可以用 SPSS 软件或 Bliss 法计算结果。

【实验报告】

(一)实验结果

(1)描述所测病原菌 LD_{50} 的计算过程,并给出所测定的结果。

(2)详细描述各试验现象。

(3)判断试验所用细菌生物被膜形成能力的等级。

(二)思考题

(1)简述细菌发生黏附的基本条件。

(2)分析乙型溶血性链球菌所致感染易扩散的原因。

(3)简述各实验的原理及在细菌致病过程中的意义。

(4)简述内毒素检测应用的领域。

(5)鲎为国家二级保护动物,鲎试验的材料来源有限,哪些试验可替代鲎试验检测内毒素?

实验6　细菌的生理生化特性鉴定

(Physiological and Biochemical Characteristics Identification of Bacteria)

【目的要求】

(1)通过本实验加深对细菌生化试验原理的理解。

(2)掌握常规细菌生化试验操作方法。

(3)了解细菌生化试验在细菌鉴定及疾病诊断中的重要意义。

一、碳水化合物代谢试验

(一)糖(醇、苷)类发酵试验

【基本原理】

不同种类细菌含有发酵不同糖(醇、苷)类的酶,因而对各种糖(醇、苷)类的代谢能力也有所不同,即使能分解某种糖(醇、苷)类,其代谢产物也可因菌种而异。检查细菌对培养基中所含糖(醇、苷)降解后产酸或产酸产气的能力,可用来鉴定细菌种类。

【器材准备】

(1)培养基:包括需氧菌适用的培养基、厌氧菌糖发酵培养基和血清半固体糖发酵培养基。

需氧菌适用的培养基:蛋白胨1 g,氯化钠0.5 g,蒸馏水100 mL,0.2%溴麝香草酚蓝水溶液1.2 mL(或1.6%溴甲酚紫酒精溶液水溶液0.1 mL),糖、醇或苷类物质0.5~1 g。溶解除指示剂外各成分,调pH为7.4~7.6,加入指示剂混匀,分装试管;装入有倒置小玻璃管(德汉氏发酵管)的试管;若在培养基中加入0.5%~0.7%琼脂制成半固体培养基,可省去倒置的小管。经115 ℃ 20 min灭菌后备用。

厌氧菌糖发酵培养基:蛋白胨20 g,氯化钠5 g,硫代乙醇酸钠1 g,琼脂1 g,蒸馏水1 000 mL,1.6%溴甲酚紫乙醇溶液水溶液1 mL,糖、醇或苷类物质1 g。溶解除指示剂外各成分,调pH为7.2~7.4,加入指示剂混匀,分装试管,115 ℃灭菌20 min后备用。

血清半固体糖发酵培养基:0.3%肉膏(pH 7.6)100 mL,琼脂0.3 g,0.5%酸性复红2 mL,兔血清或小牛血清10 mL,糖、醇或苷类物质0.5~1 g。取0.3%肉膏100 mL,加入琼脂,煮沸融化后,加入糖类物质及指示剂,经115 ℃灭菌20 min。待培养基冷至50 ℃左右,加入经56 ℃ 30 min灭活补体的兔血清10 mL,分装于无菌试管,无菌检查合格后备用。

(2)试剂:所使用的糖(醇、苷)类有很多种,根据不同需要可选择单糖、多糖或低聚糖、多元醇和环醇等(表2-4)。一般常用的指示剂为酚红、溴甲酚紫、溴百里蓝和Andrade指示剂。推荐使用市售各种糖或醇类的微量发酵管。

(3)其他:恒温培养箱、高压锅、电炉以及搪瓷缸等。

表 2-4　常用于细菌糖发酵试验的糖、醇类

种类	名称
单糖	四碳糖：赤藓糖 五碳糖：核糖　核酮糖　木糖　阿拉伯糖 六碳糖：葡萄糖　果糖　半乳糖　甘露糖
双糖	蔗糖（葡萄糖＋果糖）　乳糖（葡萄糖＋半乳糖）　麦芽糖（两分子葡萄糖）
三糖	棉籽糖（葡萄糖＋果糖＋半乳糖）
多糖	菊糖（多分子果糖）　淀粉
醇类	侧金盏花醇　卫矛醇　甘露醇　山梨醇
非糖类	肌醇

【实验步骤】

（1）按照上述培养基配方，根据需要选择配制培养基，高压灭菌并做无菌检验后备用。

（2）取 18～24 h 的试验菌株，接种于培养基中（如为半固体培养基应穿刺接种、厌氧菌应接种于培养基的深部），置 37 ℃培养数小时至 2 周观察结果。

（3）若用微量发酵管（应开口朝下），或要求培养时间较长时，应注意保持其环境的湿度，以免培养基干燥。每次试验宜同时接种多管。

（4）结果记录：若指示剂由紫色变为黄色，表示糖类发酵产酸，以"＋"表示；若指示剂由紫色变为黄色，且试管内倒置的小管内有气泡出现，则表示产酸产气，以"⊕"表示；若指示剂颜色未改变，则表示对糖类不发酵，以"－"表示。

半固体糖发酵培养基作穿刺接种，除观察产酸和产气外，尚可观察细菌的运动力。

（二）葡萄糖的氧化/发酵试验（O/F 试验、HL 试验）

【基本原理】

氧化型细菌在有氧环境中分解葡萄糖，发酵型细菌无论在有氧或无氧环境中都能分解葡萄糖，而产碱型细菌在有氧或无氧环境中都不能分解葡萄糖。这对区别微球菌与葡萄球菌、肠杆菌科成员尤其有意义。

【器材准备】

（1）培养基：蛋白胨 0.2 g、氯化钠 0.5 g、磷酸氢二钾 0.03 g、葡萄糖 1 g、琼脂 0.5 g、蒸馏水 100 mL、1%溴麝香草酚蓝水溶液 0.3 mL。溶解除指示剂外各成分，调 pH 至 6.8～7.0，加入指示剂，分装试管，经 115 ℃灭菌 20 min。

（2）其他：恒温培养箱、高压锅、电炉、搪瓷缸、玻棒等。

【实验步骤】

（1）挑取少许细菌纯培养物（不宜从选择性平板中挑取）穿刺接种，每种细菌接种 2 管，于其中一管覆盖 1 mL 灭菌的液状石蜡以隔绝空气（作为密封管），另一管不加液体石蜡（作为开放管）。37 ℃培养 48 h 或更长时间，最长可为 7 d。

（2）结果判定：只在没有覆盖石蜡的一管发酵糖，产酸或产酸产气者，属氧化型；两管均发酵糖，产酸或产酸产气者，为发酵型；两管都不生长者，不予判定结果。

(三)甲基红(MR)试验

【基本原理】

某些细菌在糖代谢过程中,分解葡萄糖产生丙酮酸,丙酮酸进一步被分解为甲酸、乙酸和琥珀酸等,使培养基 pH 下降至 4.5 以下时,加入甲基红指示剂呈红色。如果细菌分解葡萄糖产酸量少,或产生的酸进一步转化为其他物质(如醇、醛、酮、气体和水等),培养基 pH 在 5.4 以上,加入甲基红指示剂呈橘黄色。本试验常与 V-P 试验一起使用,因为前者结果呈阳性,后者通常为阴性。

【器材准备】

(1)培养基:葡萄糖蛋白胨水,蛋白胨 0.5 g,磷酸氢二钾 0.5 g,葡萄糖 0.5 g,蒸馏水 100 mL。将上述各成分混于蒸馏水中,加热溶解,调 pH 为 7.2～7.4,滤纸过滤,分装于小试管内。每管 3～5 mL,加塞包好,经 115 ℃灭菌 20 min 后备用。

(2)试剂:甲基红 0.02 g,95%酒精 60 mL,蒸馏水 40 mL。

(3)其他:恒温培养箱、高压锅、电炉、搪瓷缸、玻棒等。

【实验步骤】

(1)取一株细菌的 24 h 培养物,接种于葡萄糖蛋白胨水培养基中,置 37 ℃培养 48～72 h,取出后加甲基红试剂(甲基红 0.02 g、95%酒精 60 mL、蒸馏水 40 mL)3～5 滴,立即观察结果。

(2)结果判定:凡培养液呈红色者为阳性,以“+”表示;橙色者为可疑,以“±”表示;黄色者为阴性,以“－”表示。

(四)维培二氏试验(V-P 试验)

【基本原理】

有的细菌(如产气杆菌)能分解葡萄糖产生丙酮酸,再将丙酮酸脱羧形成乙酰甲基甲醇,乙酰甲基甲醇在碱性条件下被氧化为二乙酰,二乙酰与培养基蛋白胨中的精氨酸等所含的胍基结合,形成红色的化合物。本试验的目的是测定细菌产生乙酰甲基甲醇的能力,其反应式见图 2-7。

$$\underset{\text{丙酮酸}}{2CH_3COCOOH} \longrightarrow \underset{\text{乙酰甲基甲醇}}{CH_3COCHOHCH_3} + 2CO_2 \longrightarrow \underset{\text{2,3-丁二醇}}{CH_3CHOHCHOHCH_3} \xrightarrow[KOH]{-2H} \underset{\text{丁二酮(二乙酰)}}{CH_3COCOCH_3}$$

图 2-7　维培二氏试验反应式

【器材准备】

(1)培养基:同 MR 试验。

(2)试剂:①奥梅拉(O-Meara)试剂:0.3 g 肌酸或肌酐溶于 100 mL 40%氢氧化钾即成;②贝立脱(Barrit)试剂:甲液为 6% α-萘酚酒精溶液,乙液为 16%氢氧化钠溶液;③硫酸铜试剂:1 g 硫酸铜溶于 40 mL 氨水,再加 10%氢氧化钠至 1 000 mL。

(3)其他:恒温培养箱、高压锅、电炉、搪瓷缸、玻棒等。

【实验步骤】

(1)将被检细菌接种到葡萄糖蛋白胨水中,置37 ℃恒温培养48 h。

(2)在细菌培养物中加入等量的奥梅拉试剂(或硫酸铜试剂)后混合,或1 mL培养物加入0.5 mL贝立脱试剂甲液和贝立脱试剂乙液振荡混合,观察结果。

(3)结果判定:试验时强阳性者约于5 min后产生粉红色反应;长时间无反应者,置室温过夜,次日仍不变者为阴性。

(五)淀粉水解试验

【基本原理】

有些细菌如枯草芽孢杆菌具有合成淀粉酶的能力,可以分泌胞外淀粉酶。淀粉酶可以使淀粉水解为麦芽糖和葡萄糖,淀粉水解后遇碘不再变蓝色。

【器材准备】

(1)培养基:营养琼脂培养基90 mL,无菌羊血清5 mL(只对不易生长的细菌才加),无菌3%淀粉溶液10 mL。将琼脂加热融化,待冷至50 ℃时,以无菌操作法加入无菌羊血清及无菌淀粉溶液,混匀后倾注平板。

(2)试剂:革兰碘液(碘化钾2 g、碘1 g、蒸馏水200 mL)。先将碘化钾溶于10 mL蒸馏水中,再加碘至全部溶解后加蒸馏水至200 mL即可。

(3)其他:恒温培养箱、高压锅、电炉、搪瓷缸、玻棒等。

【实验步骤】

(1)将待检菌划线接种于上述平板上,置37 ℃恒温培养24 h。

(2)形成菌落后,在菌落处滴加革兰碘液,以铺满菌落周围为宜,观察颜色变化。

(3)结果判定:培养基呈现蓝色,能水解淀粉的细菌其菌落周围出现无色透明圈。

(六)β-半乳糖苷酶试验

【基本原理】

产生β-半乳糖苷酶的细菌,能水解邻硝基酚-*β*-*D*-半乳糖苷(Orthonitrophenyl-*β*-*D*-galactopyranoside,简称ONPG),而释放出黄色的邻硝基酚。本试验可鉴别肠杆菌科细菌。

【器材准备】

(1)缓冲液:称取磷酸氢二钠6.9 g,溶解于45 mL蒸馏水,加入约3 mL 30%氢氧化钠,调pH为7.0,并补足蒸馏水至50 mL,放入4 ℃冰箱中保存备用。若析出结晶,则使用前稍加温使其溶解。

(2)ONPG液:称取80 mg ONPG,溶解于15 mL蒸馏水中,置37 ℃水浴锅中加入5 mL缓冲液。溶液应是无色,置4 ℃冰箱中保存。若出现黄色,则不能使用。使用前,先将ONPG液加温至37 ℃。

(3)试剂:三糖铁或1%乳糖肉汤琼脂培养基、生理盐水、甲苯。

(4)其他:恒温培养箱、水浴锅、电炉、搪瓷缸、接种环等。

【实验步骤】

(1)将待检菌接种到三糖铁或1%乳糖肉汤琼脂培养基，经37 ℃环境条件培养过夜。

(2)挑取一满环待检菌，置于0.25 mL生理盐水中，制成悬液，置37 ℃环境条件下恒温5 min，加一滴甲苯，摇匀，以利于β-半乳糖苷酶的释放。

(3)取0.25 mL ONPG液加入悬液中，置37 ℃水浴锅中温育，分别在30 min和3 h后观察结果。

(4)结果判定：如表达β-半乳糖苷酶，会在3 h内产生黄色的邻硝基酚；如无此酶表达，则在24 h内不变色。

(七)七叶苷水解试验

【基本原理】

在10%～40%胆汁存在下，测定细菌水解七叶苷的能力。七叶苷被细菌分解生成葡萄糖和七叶素，七叶素与培养基中枸橼酸铁的二价铁离子发生反应，形成黑色化合物。本试验主要用于D群链球菌与其他链球菌、肠杆菌科的某些种及某些厌氧菌(如脆弱拟杆菌等)的初步鉴别。本试验D群链球菌为阳性。

【器材准备】

(1)培养基：胰蛋白胨1.5 g、胆汁2.5 mL、枸橼酸铁0.2 g、七叶苷1.1 g、琼脂2 g、蒸馏水100 mL。将上述成分混合后，加热溶解(一般不需要矫正pH，如用其他蛋白胨，则需矫正pH为7.0)，过滤后分装于离心管内，每管1 mL。加塞包装好，115 ℃灭菌20 min，取出趁热制成斜面琼脂，待凝固后，贮存于冰箱中备用。

(2)其他：恒温培养箱、电炉、搪瓷缸、接种环等。

【实验步骤】

(1)将细菌纯培养物接种于七叶苷培养基上，37 ℃恒温培养24 h。

(2)结果判定：培养基完全变黑为阳性，不变黑为阴性。

二、蛋白质、氨基酸和含氮化合物试验

(一)吲哚(靛基质)试验

【基本原理】

有的细菌能产生色氨酸酶，进而分解蛋白胨中的色氨酸形成吲哚(靛基质)。吲哚与对位二甲基氨基苯甲醛反应，形成玫瑰吲哚而呈红色。该试验主要用于肠道杆菌的鉴定，其原理见图2-8。

【器材准备】

(1)培养基：①需氧、兼性厌氧菌用蛋白胨水：蛋白胨1 g、氯化钠0.5 g、蒸馏水100 mL。将上述成分混合于蒸馏水中，加热溶解，调pH为7.4～7.6，分装试管，115 ℃灭菌20 min。②厌氧菌用蛋白胨水：胰蛋白胨2 g、葡萄糖0.1 g、磷酸氢二钠(无水)0.2 g、琼脂0.1 g、硫代乙醇酸钠0.1 g、蒸馏水100 mL。将上述成分混合于蒸馏水中，加热溶解，调pH为7.4～7.6，分装试管，

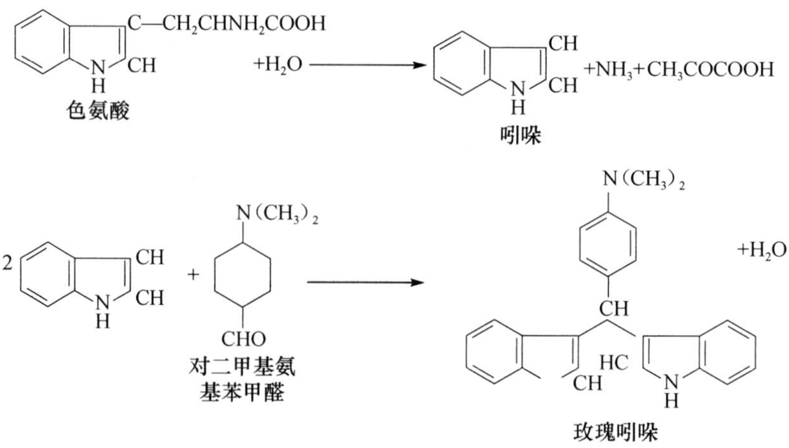

图 2-8 吲哚试验原理

115 ℃灭菌 20 min。

(2)试剂:①欧立希(Ehrlich)试剂:1 g 对位二甲基氨基苯甲醛溶于 95 mL 纯酒精后,徐徐加入 20 mL 浓盐酸,避光保存。②柯凡克(Kovacs)试剂:5 g 对位二甲基苯甲醛溶于 75 mL 戊醇后,徐徐加入 25 mL 浓盐酸,避光保存。③高硫酸钾($K_2S_2O_8$)饱和溶液。

(3)其他:恒温培养箱、高压锅、电炉、搪瓷缸、玻棒等。

【实验步骤】

(1)将待检菌接种于蛋白胨水培养基中,置 37 ℃恒温培养 24～48 h(视需要可延长 4～5 d)。

(2)培养后按下列方法之一检测并判定结果。

方法一:加 1～2 mL 乙醚(或戊醇或二甲苯)于试管内,振摇使其与培养物混匀,静置片刻,使乙醚(戊醇或二甲苯)浮到培养基的表面,沿管壁加入欧立希试剂(或柯凡克试剂)数滴,乙醚(戊醇或二甲苯)层出现玫瑰红色为阳性,无色为阴性。

方法二:取一小手指大的脱脂棉,滴上两滴欧立希试剂,再在同处滴上两滴高硫酸钾饱和溶液,置于含培养液的被检试管中(离液面约 1.5 cm),置烧杯内水浴煮沸为止,脱脂棉上现红色者为阳性。此法节省试剂且准确,若将试剂直接加到培养液中,吲哚和粪臭素均呈阳性反应,而此法只是吲哚(易挥发)呈阳性反应。

方法三:向待检培养物试管中加入柯凡克试剂约 0.5 mL,轻摇试管,红色者为阳性。

方法四:向待检培养物试管中加入欧立希试剂 0.5～1 mL,使其与培养物重叠,阳性者于两液面交界处呈红色。

(二)尿素酶试验

【基本原理】

某些细菌能产生尿素酶,尿素酶可分解尿素,产生大量的氨,使培养基的 pH 升高,使指示剂酚红显示出红色。该试验主要用于肠道杆菌科中变形杆菌属的鉴定。奇异变形杆菌和普通变形杆菌为强阳性,雷极普罗威登斯菌和摩根菌为阳性,克雷伯菌为弱阳性,斯氏普罗威登斯菌和产碱普罗威登斯菌为阴性。

【器材准备】

(1)培养基:蛋白胨 1 g、氯化钠 5 g、葡萄糖 1 g、20%尿素液 100 mL、磷酸氢二钾 2 g、0.4%酚红溶液 3 mL、琼脂 20 g、蒸馏水 1 000 mL。将上述培养基中除尿素液和指示剂以外的其余成分加热溶解,调 pH 为 7.2,再加指示剂混匀,115 ℃高压灭菌 20 min。取出培养基自然冷却至 55 ℃左右,加入过滤除菌的 20%尿素液(使培养基尿素含量约为 2%),混匀后,无菌分装,制成高层斜面。也可省去琼脂,制成液体培养基,并作无菌检验。

(2)器皿:恒温培养箱、高压锅、电炉、搪瓷缸等。

(3)其他:小试管、玻棒、接种针等。

【实验步骤】

(1)用接种环将待检菌培养物接种于尿素琼脂斜面,不要穿刺到底,下部留作对照。置 37 ℃恒温培养,于 1~6 h 检查(有些菌分解尿素很快),有时需培养 24 h 到 6 d(有些菌则缓慢作用于尿素)。

(2)结果判定:琼脂斜面由粉红变为紫红色,则判定为阳性反应。

(三)苯丙氨酸脱氨酶试验

【基本原理】

有些细菌能产生苯丙氨酸脱氨酶,能将苯丙氨酸脱氨变成苯丙酮酸,酮酸能使三氯化铁指示剂变为绿色。变形杆菌、普罗菲登斯菌及莫拉菌有苯丙氨酸脱氨酶活性。

【器材准备】

(1)培养基:*DL*-苯丙氨酸 2 g、氯化钠 5 g、琼脂 12 g、酵母浸膏 3 g、磷酸氢二钠 1 g、蒸馏水 1 000 mL。将上述培养基配方中的各成分混合于蒸馏水中,加热融化后,调节 pH 为 7.4,过滤分装,115 ℃高压灭菌 20 min,趁热制成斜面备用。

(2)试剂:10%三氯化铁溶液,即称取 10 g 三氯化铁溶解于 100 mL 蒸馏水中。

(3)器皿:恒温培养箱、高压锅、电炉(电磁炉)、搪瓷缸等。

(4)其他:小试管、玻棒、接种针、pH 试纸等。

【实验步骤】

(1)挑取大量待检菌培养物,接种于上述培养基斜面,37 ℃恒温培养 18~24 h(以细菌生长旺盛为佳)。在生长好细菌的培养基斜面上滴加 0.2 mL(4~5 滴)10%三氯化铁溶液。

(2)结果判定:斜面变绿者为阳性,否则为阴性。

(四)氨基酸脱羧酶试验

【基本原理】

该试验属肠杆菌科细菌的鉴别试验,用以区分沙门氏菌(通常为阳性)和枸橼酸杆菌(通常为阴性)。若细菌具有脱羧酶,能使氨基酸脱羧(—COOH),生成 NH_3 和 CO_2,使培养基的 pH 升高,则指示剂溴麝香草酚蓝显示蓝色,试验结果判定为阳性;若细菌无脱羧能力,培养基不变,则为黄色。最常用的氨基酸有赖氨酸和鸟氨酸。

【器材准备】

(1)培养基:蛋白胨 5 g、酵母浸膏 3 g、葡萄糖 1 g、蒸馏水 100 mL、0.2%溴麝香草酚蓝 12 mL、需要测定的氨基酸 5 g。将除氨基酸和 0.2%溴麝香草酚蓝溶液外的上述各种成分加入蒸馏水中,加热溶解,调整 pH 至 6.7~6.8;加入 0.2%溴麝香草酚蓝溶液和需要测定的氨基酸(常用的氨基酸有赖氨酸和鸟氨酸等。所加的氨基酸应先溶解于 NaOH 溶液中,浓度配比为 0.5 g *L*-*α*-赖氨酸溶于 0.5 mL 15% NaOH 溶液,0.5 g *L*-*α*-鸟氨酸溶于 0.6 mL 15% NaOH 溶液),加入氨基酸后再调整 pH 至 6.8;分装于小试管内,121 ℃高压灭菌 15 min。

(2)器皿:恒温培养箱、高压锅、电炉、搪瓷缸等。

(3)试剂:无菌液状石蜡,15% NaOH 溶液。

(4)其他:小试管、玻棒、接种针等。

(5)市售的赖氨酸和鸟氨酸等微量反应管。

【实验步骤】

(1)从琼脂斜面上挑取培养物少许,接种于培养基,上面滴加一层无菌液状石蜡,于 37 ℃恒温培养 4 d,每天观察结果。

(2)结果判定:阳性者培养液先变为黄色,后变为蓝色;阴性者始终为黄色。

三、碳源与氮源利用试验

(一)柠檬酸盐利用试验(枸橼酸盐利用试验)

【基本原理】

当细菌利用铵盐作为唯一氮源和柠檬酸盐作为唯一碳源生长时,则利用柠檬酸钠产生的碳酸盐,与利用铵盐产生的 NH_3 会反应形成 NH_4OH,使培养基变为碱性,pH 升高,使指示剂溴麝香草酚蓝由草绿色变为深蓝色。该试验和靛基质(吲哚)试验、二乙酰(VP)试验和甲基红(MR)试验一起缩写为 IMViC,常用于鉴别大肠杆菌和沙门氏菌。

【器材准备】

(1)西蒙氏(Simmons)培养基:柠檬酸钠 1 g、硫酸镁($MgSO_4 \cdot 7H_2O$)0.2 g、磷酸氢二钾 1 g、琼脂 20 g、磷酸二氢氨 1 g、氯化钠 5 g、1%溴麝香草酚蓝酒精溶液 10 mL、蒸馏水 1 000 mL。将除琼脂和 1%溴麝香草酚蓝溶液外以上各成分溶解后,调节 pH 为 6.8~7.0;加入琼脂融化,再加入溴麝香草酚蓝溶液,分装试管;经 121 ℃高压灭菌 15 min,制成斜面备用。

(2)Christenten 培养基:柠檬酸钠 5 g、磷酸氢二钾 1 g、葡萄糖 0.2 g、氯化钠 5 g、酚红 0.012 g、半胱氨酸 0.1 g、琼脂 15 g、酵母浸膏 0.5 g,以上成分混合后加入蒸馏水至 1 000 mL,不必调整 pH,高压灭菌后做成短厚的斜面。

(3)器皿:恒温培养箱、高压锅、电炉、搪瓷缸等。

(4)其他:小试管、玻棒、接种针、pH 试纸等。

【实验步骤】

(1)若用 Simmons 培养基,将培养基中的琼脂省去,制成液体培养基,同样可以应用。将被检细菌少量接种到培养基中,37 ℃恒温培养 2~4 d,观察培养基颜色变化。若用

Christenten 培养基，接种时先划线后穿刺，孵育于 37 ℃观察 7 d，观察培养基颜色变化。

(2)结果判定：前一种方法培养基变蓝色者为阳性，不变者为阴性；后一种方法阳性者培养基变红色，阴性者培养基仍为黄色。

(二)有机氮柠檬酸盐利用试验

【基本原理】

有的细菌在含有机氮的培养基，能够利用柠檬酸钠作为主要的碳源而生长，并且分解柠檬酸盐最后生成碳酸盐，使培养基变为碱性，在指示剂酚红的存在下，培养基由黄色变为红色。

【器材准备】

(1)Christenten 培养基：见柠檬酸盐利用试验(2)。

(2)器皿：恒温培养箱、高压锅、电炉、搪瓷缸等。

(3)其他：小试管、玻棒、接种针、pH 试纸等。

【实验步骤】

(1)将待检菌接种到培养基上，37 ℃恒温培养连续观察 7 d。

(2)结果判定：阳性者培养基由黄色变为红色，阴性者仍为黄色。

四、酶类试验及其他试验

(一)氧化酶(或细胞色素氧化酶)试验

【基本原理】

某些细菌能产生细胞色素氧化酶，可使细胞色素 C 氧化，而氧化型细胞色素 C 又使可盐酸二甲基对苯二胺(或四甲基对苯二胺)试剂氧化成红色的醌类化合物。若加等量的 α-萘酚酒精溶液，则形成吲哚而呈现蓝色。

【器材准备】

(1)1%盐酸二甲基对苯二胺(或四甲基对苯二胺)水溶液。

(2)含 1% α-萘酚的 95%酒精。

【实验步骤】

将 1%盐酸二甲基对苯二胺滴在待检细菌的菌落上，菌落先呈玫瑰红色再呈深紫色者为氧化酶阳性。若倒掉试剂，再徐徐滴加 1% α-萘酚酒精溶液，菌落变成深蓝色者为氧化酶阳性。

【注意事项】

(1)1%盐酸二甲基对苯二胺溶液容易氧化，应保存在棕色瓶中，贮存于 4 ℃冰箱。若溶液变成红褐色，则不宜使用。

(2)该试验应避免接触或混入含铁物质，否则盐酸二甲基对苯二胺遇铁呈红色反应，造成假阳性，故用细玻棒或牙签蘸取幼龄试验菌培养物而不能用金属接种环。

（二）过氧化氢酶（触酶）试验

【基本原理】

某些细菌能产生触酶（过氧化氢酶），催化过氧化氢产生水和初生态的氧，继而形成氧分子并汇集成气泡。

【器材准备】

（1）3％过氧化氢，即 1 mL 30％过氧化氢加入 9 mL 蒸馏水中。

（2）小试管、细玻棒、载玻片等。

【实验步骤】

方法一：取干净的载玻片，在上面滴一滴 3％过氧化氢溶液，挑取一环斜面培养的试验菌，与过氧化氢溶液混匀，若有气泡出现则为过氧化氢酶试验阳性，无气泡产生者为阴性。

方法二：取 2 mL 3％过氧化氢溶液加入干净的小试管中，用细玻棒蘸取试验菌，插入过氧化氢液面下，有气泡产生者为阳性。

方法三：将 1 mL 3％过氧化氢溶液滴加在生长物（菌落或菌苔）上，有气泡发生者为阳性。

【注意事项】

（1）过氧化氢酶是以正铁血红素为辅基的酶，所以试验菌不应培养在含有血液的培养基上，以免造成假阳性反应。

（2）不能用铂环代替玻棒，因为铂有时与过氧化氢反应产生气泡。

（3）每次反应都应设立对照，阳性对照菌为金黄色葡萄球菌，阴性对照菌为链球菌。

（三）硝酸盐还原试验

【基本原理】

有的细菌能把硝酸盐还原为亚硝酸盐，而亚硝酸盐能和对氨基苯磺酸作用生成对重氮基苯磺酸，且对重氮基苯磺酸与 α-萘胺作用能生成红色的化合物 N-α-萘胺偶氮苯磺酸，其反应式见图 2-9。

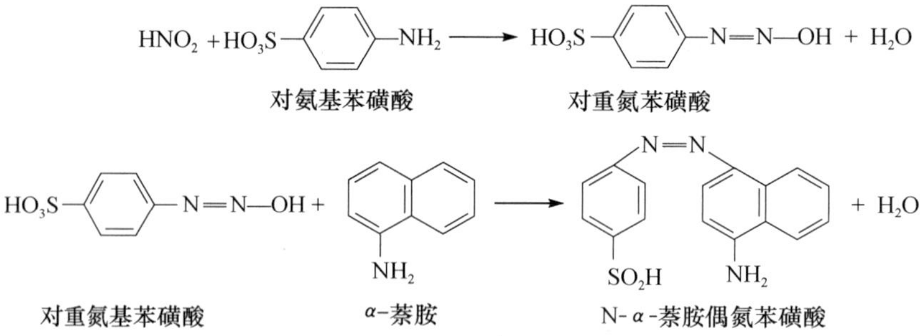

图 2-9　硝酸盐还原试验反应式

【器材准备】

（1）培养基：包括以下两种培养基。

需氧菌的培养基：硝酸钾（不含 NO_2^-）0.2 g、蛋白胨 5 g、蒸馏水 1 000 mL。各成分溶解后调节 pH 至 7.4，分装试管。每管约 5 mL，121 ℃高压灭菌 15 min。

厌氧菌硝酸盐培养基：硝酸钾（不含 NO_2^-）1 g、磷酸氢二钠 2 g、葡萄糖 1 g、琼脂 1 g、蛋白胨 20 g、蒸馏水 1 000 mL。各成分加热溶解，调整 pH 至 7.2，过滤，分装试管，121 ℃高压灭菌 15 min。

(2)恒温培养箱、高压锅、电炉、搪瓷缸等。

(3)小试管、玻棒、接种针、pH 试纸等。

【实验步骤】

(1)在需氧菌培养基上接种细菌后 37 ℃恒温培养 4 d，沿管壁加入 2 滴甲液（对氨基苯磺酸 0.8 g 溶于 5 mol/L 醋酸溶液 100 mL）与 2 滴乙液（α-萘胺 0.5 g，溶于 5 mol/L 醋酸溶液 100 mL），当时观察。厌氧菌接种于厌氧菌硝酸盐培养基后作厌氧培养，试验方法和结果观察同前，培养 1～2 d 即可观察。

(2)结果判定：呈红色者为阳性。

（四）凝固酶试验

请参考本书本章实验 5（三、血浆凝固酶试验）。

【实验报告】

1. 实验结果

把各试验菌生化反应的结果填入表 2-5 中。

表 2-5 大肠杆菌和沙门氏菌生化试验结果

项目	大肠杆菌	沙门氏菌
糖类发酵试验		
吲哚试验(I)		
甲基红试验(M)		
V-P 试验(V)		
柠檬酸盐试验(C)		

2. 思考题

(1)为什么制备有的培养基采用 115 ℃高压灭菌，而有的培养基采用 121 ℃高压灭菌？

(2)试验菌个别生化指标结果可能与理论不相符，为什么？

(3)在培养基中加入指示剂有何作用？

(4)试分析各反应中，除了菌种不纯外，还有哪些情况可能出现假阳性反应？

(5)试根据不同形态的细菌，制定快速简易的生化鉴定方案。

实验 7 细菌的血清学鉴定

(Serological Identification of Bacteria)

一、凝集试验

【目的要求】

(1)掌握常见细菌凝集反应的原理及操作方法。

(2)掌握直接凝集反应的原理,熟悉玻片(玻板)凝集试验和试管凝集试验的操作方法,掌握凝集试验中阴性、阳性结果的判定方法。

(3)掌握间接凝集反应的原理、操作方法和基本用途;通过示教了解对红细胞醛化和抗原致敏的基本方法;掌握微量反应板上试验操作技术及凝集现象的判定。

在有电解质存在的情况下,颗粒性(化)抗原与相应抗体结合形成网格状免疫复合物,便为肉眼可见的凝集小块或沉淀物。根据是否产生凝集现象来判定相应的抗体或抗原,称为凝集试验(agglutination test)。若使用细菌、红细胞等颗粒性抗原,称作直接凝集试验;若先把可溶性抗原吸附在乳胶、活性炭、白陶土、离子交换树脂和红细胞表面,制成抗原致敏的颗粒,再与血清(抗体)反应,称作间接凝集试验。

(一)直接凝集试验

细菌或其他凝集原都带有相同的电荷(负电荷),在悬液中相互排斥呈均匀分散状态。抗原和抗体发生特异性结合,形成抗原-抗体复合物,降低抗原分子间静电排斥力,抗原表面的亲水基团减少,抗原由亲水状态变为疏水状态。在电解质(如生理盐水或 PBS)的参与下,由于离子的作用中和了抗原-抗体复合物外表的大部分电荷,使之失去了彼此间的静电排斥力,分子间相互吸引,从而凝集成大至肉眼可见的絮片或颗粒。参与凝集反应的抗原称为凝集原,抗体称为凝集素。直接凝集试验又分为玻片(玻板)凝集试验和试管凝集试验两大类。其中试管凝集试验以布氏杆菌试管凝集试验为例说明其原理和方法,内容详见本书第五章实验 23。以下仅介绍玻片凝集试验的相关内容。

【基本原理】

颗粒性抗原与相应的抗体(血清)在玻片上混合后,在电解质的参与下,抗原抗体凝聚成肉眼可见的凝集小块,这种现象称为玻片凝集反应。

【器材准备】

(1)载玻片。

(2)0.85%灭菌生理盐水或 PBS。

(3)已知诊断用阳性血清。

(4)待检细菌(必须为纯培养物)。

【实验步骤】

(1)取洁净载玻片1块,用接种环钓取已知诊断用阳性血清,滴于载玻片一端,另一端置灭菌生理盐水1滴作对照。

(2)用接种环钓取被检血清少许,置于灭菌生理盐水滴中研磨混匀,再将接种环灭菌后冷却,钓取少许置于血清滴中充分混匀。

(3)结果判定:在1～3 min内,血清滴出现明显可见的凝集块,液体变为透明,盐水对照滴仍均匀浑浊,即为凝集反应阳性,说明被检菌与已知诊断血清是相对应的。

【注意事项】

(1)本试验应在室温20 ℃左右的条件下进行。如环境温度过低,则可将玻片背面与手背轻轻摩擦或在酒精灯火焰上空拖几次,以提高反应温度,促进结果出现。

(2)只有在阴性对照结果成立的基础上,试验结果才具有准确性。否则,不能判定。

(3)用已知诊断用的预染菌体抗原检测被检血清时,凝集的染色颗粒应在混合的液面上,在液面下的无色颗粒不是反应产物。

(4)若菌样为病原菌,要严格无菌操作。实验结束后,玻片应放入消毒缸中,不可随意丢弃。

(5)刮取细菌时,量不可过多。

(6)细菌在生理盐水中应充分研磨均匀,否则会影响凝集现象的观察。

【实验报告】

1. 实验结果

(1)描述试验菌的反应现象。

(2)判定和记录试验菌的反应结果。

2. 思考题

(1)如何对新分离的大肠杆菌和沙门氏菌进行血清学鉴定和分型?

(2)哪些细菌性传染病可以用已知的细菌抗原鉴定未知血清抗体?

(二)间接凝集试验

将可溶性抗原或抗体先吸附于一种与免疫无关的、一定大小的不溶性颗粒(统称为载体颗粒)的表面,然后与相应抗体或抗原作用,分别称为正向间接凝集试验和反向间接凝集试验。常用的载体有红细胞(人O型血红细胞、绵羊红细胞)、聚苯乙烯乳胶颗粒,其次为活性炭、白陶土、离子交换树脂、火棉胶等。载体颗粒能增大可溶性抗原的反应面积。将可溶性抗原吸附到载体颗粒表面的过程称为致敏。若先用可溶性抗原(未吸附于载体的可溶性抗原)与相应的抗体作用,使抗体与可溶性抗原结合,再加入抗原致敏颗粒,则抗体不凝集致敏颗粒,此反应为间接凝集抑制试验。本书以间接血凝试验为例,说明间接凝集试验的原理和方法等内容。

【基本原理】

间接血凝试验(indirect haemagglutination test,IHAT)亦称被动血凝试验(passive haemagglutination assay,PHA),是用可溶性抗原致敏的红细胞与待检血清(抗体)反应;若反过来做,称为反向间接血凝试验(reverse passive haemagglutination assay,RPHA)。

【器材准备】

(1)红细胞，常用绵羊红细胞(sheep red blood cell，SRBC)或人 O 型血红细胞。

(2)96 孔聚苯乙烯塑料反应板。

(3)已知抗原、待检血清、标准阳性血清与阴性血清。

(4)醛化剂(新鲜或未聚合的戊二醛溶液)。

(5)0.2% pH 5.2 醋酸缓冲液。

(6)0.1 mol/L pH 7.2 PBS 液。

【实验步骤】

1. 醛化 SRBC 的制备

无菌采集绵羊血，玻璃珠脱纤抗凝，沉集绵羊红细胞用 10～20 倍体积的 0.1 mol/L pH 7.2 PBS 洗涤 4～6 次，最终配成 10%红细胞悬液，预冷到 4 ℃后放入冰箱；缓慢加入等量的 1%戊二醛(用 0.1 mol/L pH 7.2 的 PBS 配制)并继续摇动 30～60 min，然后用 PBS 洗 5 次；最后用 PBS 配成 10%悬液，加入 0.01% NaN_3 防腐，4 ℃冰箱保存备用。

2. 醛化 SRBC 的致敏

(1)用 0.1 mol/L pH 7.2 的 PBS 将 10%醛化红细胞洗涤 2 次，每次以 3 000 r/min 离心 10 min，最后用 0.2% pH 5.2 的醋酸缓冲液配制成 5%悬液，置于 37 ℃水浴中预热。

(2)以 0.2% pH 5.2 醋酸缓冲液稀释抗原(最适浓度需经预试验确定)，置于 37 ℃水浴中预热。

(3)在 5%红细胞悬液中加入等体积的抗原溶液混匀，置 37 ℃水浴中预热 30 min，每隔 5 min 振荡混匀 1 次。

(4)致敏红细胞悬液以 3 000 r/min 离心 10 min，用稀释液将致敏红细胞洗涤 3 次，最后配成 1%致敏红细胞悬液，备用。

3. 间接血凝试验(微量法)的具体操作步骤

(1)用微量加样器在 V 形血凝反应板上每孔加入 25 μL 稀释液。

(2)取 25 μL 待检血清加到第 1 孔，混合 4～5 次，取出 25 μL 置入第 2 孔进行混匀，一直到第 11 孔，取出 25 μL 弃掉。第 12 孔留作红细胞对照，同时设立阳性血清与阴性血清对照。

(3)将血凝反应板置于微量振荡器上振荡 1 min。

(4)每孔加入 25 μL 抗原致敏红细胞，在振荡器上振荡混匀，置于室温或 37 ℃反应 45～60 min，观察结果。

4. 结果判定

红细胞呈薄层凝集，布满整个孔底或边缘卷曲呈荷叶边状为 100%凝集，记录为“++++”或“#”；红细胞呈薄层凝集，但面积较小，中心较致密，边缘松散，即为 50%凝集，记录为“++”；介于上述两者之间为 75%凝集，记录为“+++”；红细胞大部分集中于中央，周围有少量凝集为 25%凝集，记录为“+”；红细胞沉底呈圆点状，周围光滑，无分散凝集为 0 凝集，记录为“－”。以出现 50%凝集的血清的最高稀释度作为该血清的间接血凝效价。

【临床应用】

(1)测定非传染病的抗体或抗原，如类风湿抗体、自身抗体、变态反应性抗体、激素抗体、肝癌抗原的测定。

(2)测定传染病的抗体或抗原，已经用于一些细菌、螺旋体、支原体、病毒等传染病的抗体和抗原的检测。

(3)测定寄生虫(原虫)病的抗体。

(4)抗毒素及外毒素的测定，如白喉抗毒素、破伤风抗毒素的测定以及金黄色葡萄球菌肠毒素和 A、B、C、E 型肉毒毒素的测定。

【注意事项】

1. 红细胞的选择和处理

SRBC 及人 O 型血红细胞。SRBC 较易大量获取，血凝图谱清晰，制剂稳定，但绵羊可能有个体差异，以固定一头羊采血为宜，更换羊时应预先进行比较和选择。此外，待测血清中如有异嗜性抗体时易出现非特异性凝集，需事先以 SRBC 吸收。人 O 型血红细胞很少出现非特异性凝集。采血后可立即使用，也可 4 份血加 1 份 Alsever's 液(每升含 8.0 g 五水合枸橼酸三钠，0.55 g 一水合柠檬酸，19.0 g 葡萄糖，4.2 g 氯化钠)混匀后置 4 ℃保存，1 周内使用。

2. 新鲜红细胞与醛化红细胞的特点

新鲜红细胞用阿氏液保存于 4 ℃，可供 1 周内使用，但用新鲜红细胞致敏后，保存时间短，不同动物个体和不同批次来源的红细胞均有差异，影响试验结果和分析。为克服这一缺点，目前多采用醛化红细胞或鞣化红细胞去吸附可溶性抗原。

3. 红细胞醛化及其优点

常见的醛化剂有甲醛、戊二醛和丙酮醛。醛化红细胞的优点主要体现在：①性质稳定，不影响红细胞表面的吸附能力；②重复性好，易标准化；③可较长期保存，醛化后 4 ℃保存，有效期 1 年；如果冻干保存则有效期更长。

4. 影响醛化的因素

①红细胞洁净程度：由于红细胞表面残留血浆蛋白和其他胶质，易引起自凝，所以一定要充分洗净。②红细胞浓度：醛化时应尽量使红细胞稀释度低一些，以减少红细胞的凝集和变形。③醛化温度：与醛化红细胞的质量有很大关系，一般认为最好是 37 ℃，但有人认为 4 ℃更合适。④醛化剂浓度和醛化次数：醛化剂的浓度过高，易引起红细胞皱褶；浓度过低，又会增加溶血机会，所以一般以 3%醛化浓度为宜。家禽红细胞一般醛化 1～2 次即可；而哺乳动物红细胞醛化 2 次比醛化 1 次要好，敏感性高，保存时间也长。

5. 影响红细胞致敏的因素

①高纯度或高效价的抗原或抗体。②适当剂量和浓度的被致敏抗原或抗体，如抗猪瘟 IgG 一般用 80～160 μg/mL，抗口蹄疫 IgG 20～40 μg/mL，抗猪水疱病 IgG 130～160 μg/mL，抗猪肺疫 IgG 30～40 μg/mL，抗猪弓形体 20～40 μg/mL；抗原一般用 0.2～1 mg/mL。③适宜的 pH：除鸡卵清白蛋白采用 4.6～5.1 外，其他蛋白质抗原通常采用 5.6～6.4，高于 7.2 或低于 4.6 均可使红细胞发生自凝。④适宜的致敏温度，一般为 37 ℃，范围是 20～40 ℃。⑤适宜的致敏时间，一般采用 30 min 为最适，如此具有良好的特异性和重复性；也有采用 60 min 的，但时间过长，会造成红细胞的形态不整，反应结果紊乱等。⑥血细胞浓度(V/V)一般为 1%，范围为 0.5%～1.5%。

6. 聚苯乙烯塑料反应板的选择和处理

血凝反应均在 96 孔微量血凝反应板上进行。反应板有两种，一种是 U 形孔，一种是 V 形孔。一般认为 V 形孔凝集图谱清晰，阳性与阴性易于区别。V 形孔的角度应＜90°。反应板使用前应冲洗干净，使用一段时间后应以 7 mol/L 尿素溶液浸泡，也可用 50～100 g/L 次氯酸钠、含 40 g/L 胃蛋白酶的 4%盐酸或 10～20 g/L 加酶洗衣粉溶液，以消除非特异性凝集。

7. 对参与反应的抗原与抗体的要求

做正向间接血凝试验时，致敏用的抗原(如细菌抗原或病毒)应纯化，以保证所测抗体的特异性。细菌应进行裂解或浸提。做反向间接血凝试验时，致敏用的抗体本身应具备高效价、高特异性、高亲和力，一般情况下可用饱和硫酸铵盐析法提取抗血清的 γ-球蛋白组分用于致敏。为提高敏感性，可进一步经离子交换层析技术提取 IgG，甚至再经抗原免疫亲和层析纯化，提取有抗体活性的 IgG 组分。将 IgG 用胃蛋白酶消化，制成 $F(ab)'_2$ 片段用于致敏，可消除一些非特异性因素。

【实验报告】

1. 实验结果

(1)描述试验菌的反应现象。

(2)判定和记录试验菌的反应结果。

2. 思考题

(1)正向间接血凝反应与反向间接血凝反应有何不同?

(2)间接血凝反应中哪些情况可能出现假阳性?

(3)间接凝集反应中常用的载体颗粒有哪些? 各有何特点?

二、沉淀试验(毛细管法)

【目的要求】

掌握常见细菌沉淀反应的原理及操作方法。

【基本原理】

可溶性抗原与其相应抗体结合，在一定电解质条件下，形成肉眼可见的沉淀物，称为沉淀反应。用于鉴定细菌的沉淀试验主要是环状沉淀试验。试验时一般不稀释抗体，而是将抗原作较大倍数稀释。该试验是用已知的抗血清与细菌的可溶性抗原(细菌的提取物、含有细菌抗原的动物血清及脑脊液、组织浸出液等)相接触，在电解质存在的条件下，于两液面交界处形成肉眼可见的白色沉淀环。

【器材准备】

(1)待检细菌抗原液：用酶或盐酸提取的炭疽芽孢杆菌抗原作为特异性抗原液。

(2)诊断血清：抗炭疽芽孢杆菌的免疫血清。

(3)其他：正常兔血清、毛细管等。

【实验步骤】

1. 操作

(1)取 75 mm×(1.04～1.24)mm 毛细管 2 支，置于架上，分别标 1 号、2 号。

(2)用毛细吸管吸取免疫血清加入 1 号管约 1/3 高度，加入正常血清于 2 号管约 1/3 高度。

(3)用毛细吸管分别沿管壁缓缓加入等体积的待检抗原液于1号、2号管血清上层，形成明显界面(切勿使两者混合，也不能产生气泡)。

(4)置室温下15～30 min，观察结果。

2. 结果判定

(1)反应等级：观察抗原、抗体液面交界处。

＋＋＋＋：白色沉淀充盈毛细管；

＋＋＋：白色沉淀充盈大部分毛细吸管；

＋＋：出现肉眼易见的白色沉淀环；

＋：于放大镜下可见白色小团块；

—：未见白色沉淀环。

(2)阳性：1号管出现“＋＋”以上，2号管无白色沉淀；阴性：1号、2号管均无白色沉淀。

【注意事项】

免疫血清和待检抗原比例要适合，否则会出现前带或后带现象。

【临床应用】

该试验主要用于鉴定微量抗原，如链球菌、肺炎链球菌、炭疽杆菌及鼠疫杆菌的抗原。用于检测炭疽杆菌的菌体抗原(O抗原)时，称作Ascoli反应。

【实验报告】

1. 实验结果

(1)描述试验菌的反应现象。

(2)判定和记录试验菌的反应结果。

2. 思考题

分析毛细管沉淀试验的优缺点。

三、免疫荧光试验

免疫荧光技术是将血清学特异性反应与荧光素示踪技术相结合的显微镜检查方法。它既保持了血清学反应的高特异性，又极大地提高了检测的敏感性，并便于成像保存，在细菌鉴定方面具有重要作用，尤其是广泛应用于快速鉴定细菌。免疫荧光试验中常用的方法有直接法和间接法。

【目的要求】

(1)掌握直接免疫荧光试验的原理、操作方法和基本用途。

(2)掌握间接免疫荧光试验的原理、操作方法和基本用途。

(一)免疫荧光试验——直接法

【基本原理】

将已知抗体用化学方法结合荧光素制成荧光素标记抗体，以此来浸染固定在玻片(或组织)上的未知细菌。若为相应细菌，则两者发生特异性结合而留在玻片上，在洗涤时不易被缓冲液冲掉，在荧光显微镜下有荧光出现。直接荧光素标记抗体染色主要用于临床细菌学的快速鉴定，常用于链球菌、沙门氏菌、致病性大肠杆菌、布鲁菌、炭疽杆菌、螺旋体、支原体等的检测。

【器材准备】

(1)载玻片、荧光显微镜。

(2)磷酸盐缓冲液、甲醇、丙酮。

(3)已知诊断用荧光素标记抗体。

(4)待检细菌(宜为纯培养物)。

【实验步骤】

1. 操作

(1)用接种环将待检菌涂布于玻片上，自然干燥，用甲醇或丙酮固定。

(2)将稀释的荧光素标记抗体加在标本上，置湿盒中于 37 ℃温箱中孵育 30 min。

(3)用滴管吸取 3～5 mL 磷酸盐缓冲液反复轻轻冲洗，将玻片标本上未结合的荧光素标记抗体去除。

(4)晾干后封固，荧光显微镜下使用特定波长的激发光照射玻片并观察是否出现荧光。

2. 结果判定

(1)阳性：细菌荧光亮度“＋＋”以上，在玻片上可看到分散或成堆出现形态典型的细菌。

(2)阴性：标本和阴性对照皆无荧光。

【注意事项】

(1)该试验应在室温 20 ℃左右的条件下进行。如果环境温度过低，则可将玻片背面与手背轻轻摩擦或在酒精灯火焰上空拖几次，以提高反应温度，促进结果出现。

(2)在阴性对照结果成立的基础上，实验结果才具有准确性，否则不能判定。

(3)若菌样为病原菌，要严格无菌操作。实验结束后，玻片应放入消毒缸中，不可随意丢弃。

(4)刮取细菌时，量不可过多。

【实验报告】

1. 实验结果

(1)描述试验菌的反应现象。

(2)判定和记录试验菌的反应结果。

2. 思考题

(1)分析免疫荧光试验——直接法鉴定细菌出现假阳性和假阴性结果的原因。

(2)简述免疫荧光试验——直接法鉴定细菌的优点和缺点。

(二)免疫荧光试验——间接法

【基本原理】

间接法是通过非标记抗体(如血清抗体)先与固定于玻片表面的待检细菌结合，洗涤后再加入荧光物质标记的抗免疫球蛋白抗体(抗 Ig 抗体)，最后在荧光显微镜下观察是否有荧光出现。该法常用于链球菌、致病性大肠埃希菌、沙门氏菌等细菌的检测。

【器材准备】

(1)载玻片、荧光显微镜。

(2)磷酸盐缓冲液、甲醇、丙酮。

(3)已知诊断用荧光素标记的抗 Ig 抗体。

(4)待检细菌(宜为纯培养物)。

【实验步骤】

1. 操作

(1)将标本涂片,自然干燥,火焰加热固定。

(2)在涂片上加已知抗血清,置湿盒中于 37 ℃反应 30 min。

(3)将玻片取出,用滴管吸取 3～5 mL pH 7.3 的磷酸盐缓冲液反复轻轻冲洗玻片。

(4)干燥后于标本片上滴加荧光标记的抗 Ig 抗体,置 37 ℃温箱反应 30 min,倾去荧光素标记抗体,反复多次洗涤玻片,晾干后封固,置荧光显微镜下观察。

2. 结果判定

标本中细菌荧光"＋＋"为阳性,同时设阴性对照和阳性对照。

【注意事项】

同(一)免疫荧光试验——直接法。

【实验报告】

1. 实验结果

(1)描述试验菌的反应现象。

(2)判定和记录试验菌的反应结果。

2. 思考题

(1)与免疫荧光试验——直接法相比,间接法的优点有哪些?

(2)分析设置阴性对照的目的和意义。

实验 8 细菌的分子生物学鉴定

(Biological Identification of Bacteria)

【目的要求】

(1)了解细菌分子生物学鉴定的常见方法和原理。

(2)掌握细菌 DNA 提取技术。

(3)熟悉细菌 16S rRNA 基因 PCR 扩增技术。

(4)了解细菌 16S rDNA 序列同源性分析、细菌系统发育分析。

【基本原理】

传统的细菌学鉴定方法多采用生物化学鉴定、血清学鉴定等,虽然比较准确,但往往耗时较长,方法烦琐。随着分子生物学的发展,细菌的分子生物学鉴定技术逐渐成为研究细菌分类鉴定的主流方法。目前主要采用核酸检测技术,包括基因测序、指纹图谱技术、基因探针技术、PCR、GC 含量测定等。其中 PCR 和核酸杂交单独或结合仪器分析,已经形成为经典的核酸检测技术,在生命科学领域应用范围较广。作为本科生实验内容,下面重点介绍细菌 DNA 的提取、PCR 技术等原理和方法。

细菌 DNA 提取技术:一个生物体的全部基因序列称为基因组(genome)。不同生物的基因组性质不同,用途不同,提取纯化的方法也不尽相同。从细菌细胞中提取基因组 DNA 可分两步:先是温和裂解细胞壁及裸露 DNA,如采用变性剂十二烷基硫酸钠(sodium dodecyl sulphate,SDS)、金属螯合剂 EDTA 或溶菌酶在一定温度下裂解细菌细胞;其次为采用化学或酶学的方法,去除蛋白、RNA 以及其他的大分子物质。DNA 在体内通常都与蛋白质相结合,蛋白质对 DNA 制品的污染常常影响到后续的 DNA 操作过程。因此,经蛋白酶 K 处理后,有机溶剂苯酚/氯仿/异戊醇使菌体蛋白变性而不溶于水,离心后收集水相,因为 DNA 留在水相。虽然 DNA 制品中也会有 RNA 杂质,但 RNA 极易降解。必要时可加入 RNA 酶去除 RNA。少量的 RNA 污染对 DNA 的试验操作无影响。

PCR 技术是在模板 DNA、引物和四种脱氧核糖核苷酸存在下,依赖于 DNA 聚合酶的酶促合成反应。DNA 聚合酶以单链 DNA 为模板,借助一小段双链 DNA 启动合成,通过一个或两个人工合成的寡核苷酸引物与单链 DNA 模板中的一段互补序列结合,形成部分双链。在适宜的温度和环境下,DNA 聚合酶将脱氧单核苷酸加到引物 3′-OH 末端,并以此为起始点,沿模板 5′→3′方向延伸,合成一条新的 DNA 互补链。

【器材准备】

(一)细菌基因组 DNA 提取

(1)LB 培养基。

(2)GTE 溶液(pH 8.0):50 mmol/L 葡萄糖、25 mmol/L Tris-HCl、10 mmol/L EDTA。

(3) 100 mg/mL 溶菌酶、10 mg/mL 蛋白酶 K、氯仿/异戊醇(24∶1)、1 mg/mL RNaseA 酶。

(4) TE 缓冲液(pH 8.0):10 mmol/L Tris-HCl、1 mmol/L EDTA。

(5) 20×SSC 溶液:800 mL 水中溶解 175.3 g NaCl 和 88.2 g 柠檬酸钠,加入数滴 10 mol/L NaOH 溶液调节至 pH 至 7.0,加水定容至 1 L,分装后高压灭菌。

(6) 培养箱、超净台、漩涡混合器、离心机、微量移液器、水浴锅、冰箱等。

(二)细菌 16SrRNA 基因 PCR 扩增

(1) 模板 DNA(细菌基因组 DNA)。

(2) 引物(10 μmol/L)、Taq 酶(5U/μL)、10×缓冲液、$MgCl_2$(25 mmol/L)、dNTP 混合物(10 mmol/L)、ddH_2O。

(3) DNA 标准分子量(λ/*Hin*d Ⅲ)、琼脂糖。

(4) TE 缓冲液(pH 8.0):10 mmol/L Tris-HCl、1 mmol/L EDTA。

(5) 6×上样缓冲液:0.25%溴酚蓝(bromophenol blue,BPB)、40%蔗糖、10 mmol/L EDTA(pH 8.0),4 ℃保存。

(6) 氯仿/异戊醇(24∶1)、3 mol/L 醋酸钠(pH 5.2)、预冷的无水酒精、预冷的 70%酒精、TE 缓冲液。

(7) 0.2 mL Eppendorf 管、微量移液器、吸头、制冰机、冰盒、PCR 扩增仪、低温离心机、微波炉、电泳槽、电泳仪、紫外灯检测仪、手套。

【实验步骤】

(一)细菌基因组 DNA 提取

1. 细菌基因组 DNA 的少量提取

(1) 从平板培养基上挑选单菌落,接种至 5 mL LB 液体培养基中,适温下振荡培养过夜。

(2) 取菌液 0.5~1 mL,12 000 r/min 离心 1 min,弃上清液。

(3) 加入 500 μL GTE 溶液,在漩涡混合器上振荡混匀至沉淀彻底分散(注意不要残留细小菌块)。

(4) 向悬液中加入 5 μL 100 mg/mL 溶菌酶至终浓度为 1 mg/mL,混匀,37 ℃温浴 30 min。

(5) 再向悬液中加入 5 μL 10 mg/mL 蛋白酶 K 至终浓度为 0.1 mg/mL,混匀,55 ℃继续温浴 1 h,中间轻缓颠倒离心管数次。

(6) 温浴结束后,向溶液中加入等体积(500 μL)的苯酚/氯仿/异戊醇(25∶24∶1)溶液,上下颠倒充分混匀后,12 000 r/min 离心 5 min。

(7) 取上清液用等体积的氯仿/异戊醇抽提一次。

(8) 取上清液(约 400 μL)至新的离心管中,加入 1/10 体积的 3 mol/L 醋酸钠(pH 5.2),混匀;加入 2 倍体积的无水酒精,混匀,−20 ℃静止 30 min 沉淀 DNA,4 ℃下 12 000 r/min 离心 10 min。

(9) 小心弃去上清液,用 1 mL 70%酒精洗涤沉淀 2 次,4 ℃下 12 000 r/min 离心 5 min。自然晾干。

(10)用 60 μL 含 RNaseA(终浓度 20 μg/mL)的 TE 缓冲液溶解,37 ℃温浴 30 min,除去 RNA。

(11)取 5 μL 样品进行电泳(图 2-10)或测定 A_{260} 值,确定 DNA 的含量。

图 2-10 细菌基因组电泳试验

(12)样品用于下一试验或贮存在 4 ℃冰箱中。若有必要长期保存(约 3 个月),则分装后贮存在－80 ℃冰箱。注意不要反复冻融样品。

2. 细菌基因组 DNA 的大量提取

(1)200 mL 细菌过夜培养到对数生长末期,10 000 r/min 离心 10 min,弃去上清液。用无菌水或适当浓度 NaCl(阴性菌 1%)溶液洗涤菌体 1～2 次,用 10 mL TE 缓冲液悬浮沉淀。

(2)革兰阳性菌加溶菌酶至终浓度为 0.5～1 mg/mL,37 ℃水浴摇床 30～60 min,最好过夜。革兰阴性菌可以省略此步骤。

(3)加入 10%SDS 至终浓度 2%,10 mg/mL 蛋白酶 K 至终浓度 0.1 mg/mL,充分混匀后 55 ℃水浴 3 h。

(4)加入等体积苯酚/氯仿/异戊醇(25∶24∶1),反复缓慢颠倒混匀 10 min 后(30～50 次,动作一定要轻),12 000 r/min 离心 20 min,用剪去尖头的大吸头将上清液移至干净离心管。

(5)重复步骤(4),至有机相和水相之间无明显蛋白为止(一般重复 2 次,不超过 5 次)。

(6)加入等体积氯仿/异戊醇(24∶1)抽提,12 000 r/min 离心 20 min。

(7)将上清液移至干净离心管,加入 2 倍体积的预冷的无水酒精,颠倒混合后,用玻璃棒将 DNA 卷出。

(8)用预冷的 70%酒精漂洗后,晾干,用 4～5 mL 0.1×SSC 溶解 DNA。

(9)加 10 mg/mL RNaseA 至终浓度 50 μg/mL,37 ℃保温 30 min。

(10)从第(4)步开始重复 1 次。

(11)样品用于下一试验或贮存在 4 ℃冰箱中。若有必要长期保存(约 3 个月),则分装后贮存在－80 ℃冰箱。注意不要反复冻融样品。

(二)细菌 16S rRNA 基因 PCR 扩增

1. PCR 扩增 DNA

(1)取 0.2 mL Eppendorf 管,在其中加入以下各成分:

ddH_2O	33.5 μL
模板 DNA	1 μL(100～200ng)
上游引物(10 μmol/L)	2 μL
下游引物(10 μmol/L)	2 μL
10×缓冲液	5 μL
$MgCl_2$(25 mmol/L)	3 μL
dNTP 混合物(10 mmol/L)	3 μL
Taq 酶(5U/μL)	0.5 μL(2.5U)
终体积	50 μL

(2)混匀后稍做离心,将反应管放入 PCR 扩增仪中,按下列条件设计好程序,进行 PCR 反应。

(3)反应程序:94 ℃条件下使模板 DNA 预变性 5 min。

变性	94 ℃	45 s	30 个循环
退火	55 ℃	45 s	
延伸	72 ℃	1.5 min	

最后在 72 ℃条件延伸 7～10 min。

(4)PCR 反应结束(大约 3 h)后,取 4 μL 反应液与上样缓冲液混匀,在 0.8%琼脂糖凝胶中进行电泳(用标准 λ/*Hin*dⅢ做 Marker),鉴定 PCR 产物是否存在及其大小(图 2-11)。

2. PCR 产物的纯化

(1)电泳确认后,将其余样品移至新的 1.5 mL Eppendorf 管中。

(2)取 PCR 产物 100 μL,加入 700 μL 溶胶液,混匀,装柱,8000 r/min 离心 30 s;弃掉收集管中的废液,将吸附柱放入同一收集管中。

(3)加 500 μL 漂洗液,12 000 r/min 离心 30 s,弃去离心管液体。重复漂洗 1 次。弃去废液后,放回柱子,空管再于 12 000 r/min 离心 1 min,尽量去除多余溶液。

(4)将吸附柱放入新的 1.5 mL 离心管中,在柱子的膜中央(非常关键)加洗脱液 25 μL,室温放置 1～2 min。

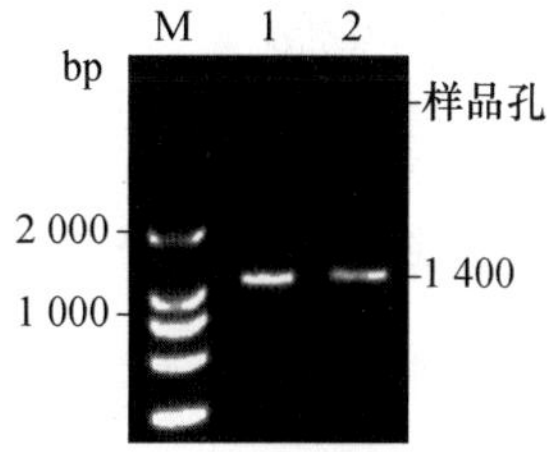

图 2-11　16S rDNA 片段

M 为 DL2000Marker;1 和 2 为相对分子质量约为 1 400 bp 的 16S rDNA 产物

(5)12 000 r/min 离心 1 min,然后去掉柱子,即为纯化产物。

(6)电泳确认后,可直接利用 16S rRNA 的 5′端扩增引物对其直接进行测序。

PCR 产物也可以利用商品化的试剂盒纯化。

【注意事项】

(一)细菌基因组 DNA 提取

(1)因配制的苯酚/氯仿/异戊醇溶液上面覆盖了一层 Tris-HCl 溶液以隔绝空气,故在使用苯酚/氯仿/异戊醇时应注意取下面的有机层。加入苯酚/氯仿/异戊醇后应采用上下颠倒的方法,充分混匀。如果发现苯酚已氧化变成红色,应弃之不用。

(2)酚具有腐蚀性,可腐蚀皮肤,并且经皮肤吸收后对人体有毒,操作时需要戴手套。添加苯酚的操作应在通风橱或通风条件较好的地方进行,使用后的试剂瓶应及时盖好。

(3)在提取过程中,基因组 DNA 会发生机械断裂,产生大小不同的片段。因此,分离基因组 DNA 时,从细胞裂解后,溶液都不能再放在漩涡混合器上振荡或剧烈混合,而应尽量在温和的条件下操作。尽量减少苯酚/氯仿抽提次数。混匀过程要轻缓,以保证得到较长的 DNA。

(二)细菌 16S rRNA 基因 PCR 扩增

(1)引物一般委托公司合成。合成的引物 DNA 是粉末状附在离心管中,所以拿到引物后,须先离心后再开启,以免飞扬损失。然后加入适量的无菌 ddH_2O。一般 1OD 引物干粉的质量相当于 33 μg,每个引物的分子量可按单个核苷酸的平均分子量法近似计算,即相对分子质量＝碱基个数×324.5。所以合成引物的微摩尔数（μmol）＝OD 值×33 μg÷碱基数×324.5。如 1 管 1OD 的 24 个碱基的引物，即 33÷24×324.5＝0.004 2（μmol）＝4.2（nmol），只要加入 420 μL ddH_2O 充分溶解，就可以获得 10 μmol/L 浓度的引物。

（2）加样次序为水、缓冲液、DNA，最后加酶。如果将酶直接加入到 10 倍的浓缩缓冲液中，则会引起酶的严重失活。使用工具酶的操作必须在冰浴条件下进行，使用后剩余的工具酶应立即放回冰箱中。

（3）应设立除模板 DNA 外含所有其他成分的阴性对照。实验操作时务必小心，如弃上清液时注意不要将沉淀一同弃去。

【实验报告】

（一）实验结果

阐述细菌 DNA 提取和 PCR 扩增的完整步骤，并说明 PCR 引物设计思路。

（二）思考题

（1）提取染色体 DNA 的基本原理是什么？在操作中应注意什么？

（2）进行 DNA 抽提，为什么用 pH 8.0 的 Tris 水溶液饱和苯酚？显红色的苯酚可否使用？

（3）如何保护苯酚不被空气氧化？在使用苯酚进行 DNA 抽提时应注意什么？

（4）如何检测和保证 DNA 的质量？如何判断其纯度与含量？

（5）如果出现非特异性带，可能有哪些原因？

（6）给你 1 个基因片段的序列，如何设计 PCR 引物？PCR 引物的要求是什么？

实验 9　细菌的药物敏感试验及其耐药基因的分析

(Drug Sensitive Test and Resistance Gene Analysis of Bacteria)

【目的要求】

(1)掌握纸片扩散法检测细菌对抗菌药物敏感性的操作过程和结果判定方法。

(2)了解最低抑菌浓度试验的原理和方法。

(3)了解药敏试验在实际生产中的重要意义。

(4)了解耐药基因检测的原理、方法和实际意义。

【基本原理】

细菌对抗菌药物的敏感试验,通常简称为细菌的药敏试验。在治疗细菌性疾病时,测定细菌对药物的敏感性不仅有助于选择合适的药物,而且可为药物的用量提供依据。某种细菌对药物的敏感度,是指抑制该细菌生长所需的最低药物浓度。细菌在体外对抗菌药物的敏感度和临床疗效大体是符合的,但也会因药物剂型、吸收途径等因素的影响而出现不一致的情况。

药敏试验的方法很多,临床常用稀释法和扩散法。有的以抑制细菌生长为评定标准,有的以杀灭细菌为标准。根据判定标准,一般可报告为某菌对某抗菌药物敏感、中度敏感或耐药。稀释法是将抗菌药物稀释为不同的浓度,作用于被检菌株,定量测定药物对细菌的最低抑菌浓度(minimal inhibition concentration,MIC)或最低杀菌浓度(minimal bacteriocidal concentration,MBC)。稀释法可在液体或固体培养基中进行。微量肉汤稀释法测定 MIC 所用试剂少、操作简便,尤其适用于多药物或多菌株的检测。之前使用的试管法因所用试剂多,操作烦琐,已弃之不用。扩散法(diffusion method)是将抗菌药物置于已接种待测细菌的固体培养基上,抗菌药物通过向培养基内扩散,抑制敏感菌的生长,从而出现抑菌环。药物扩散的距离越远,达到该距离的药物浓度就越低,故可根据抑菌环的大小,判断细菌对药物的敏感度。此法操作简便,容易掌握,但易受含药量及接种量等多种因素影响。药敏试验应同时设立已知敏感度的质控菌株作为对照。

细菌对抗生素产生耐药性,很大程度上与耐药基因的存在有关,因此,检测耐药基因可从分子水平追溯细菌的耐药性。细菌的耐药机制复杂多样,耐药基因的种类也非常多,检测方法有 PCR、核酸探针、基因芯片等。本试验以 PCR 方法为例,介绍大肠杆菌对氨基糖苷类抗菌药物的常见耐药基因——修饰酶基因的检测。

【器材准备】

(1)菌种:大肠杆菌、金黄色葡萄球菌。

(2)抗生素原粉:购自生物公司。

(3)培养基:MH 肉汤、MH 琼脂平板培养基。

(4)分子生物学试剂:琼脂糖、Ex-Taq 酶、dNTP、DNA marker 等。

(5)器材:96 孔板、容量瓶、台式高速离心机、PCR 扩增仪、电泳仪、水平式电泳槽、紫外凝胶成像仪、水浴锅、新华 1 号定性滤纸、打孔器、微量移液器、Eppendorf 管、吸管等。

【实验步骤】

(一)微量肉汤稀释法测定 MIC

(1)抗生素储备液的配制及保存:根据美国临床和实验室标准协会(Clinical and Laboratory Standards Institute,CLSI)的标准配制抗生素储备液。称取抗生素原粉,用适宜溶剂溶解,并用相应稀释剂稀释至所需浓度。一般情况下,水溶性抗菌药物用蒸馏水溶解和稀释,不溶或难溶于水的抗菌药物根据其特性选择适宜溶剂进行溶解。常用抗生素溶剂和稀释剂见表 2-6。配好的抗生素储备液需用孔径 0.22 μm 滤器进行滤过除菌。过滤药液可直接使用或分装−20 ℃保存 3 个月或更久。

表 2-6 抗生素溶剂和稀释剂

抗生素	溶 剂	稀释剂
青霉素 G	pH 6.8 的柠檬酸缓冲液	pH 6.8 的柠檬酸缓冲液
氨苄西林钠	蒸馏水	蒸馏水
阿莫西林	蒸馏水	蒸馏水
头孢噻呋钠	蒸馏水	蒸馏水
硫酸庆大霉素	蒸馏水	蒸馏水
单硫酸卡那霉素	蒸馏水	蒸馏水
硫酸链霉素	蒸馏水	蒸馏水
硫酸新霉素	蒸馏水	0.1 mol/L PBS(pH 7.2)
硫酸安普霉素	蒸馏水	0.1 mol/L PBS(pH 7.2)
氟苯尼考	二甲基甲酰胺或二甲基乙酰胺	酒精或甲醇
多黏菌素 B 或 E	蒸馏水	蒸馏水
盐酸四环素	蒸馏水	蒸馏水
盐酸多西环素	蒸馏水	蒸馏水
盐酸左氧氟沙星	蒸馏水	蒸馏水
盐酸环丙沙星	蒸馏水	蒸馏水
盐酸恩诺沙星	蒸馏水	蒸馏水
磷酸替米考星	蒸馏水	蒸馏水
酒石酸泰乐菌素	蒸馏水	0.1 mol/L PBS(pH 7.2)
泰妙菌素	蒸馏水	0.1 mol/L PBS(pH 7.2)
硫氰酸红霉素	0.1 mol/L PBS(pH 7.2)	0.1 mol/L PBS(pH 7.2)
林可霉素	蒸馏水	蒸馏水
磺胺类	1.0 mol/L NaOH 或 2.5 mol/L HCl	pH 6.0 PBS

(2)培养基:一般使用 MH 肉汤培养基。若细菌生长缓慢,可加入 5%的血清。

(3)菌液的制备:将质控菌株(肠杆菌科细菌以 ATCC25922 作为质控菌株,金黄色葡萄球菌以 ATCC25923 作为质控菌株)和待测菌株分别接种于 MH 肉汤培养管,37 ℃摇床培养 6 h(生长缓慢者可培养过夜),将菌液浓度调整为 1×10^5 CFU/mL(细菌浓度可通过测定菌悬液 OD_{600} 值和平板菌落计数法来确定)。

(4)MIC 的测定：首先在 96 孔板每孔加入 100 μLMH 肉汤，然后每排第一孔加入配好的药液 100 μL，对药物依次进行二倍稀释直至第 12 孔，最后一孔吸弃 100 μL 稀释液。然后在药物稀释孔中每孔加 10^5 CFU/mL 菌液 100 μL。每种药物做 3 个平行，同一块板的最后两排分别作为阳性对照（只加菌液不加药液）和阴性对照（只加肉汤不加菌液），见表 2-7。37 ℃培养 16～24 h，观察结果。

表 2-7　MIC 的测定

	1	2	3	4	5	6	7	8	9	10	11	12
A	①肉汤 100 μL ②药 A 100 μL ③菌液 100 μL	→ 100 μL	→ 100 μL	→ 100 μL	→ 100 μL	→ 100 μL	→ 100 μL	→ 100 μL	→ 100 μL	→ 100 μL	→ 100 μL	→ 100 μL →
B	同 A 排											
C	同 A 排											
D	①肉汤 100 μL ②药 B 100 μL ③菌液 100 μ											
E	同 D 排											
F	同 D 排											
G	阴性对照											
H	阳性对照											

(5)结果观察记录：阳性对照孔应变浑浊或孔板底部有白色沉淀。凡 96 孔板上药物最高稀释孔中无细菌生长者，该孔的药物浓度即为 MIC。如全部孔均有细菌生长，则报告该菌对这种药物耐药；若除阳性对照孔外，其余孔都不长菌，则报告为细菌对该药物高度敏感。

(6)MBC 的测定：从无细菌生长的各管取样，分别涂布于琼脂平板培养基，于 37 ℃培养过夜（或 48 h），观察结果。琼脂平板上无细菌生长的对应孔的抗生素浓度即为 MBC。也可将上述 96 孔板在 37 ℃下继续培养 48 h，无细菌生长孔的抗生素最低浓度即相当于该抗生素的 MBC。

（二）纸片扩散法（K-B 法）

(1)含药滤纸片的制备：含有各种抗菌药物的滤纸片是扩散法中应用最多的。目前销售的药敏纸片均为人医用药，针对兽医临床生产的药敏纸片几乎没有，所以一般可应用抗菌药物原粉自制药敏纸片。其方法如下：

第一步，滤纸片的准备：选用新华 1 号定性滤纸，用打孔器打成直径为 6 mm 的小圆片，根据需要将 50 片或 100 片作为一组包成一纸包或放入带胶塞的小瓶或小平皿内，121 ℃灭菌 15 min，置 100 ℃干燥箱内烘干备用。

第二步，药液的配制：常用药物的配制方法及所用浓度见表 2-8。

第三步，含药滤纸片的制备：将灭菌滤纸片用无菌镊子摊于灭菌平皿中，以每张滤纸片饱和吸水量为 0.01 mL 计，每 50 张滤纸片加入药液 0.5 mL 或每 100 张滤纸片加入药液 1.0 mL，不时翻动滤纸片，使滤纸片将药液均匀吸净，一般浸泡 30 min。然后将滤纸片摊于洁净平皿中，移至 37 ℃温箱中烘干。烘干时间不宜过长，以免某些抗生素失效。对青霉素、金霉素等稳定性较差的抗生素，其滤纸片的干燥宜用低温真空干燥法。干燥后，立即装入无菌安瓿瓶中加塞，置于－20 ℃冰箱中冷冻保存。供工作使用的滤纸片从－20 ℃冰箱中取出后应在室温中放置 1 h，使滤纸片温度和室温一致再使用。

表 2-8　药敏纸片的制备及含药浓度

药物	剂型	制备方法	药液浓度 /($\mu g \cdot mL^{-1}$)	纸片含量 /μg
青霉素	注射用粉针	30 mg 加 pH 6.8 的柠檬酸缓冲液 10 mL	3 000	30
硫酸链霉素	注射用粉针	10 mg 加 pH 7.8 的 PBS 10 mL	1 000	10
土霉素	口服粉剂或片剂	25 mg 粉末，加 2.5 mol/L HCl 15 mL 溶解后，以蒸馏水稀释至 25 mL	1 000	10
四环素	口服粉(片)剂	同土霉素	1 000	10
	注射用针剂	以生理盐水稀释	1 000	10
金霉素	口服粉剂	同土霉素	1 000	10
硫酸新霉素	口服粉剂	以 pH 7.2 的 PBS 溶解后稀释	1 000	10
硫氰酸红霉素	口服粉剂	以水溶解，以 pH 7.2 的 PBS 稀释	1 500	15
硫酸卡那霉素	注射用针剂	以 pH 7.2 的 PBS 稀释	3 000	30
硫酸庆大霉素	注射用针剂	以 pH 7.2 的 PBS 稀释	1 000	10
硫酸黏菌素	口服粉剂	以 pH 7.2 的 PBS 稀释	3 000	30
磺胺嘧啶钠	粉剂或针剂	以蒸馏水稀释	30 000	300
磺胺二甲基嘧啶钠	注射用针剂	以水或 pH 7.8 的 PBS 稀释	30 000	300
磺胺甲基异噁唑	片剂	300 mg 加水 2 mL 混悬，浓 HCl 0.5 mL 溶解，以 pH 6.0 的 PBS 稀释至 10 mL	30 000	300
磺胺间甲氧嘧啶钠	注射用针剂	以水或 pH 7.8 的 PBS 稀释	10 000	100
磺胺增效剂	片剂	5 mg 加水 2 mL 混悬，浓 HCl 0.25 mL 溶解，以 pH 6.0 的 PBS 稀释至 10 mL	500	5

注：本表所列药物剂量均为质量单位，临床应用时应注意与效价单位的换算。

第四步，药敏纸片的鉴定：取制备的药敏纸片 3 张，以质控菌株检测其抑菌效果，结果符合标准者为合格。纸片的有效期一般为 4～6 个月。

(2)操作方法：K-B 法是用含有一定量抗生素的药敏纸片贴在已接种待检菌的琼脂平板上，经培养后，抗生素浓度梯度通过纸片弥散作用而形成。在敏感抗生素的有效范围内，细菌的生长受到抑制。在有效范围外，细菌能够生长，故能形成一个明显的抑菌环(图 2-12)，可依据抑菌环的大小来判定试验菌对某一抗生素是否敏感及敏感程度。

第一步，用接种环挑取单菌落接种于 MH 肉汤培养基中，置 37 ℃恒温箱中培养 4～6 h。

第二步，用灭菌生理盐水稀释培养液，使菌液浓度为 10^8 CFU/mL。用无菌棉拭子蘸取上述稀释菌液，在管壁上挤压，除去多余的液体。用棉拭子涂满琼脂表面，盖好平皿，室温下干燥 5 min，待平板表面稍干即可放置含药滤纸片(亦可用涂布棒涂布菌液)。

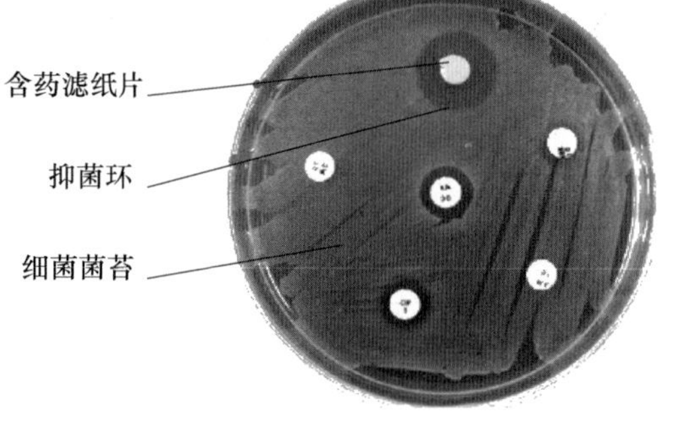

图 2-12　抑菌环图示

第三步，用灭菌镊子以无菌操作取出含药滤纸片并贴在涂有细菌的平板培养基表面。一个直径 9 cm 的平皿最多只能贴 7 张纸片，6 张纸片均匀地贴在离平皿边缘 15 mm 处，1 张贴于中心。贴纸片时要轻轻按压，以保证与培养基紧密接触。将平皿放于 37 ℃恒温箱中培养 16～18 h，观察结果。

（3）结果判定：观察含药滤纸片周围有无抑菌环，量取其直径（包括纸片直径），并记录（mm），按抑菌环直径的大小报告敏感、中度敏感和耐药，具体标准见表 2-9。

表 2-9　抗菌药物的抑菌环与敏感标准

抗菌药物	活性单位/［每片含药量/μg］	抑菌环的直径/mm		
		耐药(R)	中等敏感(I)	敏感(S)
青霉素				
葡萄球菌	10	≤28	—	≥29
链球菌(非肺炎链球菌)	10	—	—	≥24
肠球菌				
氨苄西林	10	≤14	—	≥15
肠杆菌科	10	≤13	14～16	≥17
葡萄球菌	10	≤28	—	≥29
链球菌	10	—	—	≥24
肠球菌				
阿莫西林	10	≤16	—	≥17
头孢噻呋	10	≤19	—	≥20
四环素类	30	≤17	18～20	≥21
葡萄球菌	30	≤14	15～18	≥19
链球菌	30	≤18	19～22	≥23
肠杆菌科	30	≤12	13～15	≥16
链霉素	10	≤11	12～14	≥15
卡那霉素	30	≤13	14～17	≥18
庆大霉素	10	≤12	13～15	≥16
大观霉素	100	≤10	11～13	≥14
红霉素	15	≤13	14～22	≥23
替米考星	15	≤10	11～13	≥14
恩诺沙星	5	≤16	17～22	≥23
环丙沙星	5	≤15	16～20	≥21
氧氟沙星	5	≤13	14～16	≥17
林可霉素	2	≤14	15～20	≥21
氟苯尼考	30	≤18	19～21	≥22
泰妙菌素	30	≤8	—	≥9
多黏菌素 B 或 E	30	≤8	9～11	≥12
复方新诺明	1.25/23.75	≤10	11～15	≥16
磺胺异噁唑	300	≤12	13～16	≥17
甲氧苄胺嘧啶	5	≤10	11～15	≥16

注：除标注活性单位的药物之外，其余药物剂量均为质量单位，临床应用时应注意与效价单位的换算。

(三)耐药基因的PCR检测

(1)模板的制备:取培养的细菌菌落4~5个悬浮于100 μL TE缓冲液中(10 mmol/L Tris-HCl,1 mmol/L EDTA,pH 8.0),沸水加热10 min,12 000 r/min离心5 min,取上清液作为PCR模板。

(2)引物:氨基糖苷类修饰酶是大肠杆菌对氨基糖苷类抗菌药物产生耐药性的重要原因。氨基糖苷类修饰酶基因的种类很多,包括*aac*(3)-Ⅰ、*aac*(3)-Ⅱ、*aac*(3)-Ⅲ、*aac*(3)-Ⅳ、*ant*(2″)、aphA1、aphA2等。本实验以*aac*(3)-Ⅱ为例进行介绍。引物序列参考已发表的基因序列,上游引物:5′-ACTGTGATGGGATACGCGTC-3′;下游引物:5′-CTCCGTCAGCGTTTCAGCTA-3′,预期扩增片段为237 bp。

(3)PCR扩增:按PCR使用说明进行如下PCR扩增:

第一步,配25 μLPCR反应体系,按以下顺序将各成分加入0.2 mL灭菌PCR管中。注意首先加入无菌水,然后再按照顺序逐一加入各成分。

无菌水	8.5 μL
模板DNA	2.0 μL
上游引物(10 pmol/μL)	1.0 μL
下游引物(10pmol/μL)	1.0 μL
PCR酶Mix	12.5 μL
终体积	25.0 μL

第二步,全部加完后,混悬,瞬时离心,使液体沉降到PCR管底。

第三步,在PCR扩增仪上执行如下反应程序:94 ℃ 3 min、94 ℃ 30 s、55 ℃ 30 s、72 ℃ 30 s,30个循环,最后72 ℃延伸5 min。

(4)电泳检测:取5 μL PCR产物,用含核酸染料的1%琼脂糖凝胶电泳,以2 000 bp DNA Marker作为标准分子量,观察扩增片段大小。

(5)结果判定:在阳性对照孔出现相应扩增带、阴性对照孔无扩增带时判定结果。若样品扩增带与阳性对照扩增带处于同一位置,则判定为*aac*(3)-Ⅱ耐药基因阳性,否则判定为阴性。

【注意事项】

(一)稀释法

(1)接种量:细菌接种量的多少与MIC有一定关系。例如,用敏感的葡萄球菌对氨苄西林进行检测时,接种量增加1 000倍,MIC只略有增加,但其对甲氧苯青霉素的敏感度则因接种量的不同而有较大变化,即使同一菌株,接种量小时为敏感,接种量增大时,其MIC却增加许多倍。

(2)培养基成分及培养条件:培养基的组成成分应保持恒定,外观清晰透明,pH适宜。为了观察方便,还可向各管中加入葡萄糖及指示剂,以指示剂颜色的改变判定其是否生长。同时要注意选择适宜的培养温度。一般在16~18 h观察药敏试验结果,如果时间过长,细菌将会在高浓度的药物中生长。其原因,一方面是由于被轻度抑制的细菌开始繁殖,另一方面则是因为有些抗生素在 37 ℃条件下不稳定，被破坏后，受抑制的细菌也会再次生长。

(3)对于一些色泽深或本身呈浑浊状态的中草药，培养后不易观察细菌的生长情况。可从培养孔取液体接种至平板培养基上，根据平板是否有细菌生长来判定药物的杀菌或抑菌程度。这种方法常用于测定药物的 MBC。

(4)菌液及抗生素的剂量要准确。

(二)扩散法

(1)K-B 滤纸片扩散法必须使用 MH 培养基。MH 培养基在普通冰箱可保存 2～3 周，用前须置于 37 ℃平衡 10 min，以使形成的水雾干燥。此培养基适合于快速生长的细菌，生长缓慢的细菌或厌氧菌不宜采用 K-B 技术及其稀释标准。

(2)接种用的菌液浓度必须标准化，以细菌在平板上的生长恰好呈融合状态为标准；接种后应及时贴含药滤纸片和放入 35 ℃(或 37 ℃)恒温箱中培养，并注意做好标记。

(3)培养的温度要恒定，时间为 16～18 h，不宜过早判读结果。但培养过久，则细菌能恢复生长，使抑菌环变小。不应在 CO_2 环境下培养，以防某些抗菌药物形成的抑菌环大小发生改变及影响培养基的 pH。

(4)为保证耐药基因检测的准确性，PCR 检测阳性的，配合测序会更有说服力。另外，当耐药基因为沉默基因时，也可能检测到阳性结果。所以，细菌的耐药性还应结合药敏实验结果进行综合判断。

【实验报告】

(一)实验结果

(1)记录稀释法实验结果，并判定药物对大肠杆菌等细菌的 MIC 和 MBC。
(2)记录 K-B 法实验结果，并判断大肠杆菌等细菌对药物的敏感、中度敏感和耐药性。
(3)记录耐药基因检测结果，判定所检测细菌是否含有相应的耐药基因。

(二)思考题

(1)纸片法药敏试验操作时应注意什么？
(2)试述药敏试验的意义。
(3)试述耐药基因检测的意义。

实验 10　支原体和螺旋体的培养与鉴定

(Cultivation and Identification of *Mycoplasma* and *Spirochaete*)

【目的要求】

(1)了解某些病原性支原体的形态特征。

(2)掌握支原体的培养与鉴定方法。

(3)了解钩端螺旋体病的实验室诊断方法。

(4)了解钩端螺旋体的形态特征。

(5)掌握猪痢疾短螺旋体的培养特性及形态特征。

【基本原理】

支原体是一类无细胞壁、呈多形性、可通过 0.22 μm 细菌滤器、能在无细胞的人工培养基中生长繁殖的原核细胞型微生物。支原体常呈球状、两极状、环状、杆状，偶见分支的丝状体；革兰染色阴性，但不易着色；吉姆萨或瑞氏染色良好，呈淡紫色。支原体对营养要求较高，常需在培养基中加入牛心浸液、动物血清、酵母浸液等。支原体需氧或兼性厌氧，初次分离时在 2%～10% CO_2 条件下生长更好；最适宜 pH 7.8～8.0，当低于 pH 7.0 时，容易死亡。支原体生长缓慢，在固体培养基上培养 3～7 d 形成特征性的"煎荷包蛋"状微小菌落，需用低倍显微镜才能观察到，不同动物源和种属的支原体长出菌落的时间存在差异。一般情况，90%以上的支原体在培养基合适的条件下，培养 7 d 均能长出菌落；对青霉素、醋酸铊、叠氮钠等有抵抗力。其分离鉴定除生理生化特性测定之外，还需采用血清学及分子生物学方法。

螺旋体是一类细长、柔软、弯曲呈螺旋状、运动活泼的原核单细胞微生物，在自然界中分布广泛，常见于土壤、污水及腐败的有机物中，有的存在于动物体内。螺旋体都是革兰阴性，但大多不易着色；吉姆萨染色效果较好，呈红色或蓝色。螺旋体常用镀银染色法染色，染液中金属盐黏附于螺旋体上，使其变粗而呈黑褐色。采用相差和暗视野显微镜观察螺旋体效果良好，既能检查形体又可分辨运动方式。有些螺旋体培养起来较为困难，多数需厌氧培养，对营养要求较高。

钩端螺旋体(*Leptospira*)又称细螺旋体，一端或两端可弯转呈钩状，菌体纤细，能沿着轴丝作迅速旋转和屈曲运动。此菌为人兽共患钩端螺旋体病的病原。所致疾病的临床症状主要为发热、贫血、出血、黄疸、血红素尿以及黏膜和皮肤坏死。显微凝集试验是最广泛使用的螺旋体病诊断方法，将急性期和恢复期的双份血清分别与诊断抗原作用，显微镜下观察是否发生凝集，双份血清样品的凝集滴度达 4 倍或更高，则可诊断为螺旋体病。

猪痢疾短螺旋体(*Brachyspira hyodysenteriae*)曾被命名为猪痢疾密螺旋体、猪痢蛇形螺旋体，体长 6～8.5 μm，细胞有疏松外膜，每个细胞末端有 7～14 根周质鞭毛，自然感染猪(包括野猪)，偶尔感染鸡、鸭、鹅，还能从感染猪场的老鼠及狗身上分离到。存在于猪的病变肠段黏膜、肠内容物及粪便中，主要以引起断奶仔猪发生黏液出血性下痢为特征。猪痢疾短螺旋体能在感染各个时期通过粪便排出，在 10 ℃条件的粪便中存活超过 30 d。病料采取急性期病猪带血冻的新鲜粪便或结肠黏膜的刮取物及肠内容物。

【器材准备】

(一)仪器

恒温培养箱、高压灭菌器、电子天平、电磁炉、搪瓷缸、显微镜、离心机、PCR 仪及电泳仪等。

(二)试剂

革兰染色液、吉姆萨染色液、3%的鸡或豚鼠红细胞悬液。

(三)培养基

(1)培养牛、山羊及绵羊支原体的培养基。

配方：切碎牛肉 100 g、切碎牛肝 100 g、新鲜猪胃 120 g、浓盐酸 10 mL。

配制：将上述材料混合后经 50 ℃水浴 24 h，然后加热至 80 ℃以停止胃蛋白酶的消化作用；用粗滤纸过滤，用 10% NaOH 调节 pH 到 7.6，再加热到 80 ℃维持 15 min；每 1 000 mL 培养基中加入 10 g 磨成粉末的缓冲盐(390 g 无水磷酸氢二钠和 90.8 g 磷酸二氢钾)，使培养基的 pH 为 7.4，室温静置 4 h，过滤分装；121 ℃高压灭菌 20 min，50 ℃时无菌操作加入 10% 牛血清，分装于灭菌试管中。固体培养基则在灭菌前加入琼脂粉，然后高压灭菌，待冷却至 50 ℃时加入无菌牛血清达 10%，分装试管或制备平板。

(2)培养猪支原体的培养基(Goodwin 氏等复合培养基)。

配方：灭菌 Hartley 氏消化肉汤 300 mL、无菌灭活猪血清 200 mL、灭菌 0.5%乳蛋白水解物亨克氏液 500 mL、灭菌酵母浸液 5 mL。

配制：培养猪支原体的培养基中除了上述基础成分外，青霉素加至 200 单位/mL，醋酸铊加至 0.125 mg/mL。用灭菌的 3.5% $NaHCO_3$ 调节 pH 至 7.4，无菌分装于灭菌的试管，用胶塞塞紧。若配制固体培养基，则将纯净的琼脂粉按 2%溶于水解乳蛋白亨克氏液中，高压蒸汽灭菌，除青霉素外，其他各物质预先放在 56 ℃中，待琼脂冷至 56 ℃左右时将各物混合，制备平板(琼脂的最终浓度为 1%)。

(3)培养鸡支原体的培养基：将切碎的牛心 500 g 置于 1 000 mL 蒸馏水中，4 ℃浸泡过夜；次日煮 30 min，过滤，补充水分至 1 000 mL；加入蛋白胨 10 g、氯化钠 5 g、酵母粉 250 g，加蒸馏水 1 000 mL，煮沸 30 min，离心取上清液，分装试管，10 mL/管，调节 pH 至 7.8，过滤(若是固体培养基，此时加入琼脂)；高压蒸汽灭菌后，在 50 ℃时加入无菌马血清至 20%，青霉素加至 200 单位/mL，醋酸铊加至 0.025 g。分装试管或制备平板。

(4)爱德华氏培养基(供分离培养牛丝状支原体)：取牛心浸汤(Difco)13 g、青霉素 G 30 万 IU、蛋白胨 5 g、氯化钠 2.5 g、去氧核酸钠 0.02 g、醋酸铊 0.25 g、磷酸氢二钾 2.4 g、PPLO 血清组分(Difco)20 mL，溶于 1 000 mL 蒸馏水中，调整 pH 至 8.5，可补充胆固醇至 0.1 μg/mL、棕榈酸至 50.1 μg/mL。

(5)马丁氏肉汤培养基：取猪胃，去掉筋膜及脂肪，以绞肉机绞碎，每 300 g 猪胃加盐酸 15 mL、过滤水 150 mL，于 50 ℃下消化 24 h；取出后加热至 80 ℃，使消化作用停止，并用碱中和，分装试管或小三角锥瓶，在 121 ℃下高压灭菌 15 min。于 100 mL 上述肉汤中加入琼脂 2.5～3.0 g，加热融化，调整 pH 到 8.0，再加热片刻。然后用纱布棉花过滤，分装试管，121 ℃高压 30 min。最后再在其中加入 10%无菌牛血清，即可供培养支原体之用。目前已有商品化的马丁氏肉汤培养基。

（6）驴血清培养基：由于驴血清中含有较多的胆固醇，且驴不患猪肺炎支原体病，因此适用于分离及培养猪肺炎支原体。

配方：1.25%醋酸铊溶液 20 mL、牛心消化液 30 mL、青霉素溶液（5 万 IU/mL）1 mL、亨克氏液 50 mL、无菌驴血清 20 mL、乳蛋白水解物 0.5 g。

配制：上述成分混合后，调节 pH 至 7.6。

（7）KM_2 培养基：可供培养猪肺炎支原体用。

配方：Eagle 氏液 500 mL、1%醋酸铊溶液 12.5 mL、青霉素溶液（5 万 IU/mL）10 mL、1%水解乳蛋白液 300 mL、灭菌正常猪血清 200 mL、酚红 0.02 g、酵母抽提物 10 g 或酵母浸液 10 mL、蒸馏水 1 000 mL。

配制：将上述成分混合即可。若加入 1.2%琼脂，则可制成固体培养基。接种病料后 48～72 h，pH 可下降到 6.9 左右，即可收获。

除以上各种支原体培养基配方外，目前市场还有多种商品化支原体培养基可供选择。

（四）其他

（1）钩端螺旋体培养物，钩端螺旋体阳性和阴性血清，疑似钩端螺旋体病死亡动物的血液、尿液、肾脏、肾上腺、肝脏等，分离培养用培养基，幼龄豚鼠，显微凝集试验所用微量滴定板、稀释液、标准抗原。

（2）疑似猪螺旋体病猪的血冻样新鲜粪便、结肠黏膜的刮取物、分离培养用培养基；实验动物：小白鼠、豚鼠或家兔、断奶小猪；猪痢疾短螺旋体凝集抗原、结晶紫平板凝集抗原、玻片、96 孔 U 形微量反应板、微量移液器等。

【实验步骤】

（一）支原体的培养与鉴定

1. 标本的采集

根据患病动物种类及其症状的不同，无菌采集含菌量多的样品，如呼吸道病料（如鼻、喉、气管分泌物、胸腔渗出液、肺组织块、纵隔淋巴结、禽类气囊等）、泌尿生殖道分泌物、乳汁、关节液或病变淋巴结等。由于支原体对热和干燥环境比较敏感，故取材后应立即接种或置于液体培养基中 4 ℃保存。

2. 分离培养

（1）将组织块样本匀浆后加入适量生理盐水稀释。如为液体样本，直接加入适量的生理盐水稀释。2 000 r/min 离心 5 min 去掉组织碎片，上清液过 0.22 μm 细菌滤器，取滤液接种在合适的液体培养基中，置于 2%～10% CO_2 环境或 5% CO_2+95% N_2 环境中，37 ℃培养 2～7 d 或更长时间（初次分离有的需要 2～3 周）。待液体培养基变为黄色时，再次过 0.22 μm 细菌滤器，取滤液接种新的液体培养基。待液体培养基再次变为黄色时取培养液，将其稀释涂布到合适的固体培养基表面，将培养皿倒置于 CO_2 培养箱中，37 ℃恒温培养 2～7 d，观察菌落形态，然后对其进行纯培养。由于支原体需培养的时间长，为防止培养过程中培养基失水，影响菌落生长，固体培养基接种后必须置于高湿环境中。

(2)将分离纯化的培养物涂片，进行革兰染色、吉姆萨染色或瑞氏染色，镜检观察。也可直接将标本做抹片染色观察，但由于支原体无固定形态，染色结果不易与标本片中的组织碎块等杂质相区别，故取患病动物标本片直接镜检对各种支原体的诊断意义并不大。支原体的微生物学诊断主要靠病原体的生化反应、血清学试验及分子生物学鉴定。

3. 支原体的鉴定

一般以血清学试验和致病性检查为主，生理生化试验为辅，形态和菌落特征可作为参考但不作为鉴定指标。常用的生理生化试验有：葡萄糖发酵和精氨酸水解试验、尿素分解试验、氯化三苯四氮唑还原试验(TTC)、红细胞吸附试验、溶血试验等。血清学试验中，特异性强、敏感性高、应用较多的是生长抑制试验(GIT)、代谢抑制试验(MIT)以及表面免疫荧光试验。

(1)溶血试验：有些支原体，如猪肺炎支原体和猪鼻支原体，在绵羊血平板上能呈现 β 溶血。具体方法：在疑似有支原体生长的平板上加一薄层含绵羊红细胞的盐水琼脂，于 37 ℃培养过夜，在菌落周围出现溶血环者为阳性。

(2)氯化三苯四氮唑还原试验：鸡毒支原体、丝状支原体等能还原 2,3,5-三苯基氯化四氮唑，使菌落呈红色，但猪滑液支原体为阴性反应。操作方法：将 0.21% 2,3,5-三苯基氯化四氮唑无菌水溶液和等量的 1.3%纯化琼脂混合，然后倾注 4 mL 混合液至待检菌和对照支原体(阳性对照用牛鼻支原体，阴性对照用关节炎支原体)的平皿中，置 37 ℃有氧条件下培养。阳性的菌落呈桃红色，3～4 h 后逐渐变成深红色至紫红色。

(3)红细胞吸附试验：鸡毒支原体、滑液支原体能与红细胞上的唾液酸相结合而发生吸附。具体方法：在疑似有支原体生长的琼脂平板上，滴加新鲜的 3%红细胞(鸡或豚鼠)悬液。室温下静置 30 min，以 pH 7.2 的 PBS 洗去多余的红细胞(反复洗 3 次)，在显微镜下观察结果。单个菌落周围有红细胞吸附为阳性。

(4)生长抑制试验：支原体在固体培养基上生长可被相应的抗血清所抑制，常用圆纸片法。操作方法：在接种被检支原体的平板培养基上，放一片浸有相应抗血清的圆纸片(直径 6～8 mm)。37 ℃培养 2～4 周后，纸片周围出现抑菌环(与药敏试纸相同)者为阳性。

(5)代谢抑制试验：将被检支原体接种于含葡萄糖和加有酚红指示剂的液体培养基中，并加入适量的抗血清(最终稀释度至少为 1∶16)。经 37 ℃培养后，根据培养基中指示剂色调变化加以判定。应设立不加抗血清的正常对照和加同种未免疫健康动物血清的抑制阴性对照。

(6)表面免疫荧光试验：用已知抗血清制成荧光抗体，直接染色琼脂块上的支原体菌落，并在荧光显微镜下观察菌落的特异性荧光。也可用抗血清与菌落反应后再用荧光标记的抗体染色。

(7)PCR 检测技术：取纯培养的支原体细胞，利用细菌 16S rRNA 通用扩增引物(27F：5′-AGA GTT TGA TCC TGG CTC AG-3′；1492R：5′-TAC GGY TAC CTT GTT ACG ACT T-3′)直接进行 PCR 扩增(扩增条件：95 ℃ 3～5 min，94 ℃ 10 s，55 ℃ 20 s，72 ℃ 1 min，30 个循环，72 ℃ 3 min)，扩增产物大小在 1 400 bp 左右，PCR 产物送基因公司测序，序列进行 NCBI BLAST 分析，确定其种属。16S rRNA 可区分大的种群，但对部分种间支原体并不能很好区分，需采用种特异性引物进行 PCR 检测或结合血清学方法。对于临床样本，可直接采用支原体特异性引物进行PCR检测，已有相关商品试剂盒用于猪肺炎支原体、滑液支原体、鸡毒支原体及牛、羊支原体等的快速检测。

（二）螺旋体的培养与鉴定

1. 钩端螺旋体

（1）显微镜检查：可用压滴标本片进行暗视野显微镜检查，或用涂片标本染色镜检，观察菌体的形态特征。

第一步，材料准备。发病早期以采取发病动物的血液为宜（血液应自高热期动物静脉采集）。做显微镜检查和分离培养时，应加抗凝剂，每毫升血液加2 mL 1.5%柠檬酸钠溶液。先以1 000 r/min离心10 min，吸取上层血浆，再以3 000 r/min离心30 min，取沉淀物镜检和培养。如果做血清学检查，则不加抗凝剂。发病后期肾脏中的病原体大量增加，宜采取尿液，按上法离心沉淀后，取沉淀物检查。死后采取肝、肾、肾上腺等实质脏器，加灭菌生理盐水磨碎，制成1∶4乳剂，静置1 h，取上清液制片镜检。

第二步，暗视野显微镜检查。以上材料制成压滴标本片，用暗视野显微镜检查。螺旋体在暗视野显微镜下，因螺旋不易看清，常似一串发亮的细小珍珠，运动活泼。当绕长轴旋转或摆动时，菌端可弯绕成“8”字、“丁”字或网球拍等形状。由于屈曲运动，整个菌体可弯曲成“C”“S”“O”等字样，此时弯曲形状又可随时消失。

第三步，标本染色镜检。将被检样品制成涂片，染色镜检，革兰染色不易着色，而吉姆萨染色、方氏（Fontana）镀银法、钩端螺旋体媒染法较好。

- 吉姆萨染色：钩端螺旋体可被染成淡红色，但着色较差，需较长染色时间。
- 方氏镀银法：抹片经火焰固定后，滴上媒染剂（含5%鞣酸的1%石炭酸水溶液），染色30 s；水洗30 s后，放吸水纸一小片于涂片部位，加足量染色液（5%硝酸银水溶液）于纸片上，置火焰上加热使其略出现蒸汽并维持20～30 s；水洗干燥后镜检。螺旋体呈黑色，背景为紫色。
- 钩端螺旋体媒染法：此法对钩端螺旋体染色后，菌体清晰，形态不发生改变且表现典型。抹片经火焰固定后，以生理盐水漂洗；加媒染剂（将鞣酸1 g、钾明矾1 g及中国蓝0.25 g加入200 mL 20%酒精中，充分溶解后过滤即成）于涂片染色5 min；水洗后以染色液（取石炭酸复红及碱性亚甲蓝染液等量混合，过滤即成）染色2 min；水洗，自然干燥后镜检。钩端螺旋体呈淡红色，背景为淡蓝色。

（2）分离培养：钩端螺旋体能够在人工培养基上生长，但必须用液体或半固体培养基。最常用的培养基有柯氏培养基和捷氏培养基。接种材料亦为血液、尿液及组织乳剂。接种量要大，每种材料至少接种3管，以增加获得阳性结果的机会。血液可采静脉血直接接种，每管接种3滴。尿液最好先调至中性并经0.45～0.6 μm微孔滤膜滤过后每管接种10滴。为防止污染，可于每100 mL培养基中加入5-氟尿嘧啶或磺胺嘧啶400 mg。将接种管置于28～30 ℃恒温箱中培养，每天对培养基进行暗视野检查，以判断有无钩端螺旋体生长。培养10～30 d，确认无钩端螺旋体生长者可判为阴性，弃去，在固体培养基上可形成半透明、不规则的扁平菌落。一般是将病料先通过试验动物感染，然后由感染动物取材培养。

（3）动物感染试验：一般采用幼龄豚鼠（体重150～200 g）或仓鼠，腹腔注射检样1～3 mL，接种后每日测量体温2次。若材料中的病原毒力弱，动物常仅表现一过性症状而很快恢复；若毒力强，则常于接种3～5 d后产生高温、黄疸、拒食、消瘦等典型症状，并经数日，出现体温下降后迅速死亡。当体温升至 40 ℃时，可采心血做培养检查。动物死后立即剖检，可见皮下、肺脏有大小不等的出血斑，取其肝和肾组织研制成悬液做暗视野检查和培养检查。试验动物不发病的可于半月后判为阴性结果。

(4)血清学试验：动物感染钩端螺旋体早期，其血清中即有特异性抗体出现，且迅速上升至高滴度水平，此抗体可长期存在。因此，用已知抗原检查动物血清中的抗体，是诊断本病极有价值的方法。另外，被检样品中的病原性钩端螺旋体也可用已知抗血清进行检验，以作出诊断，并确定其血清型。

• 凝集溶解试验：此试验具有高度的型特异性，是诊断本病最常用的方法。

抗原：所用抗原为钩端螺旋体的幼龄(4～5 日龄)培养物，浓度不低于每视野 40 个菌体。发生自身凝集的菌株不能应用。

操作方法：在一列小试管中，将血清以生理盐水进行倍比稀释，由 1∶10 至 1∶2 560 或更高倍数。每管 0.1 mL，另取一管加生理盐水 0.1 mL 作为对照。再于每管中各加入抗原 0.1 mL，混匀置 37 ℃恒温箱中作用 2 h，然后从每管取样做暗视野检查。凡发生凝集的，可见钩端螺旋体相互汇聚成小蜘蛛状，发生溶解者则菌体膨胀成颗粒样并随之裂解成为碎片。而且溶解现象在凝集现象之后发生。一般血清抗体含量高时出现溶解，抗体含量较低时出现凝集。

反应判定的标准：每一样品应镜检 10 个视野，10 个视野中 7 个或更多视野有反应者记作“＋＋＋”，3～6 个视野有反应者记作“＋＋”，3 个以下者记作“＋”。能表现“＋＋”或更强反应的血清最高稀释度，即为该血清的效价。通常一个血清的凝集价较高而凝集并溶解的效价较低。

被检动物血清的凝集溶解效价达 1∶800 者为阳性反应，1∶400 者为可疑。但效价在 1∶400 以下甚至更低者亦不能确定为非感染动物，而应于 1～2 周后再次采血检查，若效价上升，亦可作为诊断的依据。

• 显微镜凝集试验：在微量滴定板上进行。

筛选操作方法：在滴定板上按 1∶25(25 μL 量)稀释血清，加 25 μL 生理盐水，加入 25 μL 的活菌体抗原(血清最终稀释度为 1∶100)，以同法重复做每一血清型。28 ℃作用 2～2.5 h。在暗视野显微镜下用油镜观察凝集絮片或液体的亮度。

滴定：以任一个 1∶100 稀释的阳性血清，再做连续 2 倍稀释，再与每一血清型的菌体抗原作用，以判定血清的凝集效价。

2. 猪痢疾短螺旋体(图 2-13)

(1)显微镜检查：将猪痢疾短螺旋体病猪的粪样直接涂片，或用生理盐水 5 倍稀释，静置 0.5 h，取其上层液体涂片，用结晶紫或石炭酸复红染色镜检。如果发现呈波浪卷曲、两端尖锐的紫色或红色菌体，而且数量很多，每个视野 3～5 条以上，可疑为本病。或取被检样品制成悬滴标本，于暗视野显微镜下检查，可见呈旋转运动的螺旋状微生物。

(2)分离培养：本菌为革兰阴性、厌氧。培养条件比一般细菌要高，应采用胰蛋白胨大豆琼脂(TSA)血培养基或普通血琼脂培养，所用的培养基和稀释液都要预先予以还原(放在含 5% CO_2 和 95% H_2 的环境中，培养 24 h)后再行使用，并在有 H_2 和 CO_2、以冷钯(商品名称为 105 催化剂)为触媒的严格厌氧条件下培养。在培养基中预先加入壮观霉素 400 μg/mL 或多黏菌素可提高分离率。

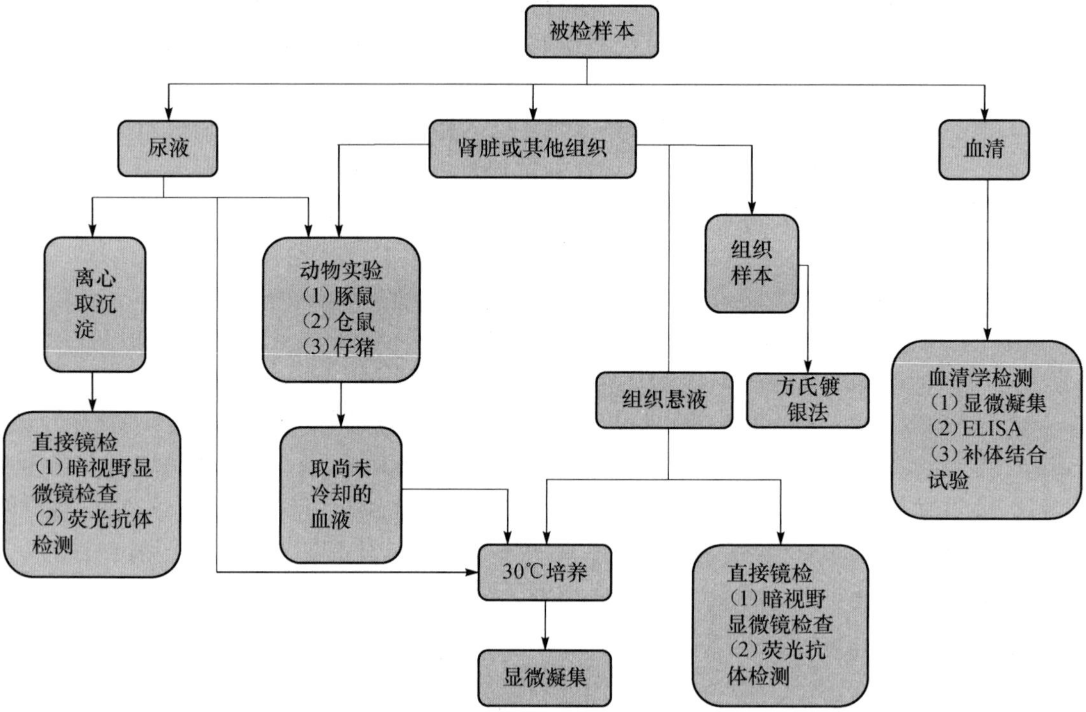

图 2-13　实验室钩端螺旋体检查的一般步骤

• 直接划线法：将被检样品直接在上述经还原的血液琼脂培养基上划线分离，常因杂菌太多，较难分离成功。

• 稀释法：将被检样品用生理盐水做 10^{-1}～10^{-6} 倍稀释，每管各取 0.1 mL，分别接种于培养基上，将平板放在含有 20% CO_2、80% H_2 和冷钯的密闭容器内，于 37 ℃培养 3～6 d，可见 β 溶血区，呈云雾状扩散，有时可见针头状透明菌落，菌落甚为微小。挑取云雾状溶血的区域，连续划线培养，直至分离到纯菌。

• 过滤法：将被检样品用生理盐水做 10 倍稀释，离心去沉渣，然后用醋酸纤维滤膜过滤，滤膜孔径由大到小，先从 8 μm、3 μm、2 μm 等开始，依次过滤，最后到 0.65 μm。取 0.8 μm、0.65 μm 滤过液按上述方法分别接种培养，也可得到稀释法的同样结果。

(3)动物试验：通常用小鼠、豚鼠、家兔和断奶仔猪等作为实验动物。

• 经口感染试验：以 15 代以内的猪痢疾短螺旋体的培养物经口感染小鼠、豚鼠和断奶仔猪，均可在 1～2 周内引起不同程度的肠炎，动物排出带血脓的粪便。此时做粪检，常可查出大量的猪痢疾短螺旋体。

• 肠感染试验：利用兔做回肠结扎试验，按一般外科手术方法，分段结孔回肠，每段约 5 cm，间距 2 cm。试验肠段注入培养物 3 mL，对照肠段注入同量生理盐水，接种后 48 h 剖检。如果试验肠段臌气明显，液体增多，肠黏膜肿胀充血，并有黏性渗出物，则涂片检查时可见到大量猪痢疾短螺旋体。用断奶仔猪做此试验效果更好。

(4)血清学试验：猪在感染螺旋体后，常可在血清中查出循环抗体，因此进行血清学试验具有诊断意义。

• 微量凝集试验：用 96 孔 U 形微量反应板，先将被检血清于 56 ℃水浴中灭活 30 min，用 1%新生犊牛血清的 PBS 作 1∶8 稀释，再做倍比稀释，每孔 50 μL，然后每孔各加凝集抗原 50 μL，轻轻振荡混匀后，置于 37 ℃恒温箱中 16～24 h 判定结果。其凝集价一般病猪大于 1∶32，健康猪小于 1∶16。

• 平板凝集试验：将被检血清用生理盐水按倍比法稀释为 8～128 倍，各取稀释液 1 滴（约 20 μL），放于有格玻片上，再各加结晶紫平板凝集抗原 1 滴，随即混匀，并观察结果。在室温条件下约 15 min 即可判定结果，判定标准同上。

• 荧光抗体染色检查：将病料直接制成涂片，以直接或间接荧光抗体染色法检查，可发现具有亮绿色荧光的密螺旋体。此法可对此菌进行快速诊断，特异性较高。

(5)分子生物学检测：取临床样本离心菌体，提取基因组 DNA，利用猪痢疾短螺旋体比较保守的 NADH 氧化酶(nox)基因设计的特异性引物(F：5′-ACT AAA GAT CCT GAT GTA TTT G-3′；R：5′-CTA ATA AAC GTC TGC TGC-3′)进行 PCR 检测，预计扩增大小为 350 bp 左右，对产物进行测序分析。

【注意事项】

(1)支原体培养的要求较高，水、器皿及各种成分需按组织培养标准严格要求。培养基中各物质的量和 pH 要准确，而且要确保血清的添加量为 10%～20%。

(2)被检材料中，若含有支原体的量太少，则应盲传 3 代，以提高分离率。

【实验报告】

(一)实验结果

(1)描述支原体在液体和固体培养基中的生长情况、特征性形态，以及生长需要的时间。

(2)记录溶血试验、氯化三苯四氮唑(TTC)还原试验、红细胞吸附试验和血清学试验的结果。

(3)绘制钩端螺旋体染色标本镜下图。

(4)叙述钩端螺旋体分离培养、动物感染和血清学等试验结果。

(5)绘制猪痢疾短螺旋体结晶紫染色镜下图。

(6)叙述猪痢疾短螺旋体微生物学诊断过程。

(二)思考题

(1)支原体有何培养特征？

(2)如何鉴别支原体与细菌 L 型？

(3)试述钩端螺旋体和猪痢疾短螺旋体的形态特征。

(4)分析比较钩端螺旋体各种染色方法的优点。

第三章　病毒的培养与鉴定

(Cultivation and Identification of Virus)

实验 11　病毒的接种与培养

(Inoculation and Cultivation of Virus)

一、病毒的动物培养

【目的要求】

(1)了解病毒的动物培养的一般要求，掌握病毒的动物接种与收获方法。

(2)了解猪瘟兔化弱毒的制备原理和猪瘟兔化弱毒感染家兔的临床特征。

【基本原理】

病毒缺乏完整的酶系统，属于严格的细胞内寄生。实验动物接种、鸡胚(禽胚)培养以及组织细胞培养是人工增殖病毒的基本方法。培养病毒最早应用的方法是实验动物接种和鸡胚培养，随着组织培养技术的发展，体外培养的细胞已广泛应用于病毒培养；但仍有部分病毒(如兔出血症病毒和绵羊痒病的病原体)的分离鉴定必须用实验动物。免疫血清制备，病毒的致病性、免疫性、发病机理研究，以及药物效检等方面也离不开实验动物。进行动物接种培养病毒时，要选择对目的病毒最敏感的实验动物品种和品系，还要考虑适宜的接种途径和剂量。

本实验在介绍病毒培养的一般要求、接种方法等内容的基础上，以猪瘟兔化弱毒的家兔培养为例，说明病毒的接种方法，以及接种病毒家兔的临床症状和剖检特征观察等病毒的动物培养内容。

猪瘟(classical swine fever，CSF)是由猪瘟病毒(*Classical swine fever virus*，CSFV)所引起的猪的一种急性热性接触性传染病。其特征性病理变化为败血症、内脏出血、脾梗死及坏死等，但温和型猪瘟则不明显。猪瘟病毒经兔体连续继代后能适应兔，由此育成兔化弱毒。接种兔的唯一症状是体温连续升高，超过正常体温 1 ℃或 1 ℃以上，连续 3 次或 3 次以上(6 h 测定一次体温)出现此症状，即稽留热。兔化弱毒对猪的致病力显著减弱，可用于制备弱毒疫苗。该疫苗性状稳定，无残余毒力，无返祖现象，预防猪瘟安全有效，故被广泛应用。

(一)动物接种场地的选择

动物接种培养病毒时需要在专门的实验动物室进行。实验动物室专供动物饲养、观察和试验(采血、接种及解剖)所用。为了保证实验质量和避免感染工作人员，实验动物室的建筑与设备应符合一定的要求。

实验动物室应远离正常动物房，并靠近高压蒸汽消毒间。进行危险性较大的病毒实验时，应区分一般动物实验室及隔离动物实验室。后者应单独建造，严格执行隔离及检疫措施；还应附设尸体解剖间，供尸检用。下水及地面渗水沟应通到可以消毒处理的下水道，以便按规定进行无害化处理。对于可通过呼吸道传播的危险性大的病毒试验，实验动物室应安装过滤的通风设备。一般动物实验室也应安装抽气通风设备。实验动物室的墙壁、天花板及室内固定器材应加涂防酸油漆，以便于定期及必要时进行消毒处理。

（二）实验用动物的分类

实验用动物包括实验动物、野生动物、家畜家禽 3 类。野生动物、家畜家禽虽然也用于病毒培养，但由于动物的遗传背景可能不同，微生物状况不清楚，健康状况有差异，机体的反应性不一致，对受试病毒的敏感性不同，造成实验结果的重复性较差，因而很难取得被学术界公认的可信结果。实验动物则是指经人工饲养和繁育，对其携带的微生物实行控制，遗传背景明确或者来源清楚，可用于科学研究、教学、生产、检验以及其他科学实验的动物。实验动物具有较高的敏感性、较好的重复性和反应的一致性等特点。实验动物根据微生物等级可分成 5 类。

1. 无菌动物（germ-free animals，GF 动物）

无菌动物是指不含有任何微生物或寄生虫的动物，即无外源菌动物。无菌动物体内和体外均检不出任何微生物、寄生虫或其他生命体。无菌动物必须经无菌剖宫产，并在绝对无菌的隔离器内培育饲养。实际上某些内源性病毒很难除去，因此无菌动物是一个相对概念。无菌动物可用于研究消化道微生物与动物营养的关系、免疫、肿瘤、病理及传染病等方面的问题。

2. 悉生动物（gnotobiotic animals，GN 动物）

悉生动物也称已知菌动物或已知菌丛动物，是确知所带微生物的动物。狭义的悉生动物是指无菌动物，广义的也指有目的地带有某种或某些已知微生物的动物。无菌动物中带有或接种了一种微生物的动物叫单联悉生动物，带两种微生物者称双联悉生动物，依次类推，称三联或多联悉生动物。

3. 无特定病原动物（specific pathogen free animals，SPF 动物）

无特定病原动物一般称 SPF 动物，是指没有某些特定的病原微生物及其抗体或寄生虫的动物（或禽胚胎）。利用 SPF 动物可培养无侵染性传染病的畜（禽）群，也可探讨病原微生物对机体致病作用和免疫发生的机理，提出疫病防制措施等。从微生物控制的程度讲，SPF 动物虽然是以上 3 类中要求最低的，但它无人畜共患病、无主要传染病、无对实验研究产生干扰的微生物，所以能满足病毒学一般实验的需要，比应用普通实验动物取得的结果更具有科学性和可靠性。

4. 清洁动物（clear animals）

清洁动物是指动物来源于剖宫产，饲养于半屏障系统，体内不能携带人畜共患病和动物主要传染病的病原体，是无菌动物与健康动物纯正的正常微生物群相联系的结果。

5. 普通动物（conventional animals）

普通动物是指在开放条件下饲养，其体内存在多种微生物和寄生虫，但不携带人畜共患病病原的动物。

（三）动物选择

选择动物的原则是动物对病毒易感性高。如果病毒对宿主的选择性很强，则应选用自然宿主;如果选择性不强,则可用实验用的小动物,最好选用 SPF 动物。一次实验使用的动物,在年龄、体重和营养状态等方面要尽量一致,并要符合所培养病毒的要求。应尽量使用遗传特性相似、个体差异较小、生物学反应比较一致的动物,以使实验结果达到一致性、准确性和可比性。对外购动物,要了解动物群健康、饲养及免疫接种情况,接种前要经过健康观察,以免误用带有病原体的动物。

(四)常用动物实验技术

1. 动物保定法

进行实验时首先要限制动物的活动,使动物保持安静状态,以便抓取、固定、操作动物和正确记录动物的反应情况。保定动物的方法依实验内容和动物的种类而定。

(1)小鼠保定法:先用右手抓住小鼠尾巴,提起两后肢,令其前爪抓住饲养笼的铁丝盖,然后用左手拇指及食指抓住小鼠头颈部皮肤,并翻转左手,使其腹部朝上,将其尾巴挟在左手掌与小手指之间(图 3-1)。如需较长时间操作,可将小鼠装入木制小鼠盒内或固定在小鼠固定板上。

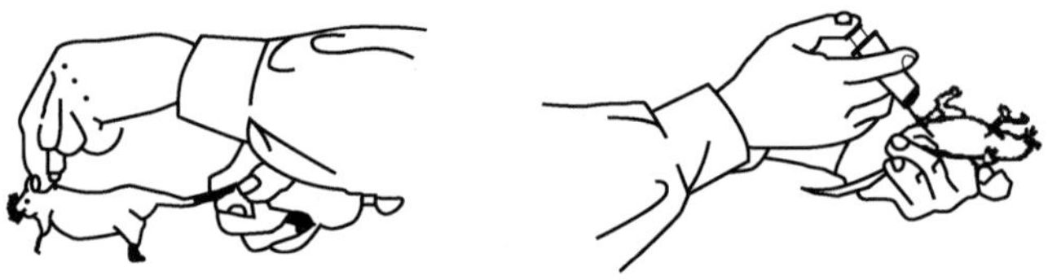

图 3-1　小鼠的捕捉、保定及注射

(2)豚鼠保定法:由助手用左手拇指挟住豚鼠左前肢,用食指和中指挟住其右前肢,然后用右手紧握其腹部和两后腿,使其腹部朝上,术者即可注射(图 3-2)。

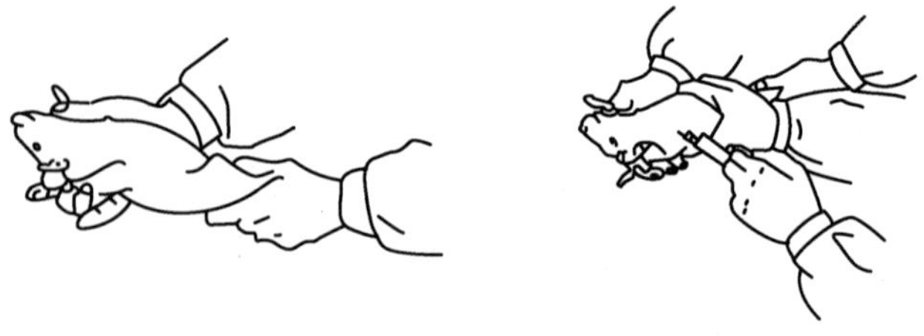

图 3-2　豚鼠的保定及注射

(3)家兔保定法:较小的家兔,其保定基本和豚鼠的保定一样,但大的家兔必须用仰卧式保定器保定。如果进行耳静脉注射,则让家兔站立在手术台上,由助手握住它的前、后躯即可。也可用筒式金属保定器保定(图 3-3)。

(4)大鼠保定法:大鼠牙齿锐利,容易咬伤手指。取用时应轻轻抓住其尾巴后提起,置于实验台上,用玻璃钟罩扣住或置于大鼠固定盒内,这样即可进行尾静脉取血或注射。如果作腹腔注射或灌胃等操作,实验者应戴上棉纱手套,右手轻轻将大鼠的尾巴向后拉,左手抓紧其两耳和头颈部皮肤,并将动物固定在左手中(图 3-4),右手即可操作。如需要长时间固定做手术,可参照固定家兔的方法,固定在大鼠固定板上。

(5)禽的捕捉、保定法:捕捉时,将禽赶于墙角,或直接伸手入笼,双手轻轻压其背部两侧,将其抱起。若要进行颈部皮下接种,可一只手抱住被接种禽,另一只手轻抓其头部拉展,暴露颈背部。若要进行翅下血管操作,可用左手将两翅合并保定,然后将禽体置于桌面上,暴露翅下血管,右手进行接种、采血等。若要进行心脏采血,可由助手将禽仰卧保定或侧卧保定。

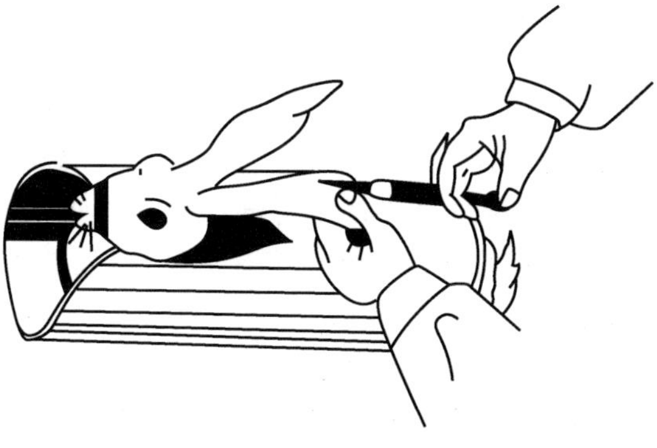

图 3-3　家兔的保定及注射

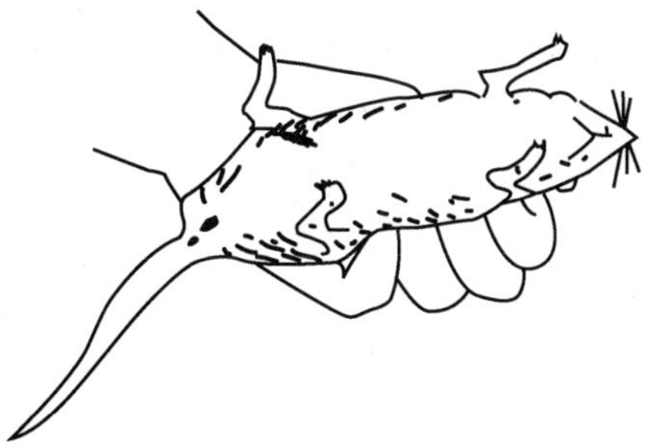

图 3-4　大鼠的抓取方法

2. 动物接种法

对接种部位先除毛。除毛的方法有剪毛法、拔毛法、剃毛法和化学脱毛法等。除毛后，先用碘酊，再用 75%酒精对接种部位消毒。实验动物常用的接种方法有下列几种：

(1)划痕法：实验动物多用于家兔。用剪毛剪剪去肋腹部长毛，再用剃刀或脱毛剂脱去被毛。以 75%酒精消毒，待干，用无菌小刀在皮肤上划几条平行线，划痕口可略见出血；然后用刀将接种材料涂在划口上。

(2)皮下接种：将局部皮肤提起，消毒，注射器针头斜向刺入皮下，缓缓注入接种材料。注射完毕，于针头处按一酒精棉球，然后拔出针头，以防接种物外溢。小鼠常选择背部、腹股沟部或尾根部皮下；家兔、豚鼠及大鼠常选择腹股沟部、背部或腹壁中线皮下；禽类(鸡、鸭)常选用颈背部、大腿内侧、胸部皮下等。接种量一般小鼠为 0.2～0.5 mL，家兔、豚鼠、大鼠为 0.5～2.0 mL，鸡、鸭为 0.5～1.0 mL。

(3)皮内接种：常以家兔、豚鼠背部或腹部皮肤为注射部位，去毛消毒后，将皮肤绷紧，用 1 mL 注射器的 4 号针头，平刺入皮肤，针尖向上，缓缓注入接种物，此时皮肤应出现小圆形隆起。注射量一般为 0.1～0.2 mL。

(4)肌内接种：选择肌肉丰满或无大血管通过的肌肉群处进行注射。一般都选用动物的腿部和臀部。若为禽类，则以胸侧肌肉为宜。注射时，将注射部位去毛消毒后，将针头刺入深部肌肉内。注射量可视动物的大小而定。

(5)腹腔内接种：家兔、豚鼠、小鼠作腹腔内接种时，宜采用仰卧保定。接种时稍抬高动物后躯，使其内脏倾向前腔，在股后侧面插入针头，先刺入皮下，后进入腹腔，注射时应无阻力，皮肤也无泡隆起。注射量，家兔可达 10.0 mL，豚鼠、大鼠为 5.0 mL，小鼠为 0.5～1.0 mL。

(6)静脉接种：不同动物静脉接种方法不同。

家兔静脉接种：将家兔纳入保定器内或由助手握住其前、后躯保定，选取一侧耳边缘静脉，先用 75%酒精涂擦兔耳或以手指轻弹耳朵，使静脉怒张。注射时，用左手拇指和食指拉紧兔耳，右手持注射器，使针头与静脉平行，向心脏方向刺入静脉内。注射时无阻力且有血向前流动即表示注入静脉，缓缓注射材料，注射完毕用酒精棉球紧压针孔，以免流血和注射物溢出。

豚鼠静脉接种：将豚鼠伏卧保定，腹面向下，将其后肢剃毛，用 75%酒精消毒皮肤，全身麻醉，用小号针头(4 号)刺入尾侧静脉，缓缓注入材料。接种完毕，将切口缝合一两针。

小鼠静脉接种：注射部位为尾侧静脉。选 15～20 g 体重的小鼠，注射前将其尾部浸于约 50 ℃温水内 1～2 min，使尾部血管扩张易于注射。用烧杯扣住小鼠，露出尾部，用小号针头(4

号)刺入尾侧静脉,缓缓注入接种物。注射时应无阻力,皮肤不变白、不隆起,表示已注入静脉内。

(7)脑内接种法:注射部位常选耳根部与眼内角连接线的中点。小鼠接种时,先将其额部消毒,用左手拇指和食指抓住两耳和头皮,用 4 号针头的注射器,垂直刺入注射部位,以针尖斜面刚穿过颅盖为限,缓缓注入。注射完毕,在拔出针头的同时应将注射部皮肤稍向一边推动,以防液体向外溢出。家兔和豚鼠因颅骨较硬,故需用钢针在接种部位打孔后注射,且需用乙醚对动物进行麻醉。脑内接种的最大注射量为:家兔 0.2 mL,豚鼠 0.15 mL,小鼠 0.03 mL。凡做脑内注射后 1 h 内出现神经症状的动物应作废,可认为是由于接种创伤所致。

(8)鼻内接种法:先将动物轻度麻醉,用注射器针头将接种材料滴入鼻内,随着动物的吸气,接种物被吸入呼吸道内。此法又称鼻饲法,操作简便易行,但必须掌握好麻醉的深度。若麻醉过深,则接种物不易被吸到呼吸道内;若麻醉过浅,则接种物又易被喷出。滴入的接种物不宜过浓,否则容易引起动物死亡。一般小鼠的滴入量为 0.03~0.05 mL,豚鼠和家兔可适当增加。

3. 动物的临床观察

动物接种后,必须按照试验要求观察和护理。对接种病毒后的动物,应密切观察。根据不同的实验目的,观察记录的项目也不同,如体温、体重、血液学、细胞学、免疫学等的变化情况。

(1)外表检查:观察注射部位皮肤有无发红、肿胀及水肿、脓肿、坏死等。检查眼结膜有无肿胀发炎和分泌物。检查体表淋巴结,注意有无肿胀、发硬或软化等。

(2)体温检查:观察注射后有无体温升高和体温稽留、回升、下降等表现。

(3)呼吸检查:检查呼吸次数、呼吸式、呼吸状态(节律、强度等),观察鼻腔分泌物的数量、色泽和黏稠度等。

(4)循环器官检查:检查心脏搏动情况,有无心动衰弱、紊乱和加速,并检查脉搏的频度节律等。

正常动物体温、脉搏和呼吸参数见表 3-1。

表 3-1 正常动物体温、脉搏和呼吸参数

动物	体温(肛表)/℃	脉搏/(次/min)	呼吸/(次/min)
猪	38.5~40.0	60~80	10~20
绵羊或山羊	38.5~40.0	70~80	12~20
犬	37.5~39.0	70~120	10~30
猫	38.0~39.0	110~120	20~30
豚鼠	38.5~40.0	150	100~150
大白鼠	37.0~38.5	324~341	210
小鼠	37.4~38.0	422~549	118~139
鸡	41.0~42.5	140	15~30
鸭	41.0~42.5	140~200	16~28
鸽	41.0~42.5	140~200	16~28

4. 动物采血法

如欲取得清晰透明的血清,宜于早晨动物饲喂之前抽取血液。如采血量较多,则应在动物采血后,以生理盐水作静脉(或腹腔内)注射或让其饮用盐水以补充水分。

(1)家兔采血法:可采家兔耳静脉血或心脏血。耳边缘静脉采血方法基本与静脉接种相同,不同之处是以针尖向耳尖反向抽血,一般可采血 1～2 mL。如需采大量血液,则用心脏采血法。助手将家兔向左仰卧保定,或以绳索将四肢固定,术者在左前肢腋下局部剪毛消毒,在胸部心脏跳动最明显处下针。用 12 号针头,直刺心脏,感到针头跳动或有血液向针管内流动时,即可抽血,一次可采血 15～20 mL。如采全血,可自颈动脉放血。将家兔保定,在其颈部剃毛消毒,稍加麻醉,用刀片在颈静脉沟内切一个稍长的切口,露出颈动脉并结扎,于近心端插入玻璃导管,使血液自行流至无菌容器内,血液凝固后析出血清;如利用全血,可直接流入含抗凝剂的瓶内,或含有玻璃珠的三角锥瓶内振荡脱纤,以防止血液凝固。一次放血量可达 50 mL 以上。

(2)豚鼠采血法:豚鼠一般从心脏采血。助手将豚鼠仰卧保定,术者在其腹部心跳最明显处剪毛消毒,用针头插入胸壁稍向右下方刺入。刺入心脏则血液可自行流入针管,一次未刺中心脏或稍偏时,可将针头稍提起向另一方向再刺;如多次未刺中,应换另一豚鼠,否则豚鼠有心脏出血致死的可能。

(3)小鼠采血法:对小鼠尾端部消毒,用剪刀断尾少许,使血溢出,采得血液数滴。采血后用烧烙法止血。也可摘除眼球采血。

(4)绵羊采血法:在微生物实验室中,绵羊血最常用。采血时由一名助手半坐骑在羊背上,两手各持其一耳(或角)或扶住下颚。因为羊有后退的习惯,故令其尾靠住墙根。术者在其颈部上 1/3 处剪毛消毒,左手压在静脉沟下部使静脉怒张,右手持针头猛力刺入皮肤,此时血液流入无菌注射器内,可获得无菌血液。

(5)鸡采血法:剪破鸡冠可采血数滴,供制作血片用。少量采血可从翅静脉采取,将翅静脉刺破,用试管盛血液或用注射器采血。需大量血时可由心脏采取:使鸡倒卧于桌上,左胸朝上,从胸骨脊前端至背部下凹处连线的中点垂直刺入,3～4 cm 深即可采得心血,一次可采 10～20 mL 血液。

5. 动物尸体剖检法

实验动物经接种后死亡或予以扑杀后,应立即对其尸体进行解剖,否则肠道内的腐败菌可通过肠壁侵入其他脏器,导致尸体腐败,影响检查效果。尸体剖检中要严格注意消毒和无菌操作。一般的操作程序是:先用肉眼观察动物体表的情况,然后对被检动物体表进行消毒(如用 3%～5%来苏儿浸泡),剪开皮肤,观察内脏病变情况。根据需要,对主要实质器官进行细菌接种培养或触片镜检或无菌采取有关组织材料进一步做微生物学、病理学、寄生虫学、毒物学等检查。对于需做组织学检查的器官组织,应取一小块浸于 10%福尔马林固定液中。剖检完的尸体应进行高压灭菌或焚烧处理,对解剖用具、器材和场地等要严格消毒。

【器材准备】

(1)1.5～3.0 kg 健康公家兔,市售猪瘟兔化弱毒冻干疫苗。

(2)灭菌生理盐水,市售注射用青霉素、链霉素。

(3)高速冷冻离心机。

(4)1 mL 注射器、体温计、解剖器材、研钵等。

【实验步骤】

1. 家兔正常体温的测定

每 12 h 测定 1 次家兔肛温,连续测定 6 次,计算每只家兔平均正常体温。

2. 病毒的接种

取市售猪瘟兔化弱毒冻干疫苗，加入 5 mL 灭菌生理盐水，5 000 r/min 离心 10 min，取上清液注入家兔耳静脉，1 mL/只。对照家兔注射 1 mL 灭菌生理盐水。

3. 体温测定

接毒后分别在 12 h、24 h、30 h、36 h、42 h、48 h、54 h、60 h……测定家兔体温，计算每只家兔（包括对照家兔）平均体温，并绘制家兔体温曲线。

判定标准：从接毒时间算起，体温超过正常体温 1 ℃及 1 ℃以上连续 3 次及以上者，判定为稽留热型。

4. 病毒收获

选择出现典型稽留热型的家兔，体温开始下降的 24 h 内扑杀，无菌操作采取脾脏、淋巴结，加 5 倍体积的灭菌生理盐水及适量的抗生素，制成乳剂备用。注意观察家兔各组织脏器的剖检变化。

【注意事项】

（1）测定家兔肛温时，动作要轻柔，以减少家兔挣扎。当家兔出现努责现象时，应停止插入温度计。

（2）病毒的处理、材料的收获，都应严格无菌操作。

（3）使用市售猪瘟兔化弱毒冻干疫苗接种家兔时，由于病毒长期适应犊牛睾丸细胞，可能不会使家兔出现典型的稽留热型。可以使其在家兔体内连续传代，一般在家兔体内连续传代 2～3 次，即可出现典型的稽留热型。

（4）接毒家兔在体温升高时，表现轻微的沉郁、厌食症状，无其他临床表现。剖检接毒家兔，仅见脾脏和淋巴结微肿，其他脏器无病理变化。

【实验报告】

1. 实验结果

（1）描述接毒家兔和对照家兔临床表现和剖检变化。

（2）绘制接毒家兔和对照家兔体温变化曲线。

2. 思考题

（1）分析接毒家兔出现体温变化的理论机制。

（2）分析有些实验组家兔不出现体温升高的原因。

（3）若直接将猪瘟病毒野毒株接种家兔，家兔能否出现稽留热型？为什么？

二、病毒的鸡胚培养

【目的要求】

（1）了解病毒的鸡胚培养的意义及用途。

（2）掌握病毒的鸡胚接种、培养及收获方法。

（3）掌握病毒的血凝及血凝抑制试验的操作方法。

【基本原理】

鸡胚是正在发育的活的机体，组织分化程度低，细胞代谢旺盛，适于许多人类和动物病毒（如流感病毒、新城疫病毒、传染性支气管炎病毒等）的生长增殖，在兽医研究中常用于禽源病毒的分离、培养、生物学特性鉴定、疫苗制备和药物筛选等工作。鸡胚培养的优点是来源充足、价格低廉、操作简单、无须特殊设备或条件、易感病毒谱较广。但对鸡胚接种用的种蛋的质量必须严格要求，应保证不带病毒，对培养的病毒没有母源抗体，蛋壳最好白色，便于观察。鸡场管理良好，一般没有病菌污染，无潜伏病毒，也可做到不带母源抗体。一般常用 SPF 母鸡所产的蛋进行孵化。

一般来说，孵育至 8～14 d 的鸡胚还未长出羽毛，整体发育日趋完善，各种脏器均已形成，胚体对外源接种物的耐受性较强，最利于病毒的增殖。14 日龄以后，鸡胚骨骼逐渐硬化，体表羽毛渐生，不便于病毒的感染。不同的病毒接种鸡胚有不同的敏感部位，应选择鸡胚的适宜部位进行接种，以取得最佳的培养效果。应用最广泛的接种部位是尿囊腔、绒毛尿囊膜和卵黄囊，有时也接种于羊膜腔内。

新城疫病毒（*Newcastle disease virus*，NDV）隶属副黏病毒科、禽腮腺炎病毒属，有囊膜，表面有血凝素神经氨酸酶（HN）和融合蛋白（F）两种纤突。NDV 有血凝性，能凝集禽类、两栖类、爬行类等多种动物的红细胞以及人的 O 型红细胞。利用这一特性，可进行 NDV 鉴定及抗体检测。

【器材准备】

（1）9～11 日龄 SPF 鸡胚或未免疫新城疫疫苗种鸡所产的白壳鸡胚。

（2）疑似含 NDV 的鸡内脏组织病料（脑、肾、肺、肝等）或 NDV-LaSota 株、NDV 阳性血清、新鲜制备的 0.5%鸡红细胞悬液 50 mL。

（3）孵化箱、检蛋器（检卵灯）、蛋架、研钵、钻孔钢锥、解剖镊子、酒精灯、眼科镊子、1 mL 注射器、洗耳球、试管、平皿、三角锥瓶、烧杯、96 孔 V 形微量反应板、5～50 μL 微量可调移液器及吸头。

（4）市售注射用青霉素及链霉素、灭菌生理盐水、石蜡或胶布等。

【实验步骤】

（一）鸡胚的选择和孵育

将 1 日龄鸡胚置于温度为 37.5 ℃（最低 36 ℃，最高 38.5 ℃）的孵化箱或恒温箱中孵化，空气相对湿度为 45%～60%。孵育 3 d 后每天应翻蛋 2～3 次，以保证气体交换均匀，鸡胚发育正常。孵后第 4 天起用检卵灯对鸡胚进行检视，发育良好的鸡胚血管明显可见，胚体可以活动；未受精鸡胚无血管；死亡鸡胚血管消散呈暗色，且胚体固定一处不动。应及时弃去未受精和死亡的鸡胚。实验室接种用的鸡胚最小是 6 日龄，最大不超过 12 日龄，一般多用 9～10 日龄鸡胚（图 3-5）。

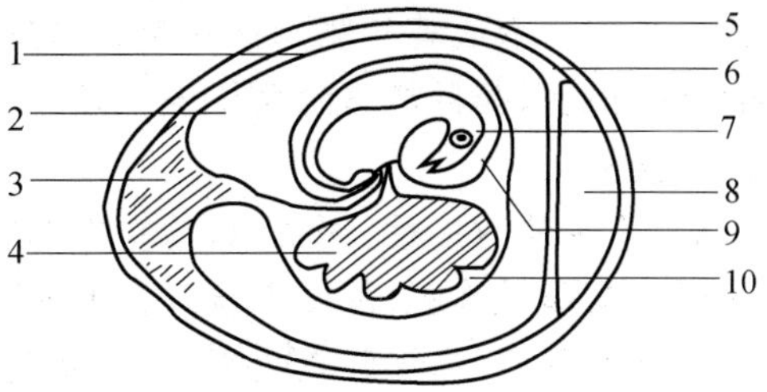

图 3-5　9～10 日龄鸡胚结构示意图

1. 绒毛尿囊膜　2. 尿囊腔　3. 卵白　4. 卵黄囊　5. 卵壳　6. 壳膜　7. 胚胎　8. 气室　9. 羊膜腔　10. 胚内腔

（二）接种前的准备

（1）病料的处理：取 1.0～2.0 g 疑似含 NDV 的鸡内脏组织病料，匀浆研磨后用生理盐水制成 1∶10 悬液；每毫升加入青霉素和链霉素各 1 000～

2 000 IU/mg，置 4 ℃冰箱中处理 4～8 h，以抑制可能污染的细菌；然后经 2 000 r/min 离心 10 min，取上清液作为接种材料。

(2)照蛋：用铅笔标出气室位置，并在气室底边胚胎附近无大血管处标出接种部位。若要做卵黄囊接种或血管注射，还要画出相应部位。

(3)消毒：先后用碘酊和 75%酒精棉球消毒待接种部位的蛋壳表面。

(三)鸡胚的接种

NDV 多采用绒毛尿囊腔接种法。

(1)绒毛尿囊腔接种：选用 9～11 日龄发育良好的鸡胚，气室朝上置于蛋架上，在暗室用照蛋器照视，画出气室、胚胎位置及打孔部位。在所标记的接种部位用经火焰消毒的钢锥钻一个小孔，注意要恰好使蛋壳打通而又不伤及壳膜。用 1 mL 注射器抽取接种物，与蛋壳呈 30°角斜刺入小孔 3～5 mm 达尿囊腔内(图 3-6A)，注入接种物。一般接种量为 0.1～0.2 mL。注射后用熔化的石蜡或消毒胶布封闭注射小孔，气室朝上置于 37 ℃恒温箱中孵育。另有一种接种方法是仅在距气室底端 0.5 cm 处打一小孔，由此孔进针注射接种物(图 3-6B)。

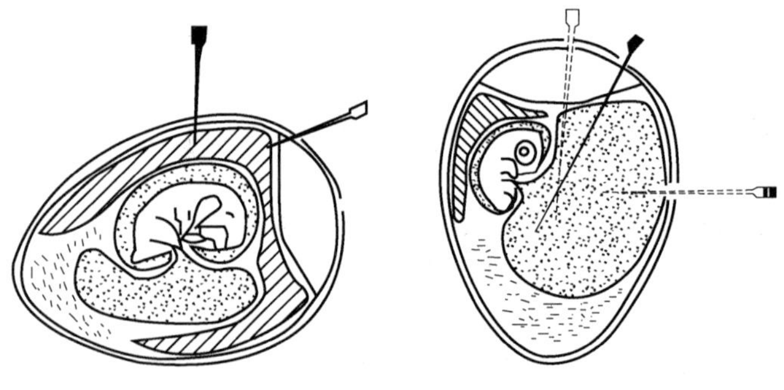

A　　B

图 3-6　绒毛尿囊腔接种的两种途径示意图

(2)绒毛尿囊膜接种：取 9～13 日龄鸡胚，横放在蛋托上，在暗室内用照蛋器照视，画出气室、胚胎位置及打孔部位。在胚的中上部标记接种部位，用钝头锥子或磨平了尖端的螺丝钉轻轻钻开一个小孔，以刚刚钻破蛋壳而不伤及壳膜为佳，再用消毒针头小心挑开膜壳，但勿伤及壳膜下的绒毛尿囊膜。壳膜白色、柔韧、无血管，绒毛尿囊膜薄而透明，血管丰富，可以此区别。另外在气室处钻一小孔，以针尖刺破壳膜后用洗耳球紧靠小孔，轻轻一吸，使第一个小孔处的绒毛尿囊膜陷下成一小凹陷，即形成人工气室。用注射器将接种物滴在人工气室中，然后用石蜡封住人工气室和天然气室小孔，孵化时人工气室朝上。

(3)卵黄囊内接种：取 6～8 日龄鸡胚，在暗室用照蛋器照视，画出气室、胚胎位置及打孔部位。从气室顶部或鸡胚侧面钻一个孔，将注射器针头插入卵黄囊接种。侧面接种不易伤鸡胚，但针头拔出后，接种液有时会外溢。接种时的钻孔、接种量，接种后的封闭方法等均同绒毛尿囊腔内接种法。

(4)羊膜腔内接种：用 10 日龄左右鸡胚仿照绒毛尿囊腔内接种法开孔，然后在照蛋器下将注射器针头刺入鸡胚，深度以接近但不刺到鸡胚为度，因为包围鸡胚外面的就是羊膜腔。用石蜡封闭接种孔后，将鸡胚直立孵化，气室朝上。

(5)静脉接种：取 12～13 日龄的鸡胚，在照蛋器下标出血管位置，消毒后用钢锥小心钻开蛋壳，但不伤及壳膜。滴灭菌液状石蜡少许，以提高壳膜透明度，并在照蛋器的照明下用细小针头进行静脉接种，注射量在 0.1 mL 以内。注射后会有少许出血，当即用蜡或无菌胶布封住。

（四）接种后的检查

接种后每天检查3～4次。接种后24 h内死亡的鸡胚多数是由于鸡胚受损或污染细菌引起，一般弃去。但有些病原微生物（如高致病力禽流感病毒）也可能会在短时间内引起鸡胚死亡，这时应对可疑尿囊液做进一步鉴定。

（五）鸡胚材料的收获

收获前应将鸡胚于4 ℃放置6 h或过夜，使血液凝固，以免收获时流出的红细胞与尿囊液或羊水中的病毒发生凝集，影响实验结果。然后用碘酒、酒精棉球消毒气室部位，去除蛋壳和壳膜，撕破绒毛尿囊膜而不破坏羊膜。用灭菌镊子轻轻按住胚胎，以灭菌吸管或注射器吸取尿囊液装入灭菌容器内，多时可收到5～8 mL。收集的液体应清亮，浑浊则往往表示有细菌污染，需做菌检。如有少量血液混入，可以1 500 r/min离心10 min，重新收获上清液。

对于羊膜腔内接种者，应先按照上述方法收集完绒毛尿囊液后再用注射器插入羊膜腔内收集羊水，一般可获得1 mL左右。对于卵黄囊内接种者则在收集完绒毛尿囊液和羊水的基础上，用吸管收集卵黄液。所有收集到的材料通过无菌检查后置于－70 ℃贮存备用。

（六）病毒鉴定

对分离的可疑病毒材料可用血凝试验（HA）和血凝抑制试验（HI）、中和试验、空斑减数试验及荧光抗体技术等方法加以鉴定。下面以NDV为例，介绍血凝试验和血凝抑制试验的操作过程。

1. 血凝试验

第一步，在96孔V形微量反应板上，自左至右各孔加入50 μL生理盐水。

第二步，于左侧第1孔加50 μL上述收获的鸡胚尿囊液，用移液器反复吹吸3次混匀，吸出50 μL移至第2孔；反复吹吸3次混匀，再吸出50 μL移至第3孔；依此类推进行倍比稀释，直至第11孔，从第11孔吸出50 μL弃去。病毒稀释度，第1孔为1∶2，第2孔为1∶4，第3孔为1∶8……第11孔为1∶2 048。第12孔为对照。

第三步，每孔加入0.5％鸡红细胞悬液50 μL，置于振荡器中速振荡1 min，使红细胞与病毒充分混合，于37 ℃恒温箱中感作30 min，待对照红细胞沉淀后即可观察结果。

结果判定：按照表3-2的标准对血凝试验的结果进行判读。以100％凝集（红细胞呈颗粒性伞状凝集铺于孔底）的病毒最大稀释孔为该病毒血凝价，即1个凝集单位。

表3-2　血凝试验结果判读标准

类别	孔底所见	结果
1	红细胞全部凝集，均匀铺于孔底，即100％红细胞凝集	＋＋＋＋
2	红细胞凝集基本同上，但孔底有大圈	＋＋＋
3	红细胞于孔底形成中等大的圈，四周有小凝块	＋＋
4	红细胞于孔底形成小圆点，四周有少许凝集块	＋
5	红细胞于孔底呈小圆点，边缘光滑整齐，即红细胞完全不凝集	－

2. 血凝抑制试验

第一步，根据 HA 试验结果，确定病毒的血凝价，配成 4 个血凝单位的病毒液。例如，某抗原的血凝效价为 1∶256，则 4 个血凝单位为 256/4=64(即 1∶64)。

第二步，在 96 孔 V 形微量反应板上，自第 1 孔至第 10 孔各加 50 μL 生理盐水。第 1 孔加新城疫标准阳性血清 50 μL，反复吹吸 3 次混匀，吸出 50 μL 移至第 2 孔；反复吹吸 3 次混匀，吸出 50 μL 移至第 3 孔；依此类推进行倍比稀释至第 10 孔，从第 10 孔吸出 50 μL 弃去。如此稀释后血清浓度第 1 孔为 1∶2，第 2 孔为 1∶4，第 3 孔为 1∶8……第 10 孔为 1∶1 024。

第三步，自第 1 孔至第 11 孔各加 50 μL 新鲜配制的 4 单位病毒液，第 12 孔加 50 μL 生理盐水振荡混匀，于 37 ℃恒温箱感作 30 min。

第四步，每孔加入 0.5%鸡红细胞悬液 50 μL，置于振荡器中速振荡 1 min，于 37 ℃恒温箱感作 30 min，待第 11 孔的 4 单位病毒已凝集红细胞即可观察结果。

结果判定：将血凝板倾斜 70°，凡沉淀于孔底的红细胞沿倾斜面向下呈线状流动，呈现与红细胞对照孔一样者为完全不凝集孔。出现完全不凝集的血清最高稀释度为该被检血清血凝抑制效价。对于具有凝集红细胞活性的鸡胚分离物，如果其血凝活性能够被新城疫标准阳性血清所抑制，则可判定为新城疫病毒。

【注意事项】

(1)病料处理、鸡胚接种、收获等都应严格无菌操作。

(2)血凝试验、血凝抑制试验中，病毒稀释时必须准确。吹吸混匀时，勿过度用力，以免病毒样吸附到移液器顶端，影响病毒或血清的稀释度。

【实验报告】

(一)实验结果

(1)简述鸡胚接种含有 NDV 的病料后，其死亡胚体的病变特征。

(2)通过实验得出所分离病毒的血凝滴度、血凝抑制滴度。

(二)思考题

(1)试述影响鸡胚病毒增殖的因素。

(2)试述新城疫病毒的检测手段。

三、病毒的细胞培养

【目的要求】

(1)掌握原代细胞和传代细胞培养的基本操作过程及培养细胞的观察方法。

(2)学会用培养细胞分离、繁殖病毒的方法及细胞病变的观察方法。

【基本原理】

细胞培养是指模拟机体内生理条件，将细胞从机体中取出，在人工条件下使其生存、生长、繁殖和传代。细胞培养技术是病毒学研究中的重要手段，是进行病毒性疾病诊断及疫苗研制、生产过程中的重要工具。细胞培养分为原代细胞培养与传代细胞培养。在实际应用中，常将离体细胞前几代的培养物均作为原代培养物，传代次数较多，细胞就会衰亡。原代培养的细胞离体时间短，性状与体内相似，适于做病毒的分离和药物敏感性方面的实验。

传代细胞既可以直接从肿瘤组织中获得，也可以通过人工驯化获得。原代细胞经过一系列传代，产生变异转化为能连续培养的传代细胞。传代细胞在培养容器中生长达到一定数量后，为使细胞能继续生长，同时也为扩大细胞数量，会将细胞转移至新的容器里，这一过程称为细胞传代。传代细胞随时可获得，容易培养，生长迅速、均匀，各次传代的细胞性质较稳定，但对病毒的适应性稍差于原代细胞。常用的动物传代细胞种类较多，如 PK-15（猪肾细胞）、IBRS-2（猪肾细胞）、Vero（非洲绿猴肾细胞）、Marc-145（猴肾细胞）、BHK-21（仓鼠肾细胞）、CHO（中国仓鼠卵巢细胞）、MDCK（幼犬肾细胞）、293（人胚肾细胞）、Hela（人宫颈癌细胞）等。

【器材准备】

（1）鸡胚和细胞：9～11 日龄 SPF 鸡胚、PK-15 或 IBRS-2 细胞。

（2）病毒：猪伪狂犬病病毒（*Pseudorabies virus*，PRV）疫苗株。

（3）器材与仪器：细胞培养瓶（皿）、储液瓶、离心管、吸管、移液管、冻存管、剪刀、镊子、烧杯、锥形瓶、细胞计数板、酒精灯、碘酒、棉球、研磨器、低温离心机、水浴锅、二氧化碳培养箱、超净工作台与倒置显微镜等。细胞培养对于玻璃器皿洗涤要求严格，彻底洗涤后用蒸馏水冲洗，再用三蒸水冲洗，干燥灭菌后备用。其他用于细胞培养的塑料及金属器具均需灭菌后备用。

（4）试剂：MEM 培养液、D-Hank's 液或 PBS、0.25%胰蛋白酶溶液、0.25%胰蛋白酶-EDTA 消化液、新生牛血清、双抗（青霉素、链霉素）液、7.5% $NaHCO_3$ 溶液、二甲基亚砜（DMSO）等。

【实验步骤】

（一）原代细胞的培养

以鸡胚成纤维细胞的制备为例。

（1）取胚：选取 9～11 日龄 SPF 鸡胚，气室端朝上直立于卵架上，相继用碘酒、酒精消毒气室外壳。用镊子从气室端打开卵壳，撕开壳膜和绒毛尿囊膜，再用弯头小镊子轻轻取出鸡胚，放入预先盛有无菌 PBS（或 D-Hank's 液，下同）的平皿中。

（2）组织处理：用两只小镊子去除鸡胚的头、爪和内脏，将余下的胚体用 PBS 冲洗 2～3 次，再将其移入小的三角锥瓶中，用剪刀剪碎鸡胚，使其成为约 1 mm^3 大小的碎块。

（3）消化：用 PBS 充分冲洗组织碎块 2～3 次，按组织块量的 3～5 倍量加入胰蛋白酶溶液，一般一个鸡胚需 2～3 mL 胰蛋白酶溶液；加塞后置于 37 ℃水浴消化 10～15 min，每隔 5 min 轻轻摇动一次，组织块聚集成团，此时再轻摇，若见组织块悬浮在液体内而不易下沉时，则中止消化；轻轻吸去上层消化液，加入含有 10%新生牛血清的 MEM 培养液，用吸管反复吹打，使细胞分散；自然沉降片刻，将上层分散的细胞悬液通过 100 目细胞筛网或 4～6 层无菌纱布过滤到细胞培养瓶中。过滤截留的未消化完全的鸡胚碎块还可重复消化 1～2 次，再收集细胞悬液。

（4）细胞计数：取细胞悬液，用血细胞计数板计数细胞总数。计算公式为：细胞总数＝（4 个大格细胞总数×10^4/4）×稀释倍数。

（5）分装培养：将细胞悬液稀释到 10^6 个细胞/mL，分装到细胞培养瓶（皿），置于 37 ℃、5% CO_2 培养箱中培养，逐日观察细胞生长情况，待 2～3 d 后细胞长成单层，即可用于病毒接种试验。

(二)传代细胞的培养

以 IBRS-2 细胞的制备为例。

(1)细胞的复苏:从液氮容器中取出装有 IBRS-2 细胞的冻存管,直接浸入 37 ℃温水中,轻轻摇动使其在 1 min 内融化;打开冻存管,用移液管吸出细胞悬液,加到预先已加入 5～10 倍量 37 ℃预温培养液的离心管中,混匀,以 1 000 r/min 离心 5 min;弃去上清液,加入含 10%新生牛血清的培养液重悬细胞,计数,调整细胞密度,接种培养瓶,于 37 ℃、5% CO_2 培养箱中静置培养,待细胞长成单层后再传代。

(2)细胞的传代:取刚好长满单层的 IBRS-2 细胞,吸弃培养瓶内的培养液,用 D-Hank's 液洗 2～3 次;加入约 1/5 培养液体积的 0.25%胰酶-EDTA 消化液,轻轻摇动培养瓶,使消化液布满所有细胞表面。于 37 ℃或室温下作用 2～5 min,置显微镜下观察细胞单层,若发现细胞收缩变圆,间隙增大,可终止消化;吸弃消化液,加入适量含 10%新生牛血清的 MEM 培养液,轻轻吹打瓶壁细胞,待细胞从瓶壁上脱落形成细胞悬液后,按 1∶(2～5)的比例分装于新的培养瓶,补足培养液,置 37 ℃、5% CO_2 培养箱中静置培养。

(3)细胞的换液:当细胞经过一定时间(48～72 h)的生长后,由于细胞数量过少,培养液 pH 变化,血清营养物质消耗,不适于细胞生长,故需要给细胞更换新的培养液。吸弃旧的培养液,加入 PBS 洗 1～2 次(根据细胞状态,可省略);加入足量新的培养液,置 37 ℃、5% CO_2 培养箱中静置培养。

(4)细胞生长状况的观察:应每日观察细胞 1 次,及时了解细胞形态、数量、培养液 pH 及是否污染等情况,以方便及时采取相应的处理。生长状况的观察又分为肉眼观察和显微镜观察。

肉眼观察:主要观察培养液颜色和透明度的变化。正常 pH 的培养液为桃红色,颜色变浅变黄,说明 pH 下降,一般为细胞正常生长的表现;颜色变粉红,表明 pH 升高,一般为细胞生长不良或死亡细胞数偏多。正常培养液清亮透明,若出现浑浊不透明,表明细胞已经有微生物污染。

显微镜观察:在倒置显微镜下检查细胞,生长良好的细胞透明度大,折光性强,细胞膜清晰;细胞生长不良时,折光性减弱,细胞质出现空泡、脂肪滴或颗粒样物质,严重时细胞从瓶壁脱落。发生微生物污染时,可见培养液中漂浮有菌丝或细菌。

(5)细胞的冻存:传代细胞应有充足的冻存储备,一是防止细胞因污染等问题造成细胞系的绝种,二是防止细胞因传代次数过多而造成细胞衰老或遗传性状发生变异。细胞的冻存可分以下几步操作:

第一步,预先配制冻存液:10% DMSO+90%新生牛血清,4 ℃冰箱保存预冷。

第二步,选取对数生长期的细胞,用常规传代方法将细胞制成悬液并计数,以 800～1 000 r/min 离心 5 min,弃上清液。

第三步,用细胞冻存液将沉淀重悬,调整细胞密度至 $1\times10^6\sim10^7$ 个/mL,分装于冻存管,密封后标记冻存细胞的名称、代次及冻存日期。

第四步,将冻存管置于 4 ℃放置 1 h,然后移入−20 ℃恒温箱中保存 2 h,再转移至−80 ℃恒温箱中过夜后,再放入液氮罐中长期保存。亦可使用计算机控制的程序降温仪,设计好冻存速率，一般为最初每分钟下降 1～2 ℃；当温度达到 −25 ℃时，可调整下降速度为每分钟 5～10 ℃，再放入液氮罐中长期保存。

（三）病毒的细胞培养

以猪伪狂犬病病毒（PRV）接种 IBRS-2 细胞为例。

（1）病料处理：采集疑似感染 PRV 的病料组织（如脑、心、肝、脾、肺、肾、扁桃体等）用于病毒的分离，以脑组织和扁桃体为最佳。另外，鼻咽分泌物也可用于病毒的分离。上述病料用含青霉素（终浓度 2 000 IU/mL）、链霉素（终浓度 2 000 μg/mL）的 MEM 培养液做 1∶10 研磨，4 ℃过夜，以 3 000 r/min 离心 30 min，上清液经 0.22 μm 的滤膜过滤除菌，备用。

在接种后 24～72 h 内可出现典型的细胞病变。若初次接种无细胞病变，可盲传 3 代。不具备细胞培养条件时，可将处理的病料接种家兔或小鼠，根据家兔或小鼠的临诊表现做出判定，但小鼠不如家兔敏感。分离到病毒后再用标准阳性血清做中和试验，以确诊本病。

（2）病毒接种：病毒标本液可稀释成多个浓度（如 1∶2，1∶4，1∶8 等），以利于病毒分离。已知病毒液可以根据原测定的毒价进行一定倍数稀释。取接近长满单层的 IBRS-2 细胞，吸弃上清液，加入已稀释到适当浓度的 PRV 病毒悬液，以刚覆盖过单层细胞为宜。37 ℃感作 30～60 min 后，弃去病毒悬液，加入适量的含 1%～2%新生牛血清的 MEM 培养液，置 37 ℃、5% CO_2 恒温箱中培养。每日观察细胞 1～2 次。分离病毒时需设立正常细胞对照，以细胞维持液吸附细胞。

（3）细胞病变（cytopathic effect，CPE）观察：病毒感染的细胞可以表现出几种不同的 CPE，如细胞圆缩、聚合，细胞融合形成合胞体，以及细胞中有空泡形成等。PRV 感染 IBRS-2 细胞 24 h 后出现病变，细胞肿胀变圆，开始呈散在的灶状；48 h 后逐渐扩展，直至全部细胞圆缩脱落，同时有大量多核巨细胞形成。待细胞出现 80% CPE 时，收集培养物，反复冻融 3 次，直接用于病毒鉴定或置于 −70 ℃冻存备用。PRV 在初次分离时可能不出现 CPE 或 CPE 不明显，可维持培养 5～7 d 后，收集细胞，再盲传 3～5 代。

【注意事项】

（1）细胞培养用水的最低要求应为玻璃蒸馏器制备的三蒸水，或纯水仪制备的电阻率达 15MΩ 纯化水，建议现用现制，贮存时间不宜超过 2 周。

（2）所有的溶液都要用三蒸水配制，需要高压蒸汽灭菌或过滤除菌分装后备用；各种试剂要避免反复冻融。所有液体加入细胞瓶前均应预热到 37 ℃。

【实验报告】

（一）实验结果

（1）简述鸡胚成纤维细胞的制备方法，并画出贴壁后的鸡胚成纤维细胞生长图。

（2）简述 IBRS-2 细胞的传代培养过程。

（3）绘制正常 IBRS-2 细胞图及感染 PRV 后的细胞病变图。

（二）思考题

（1）原代细胞和传代细胞在培养方法上有哪些异同点？

(2)根据你的操作经验,试述如何才能避免细胞被污染。

附:细胞培养常用液体的配制

(一)0.4%酚红溶液

称取酚红 0.4 g,置于玻璃研钵中研细,逐渐加入 0.1 mol/L NaOH 溶液,边滴边研至酚红完全溶解,所加 NaOH 溶液的量为 11.28 mL。将配好的酚红液移入烧瓶中,加三蒸水 88.72 mL,4 ℃保存备用。

(二)PBS

此为无 Ca^{2+}、Mg^{2+} 的 PBS,pH 为 7.2。

配方:NaCl 8.5 g、KCl 0.2 g、$Na_2HPO_4 \cdot 12H_2O$ 2.89 g、KH_2PO_4 0.2 g、三蒸水 1 000 mL。

配制:以上成分依次溶于 800 mL 三蒸水内,完全溶解后,调 pH 至 7.2,再补足三蒸水至 1 000 mL;121 ℃高压蒸汽灭菌 15 min,4 ℃保存备用。

(三)胰蛋白酶溶液

配方:胰蛋白酶粉 0.25 g、D-Hank's 液 100 mL。

配制:将胰蛋白酶溶于适量 D-Hank's 液中,再补充 D-Hank's 液至 100 mL,充分搅拌至完全溶解后,置 4 ℃冰箱中过夜,再过滤除菌,分装小瓶,保存于−20 ℃。

(四)胰蛋白酶-EDTA 消化液

配方:胰蛋白酶粉 0.25 g、EDTA 0.02 g。

配制:将上述两种试剂溶于适量 D-Hank's 液(或 PBS)中,再补充 D-Hank's 液至 100 mL,充分搅拌至完全溶解后,置 4 ℃冰箱中过夜,再过滤除菌,分装小瓶,保存于−20 ℃。

(五)7.5%$NaHCO_3$ 溶液

称取 7.5 g $NaHCO_3$,加三蒸水 100 mL 至完全溶解后,高压蒸汽灭菌或过滤除菌,密封后置 4 ℃冰箱中保存。也可配制 5.6%和 3.7%的 $NaHCO_3$ 溶液备用。

(六)青霉素、链霉素(双抗)溶液

配方:青霉素 100 万 IU、链霉素 100 万 μg、三蒸水 100 mL。

配制:用三蒸水溶解上述注射用抗生素,分装小瓶,−20 ℃保存备用。使用终浓度为青霉素 100 IU/mL、链霉素 100 μg/mL。

实验 12　病毒滴度的测定与一步生长曲线的绘制

(Measurement of Virus Titre and Drawing of One-step Growth Curve)

【目的要求】

(1)了解定性和定量检测病毒的区别及应用范围。

(2)掌握几种常用的病毒滴度检测方法。

(3)掌握病毒一步生长曲线绘制的方法。

【基本原理】

(一)病毒滴度的测定

测定具有感染性的病毒含量,可通过用不同稀释度的病毒溶液感染细胞、鸡胚或实验动物,观察其感染及死亡情况来衡量。在细胞层次衡量病毒滴度(效价)常用组织细胞半数感染量($TCID_{50}$)和蚀斑形成单位(PFU),有血凝活性的病毒还可使用红细胞凝集试验测定其血凝效价。蚀斑技术是将 10 倍梯度稀释的病毒样品接种于敏感的单层细胞,吸附一定时间,在细胞上覆盖一层含营养液的固体介质(如琼脂糖、甲基纤维等),以防止子代病毒通过营养液扩散。当一个病毒在最初感染的细胞内增殖后,由于固体介质的限制,其只能在细胞间传递,进而感染和破坏邻近的细胞。经过一段时间的培养,原先感染病毒的细胞及病毒扩散的周围细胞会形成一个肉眼可见的细胞死亡区域,直径为 1～2 mm 或 3～4 mm,称为空斑或蚀斑。理论上,一个病毒粒子可以形成一个蚀斑,因此病毒溶液的效价便可用 PFU 表示。

(二)病毒一步生长曲线的绘制

病毒必须在活的细胞中进行生命活动。病毒复制周期是指病毒从进入细胞到子代病毒产生的过程。病毒复制周期的长短与病毒的种类有关,多数病毒复制周期需要 24 h 以上。利用细胞培养研究病毒复制周期时,在病毒感染细胞后不同时期,分别测定感染性病毒数量,直到细胞死亡。若以时间为横坐标,病毒数量为纵坐标,即获得病毒复制周期的生长曲线。通过绘制病毒生长曲线,可了解病毒在不同细胞中的增殖规律,有助于选择敏感细胞,同时也为收获病毒确定最适时间。

【器材准备】

(1)病毒溶液、鸡胚、动物或组织细胞培养物,细胞培养液,胎牛血清,中性红,营养琼脂糖,生理盐水,双抗,胰酶,红细胞,病毒特异性引物。

(2)试管,吸管或微量加样器,冰盘,光学显微镜,细胞计数板,96 孔细胞培养板,照蛋灯,铅笔,酒精灯,医用胶布,24 孔细胞培养板,弯头吸管,V 形微量反应板,荧光定量 PCR 仪。

【实验步骤】

(一)病毒滴度的测定

(1)半数致死量(LD_{50})的终点滴定:将病毒悬液进行10倍稀释,即将5支无菌试管排列于试管架上,置于冰盘中;每管加入1.8 mL稀释液,另吸取病毒原液0.2 mL,加入第1管内,混匀,此即为10^{-1}倍病毒稀释液,弃去此吸管或吸头;另取一吸管或吸头,取0.2 mL加入另一只含有1.8 mL病毒稀释液的试管中,混匀后即为10^{-2}倍病毒稀释液,同样方法稀释成10^{-3}、10^{-4}……病毒稀释液。将所得各稀释度的病毒感染鸡胚或动物,由最高稀释度开始,每个稀释度接种4~6个鸡胚或活体动物。观察记录鸡胚、动物死亡或病变情况,并计算各稀释度死亡百分率。

(2)组织细胞半数感染量($TCID_{50}$)滴定:在青霉素瓶或离心管中将病毒液用维持液做10倍系列稀释(10^{-1}~10^{-10})。每次稀释更换吸管或吸头,以防止病毒滴度后延。将长成单层细胞的培养液倒掉,接种系列稀释的病毒液,每一稀释度接种一纵排共8孔(每个稀释度至少4个复孔,接种孔数越多,最后计算出的滴度越精确),每孔接种100 μL。在每孔中加入细胞悬液100 μL,使细胞量达到$(2\sim3)\times10^5$个/mL。设立正常细胞对照,正常细胞对照做两纵排。37 ℃、5% CO_2温箱孵育,每天观察并记录出现CPE的孔数。当细胞病变不再发展时,用Reed-Muench或Karber公式计算病毒滴度。表3-3为某病毒引起细胞出现CPE的统计表。

表3-3 CPE统计表

病毒稀释度	CPE孔数	无CPE孔数	累计		出现CPE百分比/%	比率
			CPE总数	无CPE总数		
10^{-1}	8	0	27	0	100	27/27
10^{-2}	8	0	19	0	100	19/19
10^{-3}	7	1	11	1	91.6	11/12
10^{-4}	3	5	4	6	40	4/10
10^{-5}	1	7	1	13	0.7	1/14
10^{-6}	0	8	0	21	0	0/21

Reed-Muench计算方法:①记录各病毒稀释度出现CPE孔数和无CPE孔数;②累计CPE总数是由下向上累加,累计无CPE孔总数是由上向下累加;③出现CPE孔数百分比=比率×100=[CPE总数/(CPE总数+无CPE总数)]×100%;④计算距离比:距离比例=(CPE孔数大于50%的百分比−50)/(CPE孔数大于50%的百分比−CPE孔数小于50%的百分比),如距离比例=(91.6−50/91.6−40)=0.8;⑤$TCID_{50}$的对数=距离比例×稀释度的对数+大于50% CPE稀释度的对数,如$TCID_{50}=0.8\times(-1)+(-3)=-3.8$,即$TCID_{50}=10^{-3.8}/100$ μL。其含义是将该病毒液稀释$10^{-3.8}$,接种100 μL可使50%的细胞发生病变。

Karber计算方法:$TCID_{50}$的对数$=L-D(S-0.5)L$。其中,L表示最高稀释度的对数,D表示稀释度对数之间的差,S表示阳性孔比率总和。如表3-3中,$TCID_{50}$的对数$=L-D(S-0.5)L=-1-1\times(3.375-0.5)=-3.875$。$TCID_{50}=10^{-3.875}/0.1$ μL。

(3)鸡胚半数感染量(EID_{50})的测定:对于感染鸡胚的病毒,EID_{50}也可以作为病毒滴度的衡量指标。

操作方法：使用 9～11 日龄鸡胚，用照蛋灯检测，标记鸡胚的气室与尿囊腔的界限、胚胎的位置。将新城疫病毒储存液用 PBS 进行 10 倍系列稀释（如 10^{-1}～10^{-11}）。用 75%酒精消毒鸡胚，在气室端钻孔。每枚鸡胚尿囊腔接种 0.1 mL 病毒稀释液，每个稀释度接种 4 枚鸡胚。用消毒过的医用胶布或融化的石蜡封口。37 ℃恒温箱培养，每天检查鸡胚生长情况。24 h 内死亡的鸡胚不是由病毒造成死亡的，弃去。收获病毒尿囊液进行红细胞凝集（HA）滴定。

结果判定：根据 Reed-Muench 方法，距离比例＝（大于 50%的阳性百分比－50）/（大于 50%的阳性百分比－小于 50%的阳性百分比），EID_{50}的对数＝大于 50%的阳性百分比的最高稀释对数＋距离比例×稀释系数的对数。

例如，大于 50%的阳性百分比最高稀释度是 10^{-6}，log 稀释值就是－6。如果以 10 倍稀释（10^{-1}），那么稀释系数为－1。距离比例＝（66.7%－50%）/（66.7%－14.3%）＝0.3，EID_{50}的对数＝（－6）＋0.3×（－1）＝－6.3，即 $EID_{50}=10^{-6.3}/0.1$ mL，其含义是将该病毒液稀释 $10^{-6.3}$倍，接种 100 μL 可使 50%的鸡胚发生感染。病毒原液的鸡胚半数感染量为 $10^{-6.3}$/0.1 mL，即 $10^{-7.3}$/mL。

（4）单层细胞蚀斑法：可用于病毒克隆化（挑斑）以及病毒毒力的滴定。

第一步，将敏感细胞在培养瓶、平皿或 24 孔培养板内培养成单层。蚀斑实验时的细胞接种量要大，通常为每毫升（2～4）×10^6 个细胞。

第二步，倾弃或吸弃营养液，加入洗液冲洗单层细胞，或加入不含血清的维持液，37 ℃浸泡 1 h 后倾弃，吸去脱落的死亡细胞，并洗去细胞中残留的血清，以减少血清对某些病毒可能有的非特异性抑制作用。

第三步，以不含血清的维持液将病毒液做连续 10 倍稀释，选择适当稀释度的病毒悬液接种培养瓶或孔内的单层细胞，接种量为原营养液的 1/20～1/10，每个稀释度至少接种 3 瓶（或孔）。置 37 ℃作用 1～2 h，使病毒充分吸附。某些病毒的吸附较慢，可将吸附时间延长到 2 h 以上。吸附完毕后，吸出病毒液。

第四步，取含中性红的营养琼脂糖（低熔点），融化后降温至 43～45 ℃，注入细胞培养瓶内无细胞的一面，再将培养瓶缓慢反转，使营养琼脂糖覆盖在细胞表面，厚度约 2 mm，以不超过 3 mm 为宜。平放 30～60 min，待琼脂糖凝固，随后置于 37 ℃继续培养。由于中性红遇光时产生对病毒呈现毒性作用的物质，故将中性红营养琼脂糖注入细胞培养瓶后，应立即用黑纸或黑布盖住，置 37 ℃培养时也要放在暗匣内避光。此后逐日观察一次细胞以及出斑情况。对出斑时间较迟和对中性红敏感的病毒，覆盖层中不加中性红，而是根据病毒的出斑时间，在培养后的适当时机，单独应用中性红溶液染色，同样能获得轮廓清晰、形态规整的蚀斑。

第五步，在培养瓶内出现清晰的空斑时，即可挑斑。最好挑空斑数较少、各斑间距离不小于 10 mm 的培养瓶。先在选定空斑部位的瓶壁上做好标记，随后应用带橡皮乳头的弯头吸管直接连同琼脂糖一起吸取选定的空斑。如果是平皿内的空斑，则可直接用吸管吸取。将吸取的空斑琼脂糖放入 0.5～1 mL 营养液内，反复冻融 3 次，使病毒充分释放，用于接种敏感细胞。待病毒充分增殖后，再做下一轮的空斑纯化，并挑斑。

例如，在接种 0.2 mL 某稀释度病毒悬液的细胞瓶中出现蚀斑平均数为 36 个，则每毫升该稀释度病毒悬液的蚀斑形成单位就是 1÷0.2×36＝180（个），亦即 180PFU/mL。如果稀释度是 10^{-6}，空斑平均数为 40 个，则结果为 40×10^6PFU/0.1 mL，即该病毒原液的蚀斑形成单位为 10×40×10^6PFU/mL＝4×10^8PFU/mL。感染性滴度的单位一般表示为 PFU/mL。

(5)悬浮细胞蚀斑法：本法主要用于不能增殖的细胞，如血液或腹腔巨噬细胞等，但也可用于其他可以分裂增殖的细胞；不宜用于大型病毒，因为这类病毒在琼脂糖中不易扩散。其具体步骤为：①先在培养瓶或平皿底部覆盖一层营养琼脂糖，使其形成 2 mm 厚的底层，待其凝固；②根据细胞种类，用无血清维持液稀释成适当浓度的细胞悬液。Vero 细胞和 BHK 细胞可用 6×10^{6} 个/mL 的浓度，原代仓鼠肾、鸡胚成纤维细胞和巨噬细胞可用 1×10^{7} 个/mL 的浓度；③吸取上述细胞悬液，置灭菌试管中，每管 1.6 mL，再加入无血清维持液稀释的病毒悬液 0.4 mL(例如 $10^{-3}\sim10^{-8}$)，每个稀释度最少接种 3 管；④充分振荡混合后置 37 ℃恒温箱内感作 30 min，并定期振荡；⑤每管加入等量(2 mL)的 43～45 ℃营养琼脂糖，迅速混匀后倒入培养瓶(10 mL)内的底层琼脂上，平放待其凝固；⑥根据不同病毒可能的出斑时间，3～4 d 或更长一些时间后加入 4～5 mL 0.01%中性红溶液，37 ℃感作 1 h；⑦吸弃多余的中性红溶液，观察蚀斑。如果还未出斑，可将培养瓶继续置于暗匣内培养，直至出现清晰的蚀斑。

悬浮细胞蚀斑法也可在 24 孔细胞培养板上进行。

(6)红细胞凝集试验(血凝试验)测定病毒滴度的操作方法如下：根据所用的红细胞种类选用适当的微量板(本实验选用 V 形微量反应板)。将微量板横向放置，垂直方向称列，如孔 A1～H1 称为第 1 列；平行方向称行，如 A1～A12 称为 A 行。标记好待检病毒液的实验室编号及加样顺序。在加样槽中吸取 25 μL PBS，加入微量板的第 2 列，依次加至最后一列；第 1 列相对应的孔内加入 2 倍连续稀释的待检病毒液 50 μL，最后的 H1 孔内加 50 μL PBS 作为将来只加入红细胞的对照孔；从第一列的各孔分别取 25 μL 病毒液，加到第 2 列的相应的各孔，混匀数次，依次做倍比稀释至第 12 列，最后一列每孔弃去 25 μL 液体；每孔加入 25 μL 1%未免疫健康鸡红细胞悬液，轻弹微量板，使红细胞与病毒充分混合；室温孵育 30 min 左右观察结果。具体操作过程见表 3-4。

表 3-4　血凝试验操作过程表

项　目	试管号								
	1	2	3	4	5	6	7	8	9
病毒稀释倍数	1∶10	1∶20	1∶40	1∶80	1∶160	1∶320	1∶640	1∶1 280	红细胞对照
稀释液/μL	25	25	25	25	25	25	25	25	25
血凝素/μL	25 ↘	25 ↘	25 ↘	25 ↘	25 ↘	25 ↘	25 ↘	25 ↘	弃 25
1%鸡红细胞/μL	25	25	25	25	25	25	25	25	25
感作	置振荡器上混匀 1 min，37 ℃静置 30 min								
结果判定	++++	++++	++++	++++	++++	++++	++	—	—

结果判定方法：

—：表示无红细胞凝集，红细胞全部沉积于管底，呈边缘整齐的圆盘状，与对照孔大小一致；

+：表示 25%红细胞凝集，大部分红细胞沉积于管底，呈致密圆盘状，边缘不清晰；

++：表示 50%红细胞凝集，约一半的红细胞沉积于管底呈圆点，四周有凝集的小块；

+++：表示 75%红细胞凝集，仅 1/4 红细胞沉淀于孔底，形成一个很小的圆点；

++++：完全凝集，红细胞呈网状薄膜平铺于管底。

以能使 100%红细胞发生凝集，即“++++”的病毒的最高稀释倍数作为该病毒血凝效价，该稀释度液体中含有 1 个血凝单位的病毒。

（二）病毒一步生长曲线的绘制

可采用多种试验方法绘制病毒的一步生长曲线，如利用病毒感染细胞后形成 CPE 的特性测定不同时间病毒的 $TCID_{50}$，利用 PCR 技术测定病毒核酸数量等，均可用来绘制病毒的一步生长曲线。

（1）$TCID_{50}$法测定病毒一步生长曲线：测定不同培养时间病毒的 $TCID_{50}$，确定其一步生长曲线。以猪细小病毒（*Porcine parvo virus*，PPV）在 PK-15 细胞上的增殖为例，绘制病毒一步生长曲线。具体步骤如下：

第一步，将 PPV 按 1 000 $TCID_{50}$接种 PK-15 细胞，测定其 $TCID_{50}$。通过倒置显微镜观察，接种病毒后 3 d，待细胞出现明显的 CPE 后，按 Reed-Muench 法计算 $TCID_{50}$。

第二步，将传代消化后的细胞稀释成 $1\times10^5\sim1\times10^6$ 个/mL 之后，按照每孔 0.2 mL 加入 96 孔细胞培养板中；将病毒液进行连续的 10 倍稀释，每个稀释度分别接种 8 孔，0.02 mL/孔，并用生理盐水做阴性对照，置 37 ℃、5% CO_2 培养箱中培养，每天观察细胞病变并记录，每隔 12 h 取上清液，按 Reed-Muench 法计算 $TCID_{50}$，并绘制一步生长曲线。

（2）核酸检测法测定病毒一步生长曲线：按常规细胞培养方法培养 PK-15 细胞，待细胞生长达到 70%时，用 PBS 洗 2 次，并用感染复数（MOI）为 1 的 PPV 接种，37 ℃吸附 90 min，然后用 PBS 清洗未吸附的细胞后，换上含 1%胎牛血清的培养液，继续培养。分别在不同的时间收集上清液及细胞，提取病毒 DNA，纯化的 DNA 溶于 20 μL 无菌水中，贮存于−20 ℃备用。

根据 GenBank 中 PPV 基因全序列，利用 DNA star 软件和 Primer express 软件分析设计出扩增 194 bp 片段的 1 对特异引物及对应探针并合成。

上游引物（P7）：5′-CCAAAAATGCAAACCCCAATA-3′

下游引物（P8）：5′-TCTGGCGGTGTTGGAGTTAAG-3′

探针：5′-FAM CTTGGAGCCGTGGAGCGAGCCTAMRA-3′

制备标准质粒，其浓度用紫外分光光度计定量，按照 10^{-1} 进行倍比稀释至 10^{-9} 拷贝数。以此作为阳性定量标准模板，绘制标准曲线。使用 Opticon 实时荧光定量系统对上清液和细胞中的病毒 DNA 拷贝数进行精确定量，绘制病毒 DNA 增殖曲线。

利用 TaqMan 探针的荧光定量 PCR 技术检测病毒粒 DNA 的拷贝数，可以精确分析病毒在细胞中的复制过程，且可以将其结果与 $TCID_{50}$ 检测结果进行对比，观察结果的一致性。荧光定量 PCR 技术由于定量精确、灵敏性高，且不受感染细胞假阴性的影响，故可以精确地分析病毒在细胞中的增殖及释放的规律，为研究病毒在细胞中的复制规律提供了较好的方法，尤其适用于不引起细胞病变或引起的细胞病变不明显的病毒。

【注意事项】

（1）病毒滴度的测定应结合病毒的特点选择最合适的方法。

（2）$TCID_{50}$检测使用 Reed-Muench 方法进行计算时，应注意 CPE 阳性或阴性的累计方法。

（3）空斑试验应根据病毒的生长特性选择合适的细胞和染料。琼脂糖胶盖是影响出斑的重要因素，低熔点琼脂糖更有利于空斑形成。病毒接种的稀释度与空斑形成数基本成直线关系。由于中性红降解生成物对细胞有毒性作用,所以中性红浓度过高或染色时间过早,都会影响病毒空斑形成。一般终浓度为 0.25%较为合适。

(4)病毒一步生长曲线应结合病毒特点选择 $TCID_{50}$ 检测法或核酸检测法绘制。

【实验报告】

(一)实验结果

(1)按 Reed-Muench 方法计算所检测病毒的 $TCID_{50}$。

(2)根据试验中测定不同时间点的病毒 $TCID_{50}$,绘制病毒一步生长曲线。

(二)思考题

(1)实验室常用测定病毒滴度的方法有哪些?各测定方法特点是什么?

(2)什么是病毒一步生长曲线?如何绘制病毒的一步生长曲线?

实验 13　病毒的致病性实验

(Viral Pathogenicity Test)

【目的要求】

(1)掌握细胞培养的基本操作及细胞的观察方法。

(2)掌握病毒接种及收获的方法。

(3)掌握病毒致病性的测定方法。

【基本原理】

病毒是严格的细胞内寄生性微生物,只有接种到活的细胞培养物、禽胚或动物中才能进行相关的培养与研究。病毒可通过垂直传播和水平传播两个途径感染宿主,有些宿主被感染后,胞内病毒并不大量增殖或病毒的致病性较弱,因此无临床症状;有些宿主则表现为急性感染或持续性感染。病毒对宿主的影响有很多方面,主要表现如下:

(1)杀细胞效应。病毒在细胞内大量增殖,干扰或阻断宿主细胞核酸和蛋白质合成,导致细胞代谢紊乱。大部分病毒可使细胞出现病变(如浑浊、肿胀、圆缩等),释放子代病毒破坏细胞或释放溶酶体酶导致细胞自溶或凋亡。

(2)包涵体的形成。部分病毒感染细胞后,可在细胞内形成普通显微镜下观察到的嗜酸性或嗜碱性包涵体,其为圆形或椭圆形或不规则的团块结构。这是被病毒感染的标志之一,有助于鉴定病毒或诊断病毒性传染病(如狂犬病)。

(3)细胞膜的改变。多见于有囊膜的病毒,可引起细胞膜融合形成合胞体,或使细胞膜出现新抗原。

(4)引起细胞转化。逆转录病毒、某些疱疹病毒等病毒能以非裂解方式引起细胞特性的改变,引起细胞转化。

(5)造成免疫抑制或损伤。病毒有较强的免疫原性,能诱导机体产生免疫应答,其结果既可表现为抗病毒的保护作用,也可导致对机体的伤害,如破坏免疫细胞导致免疫抑制、先天免疫耐受或自身免疫病,严重者会导致死亡。

病毒的致病性可以通过用病毒感染组织细胞、鸡胚及实验动物,以观察细胞病理效应、鸡胚或实验动物的感染及死亡情况,来进行检测和评估。

【实验步骤】

(一)细胞培养的基本操作及细胞的观察方法

1. 材料准备

(1)0.05%胰酶配制(1 000 mL)

①将 0.5 g 胰酶溶解于 500 mL 超纯水中,再加入乙二胺四乙酸(EDTA)0.2 g。

②将 8 g NaCl,0.4 g KCl,1 g 葡萄糖溶解于 500 mL 超纯水中。

③将①②得到的溶液混合后加入 0.58 g $NaHCO_3$，0.001 g 酚红，溶解后用 0.22 μm 滤膜过滤，−20 ℃保存，使用期间 4 ℃保存。

(2)细胞生长营养液(10%犊牛血清)配制(1 000 mL)

①13.4 g DMEM 粉末，2 g $NaHCO_3$，2.2 g Hepes 溶解于 1 000 mL 超纯水中，用 0.22 μm 滤膜过滤。

②加入 10%犊牛血清，使用期间 4 ℃保存。

(3)细胞维持营养液(2%犊牛血清)配制(1 000 mL)

①13.4 g DMEM 粉末，2 g $NaHCO_3$，2.2 g Hepes 溶解于 1 000 mL 超纯水中，用 0.22 μm 滤膜过滤。

②加入 2%犊牛血清，使用期间 4 ℃保存。

(4)PBS 配制(1 000 mL)

①8 g NaCl，1.15 g Na_2HPO4，0.2 g KH_2PO_4，0.2 g KCl 溶解于 1 000 mL 超纯水中。

②121 ℃灭菌 20 min，常温保存。

2. 实验步骤

以 PK-15 传代细胞的培养为例说明细胞培养的步骤。

(1)复苏细胞

①预先将水浴锅温度调至 37 ℃，离心机温度预冷至 4 ℃。

②从液氮冻存罐中取出 PK-15 细胞，快速放入水浴锅中，缓慢晃动，待全部融化后以 1 000 r/min 4 ℃离心 10 min。

③用 1 mL 细胞生长营养液重悬冻存管中细胞，移入 T25 细胞培养瓶中，补足 5 mL 细胞生长营养液。

④37 ℃、5%CO_2 培养 4 h，倾弃 PK-15 细胞瓶内的生长液至废液缸中，往细胞瓶中加 5 mL 细胞生长营养液，37 ℃、5%CO_2 培养箱中继续培养。

(2)细胞的收获与保存

①原理：细胞的保存采用冻结保存，细胞冻结时，常因细胞内外的水分形成冰晶，导致细胞内发生一系列的变化，如机械性损伤、电解质浓度升高、渗透压改变、脱水、pH 改变、细胞质变性等，从而引起细胞死亡。但是，如果向细胞维持液中加入保护剂(甘油或二甲基亚砜，DMSO)，可使其冰点降低。在缓慢冻结条件下，细胞内水分会在冻结前渗出细胞外。储存在低温条件下(−130 ℃以下)，可减少冰晶的形成。融化细胞的时候，速度要快，使之迅速通过细胞最易受损的−5～0 ℃之后，细胞仍能生长，活力不受损伤。冻存方法有：−70 ℃以下冻存法或−196 ℃液氮冻存法。前面的方法细胞死亡率高，且只能保存几个月；后面的方法细胞死亡率低，能保存数年至数十年或更久。

②要求：为保持细胞最大活力，采用慢冻快融(慢冻：−20 ℃时，每分钟降 1～2 ℃；−25 ℃时，每分钟降 5～10 ℃；−100 ℃可迅速浸入液氮)，保护剂用甘油和二甲基亚砜(10%)加细胞生长液。

③步骤：

a. 选对数生长期细胞，在收获前 24 h 换液 1 次，按常规方法消化细胞。

b. 将吹散的细胞液转移至离心管内，1 000 r/min 4 ℃离心 10 min。

c. 倾弃细胞生长液，加入保存液(细胞生长液＋10%DMSO)，并用吸管吹打细胞，使之散开。

d. 将细胞吸入冻存管，注明细胞的名称和冻存日期。

e. 将冻存管置于泡沫容器内，密封后，置于－20 ℃冰箱 2 h，移入－70 ℃冰箱过夜，再放入液氮容器内保存。

3. 单层细胞的培养

(1)目的

单层细胞培养是研究病毒生物学特性及病毒与细胞相互作用过程的合适模型。单层细胞培养分为原代细胞、继代细胞和传代细胞三个主要类型。本实验的目的在于熟悉单层细胞培养技术和传代方法。

(2)步骤

①在倒置显微镜的低倍镜下观察细胞形态。

②在无菌室或超净台内，倾弃细胞瓶内的细胞生长液至废液缸中。

③对光观察细胞单层，此时可见一层极薄的半透明膜。

④加入 1 mL PBS 后轻轻晃动细胞瓶，洗涤细胞 3 次。

⑤加入已加温至 37 ℃的 0.05％胰酶溶液约 1 mL，使其完全覆盖细胞单层。

⑥将细胞瓶平放于 37 ℃温箱中，消化 2～5 min，当颜色由紫红色变为橘红色时，立即进行下一步。

⑦倾弃细胞瓶内的胰酶至废液缸中。

⑧首先对光观察单层细胞，然后在显微镜下观察。如果细胞变圆或漂浮，即进行步骤⑩。如果单层细胞完全无损且细胞细长，则进行步骤 i。

⑨另加 3 mL 胰酶溶液，消化大约 30 s 后重复步骤 g。

⑩一手持培养瓶，并用另一手掌拍打细胞培养瓶，观察单层细胞是否分离、脱落。如果分离，则进行步骤⑪；如果未分离，则重复步骤⑨。

⑪在细胞分散后，加入约 3 mL 细胞生长营养液(含 5％～10％犊牛血清)，然后用吸管吹打细胞团块数次。

⑫加入细胞生长营养液，使最终细胞悬液达到大约 10 mL。

⑬混匀后，将约 5 mL 细胞悬液移到另一培养瓶内，剩余的悬液留在原来的培养瓶内，作传代细胞用。

⑭在培养瓶上写上试验者的名字。置于 37 ℃、5％ CO_2 恒温培养箱中进行培养。

⑮每天观察并记录细胞的生长情况，注意是否污染。

⑯待单层细胞形成后(2～3 d)，倾去培养瓶内的细胞生长营养液，加入 5 mL 细胞维持营养液(含 2％犊牛血清)。

4. 细胞的观察方法

(1)目的

细胞在体外培养过程中需要每天观察，以便及时了解细胞生长状态、形态、数量变化、有无污染，以及培养液是否变色、是否需要更换等。

(2)方法

①肉眼观察：一般常规检查用肉眼即可观察，主要看培养液的颜色和透明度的变化。

大多数细胞适于在 pH 7.2～7.4 条件下生长，低于 pH 6.8 或高于 pH 7.6 对细胞有害，甚至造成细胞退化或死亡。细胞对碱性不如对酸性的变化耐受性高，偏酸的条件比偏碱的环境对细胞生长有利。

随着细胞数量的增多，代谢加强，释放 CO_2 增多，会使 pH 降低。为了维持培养基恒定的 pH，多在培养基中加入磷酸盐等缓冲剂。羟乙基哌嗪乙磺酸对细胞无毒性，也不起缓冲作用，主要作用是防止 pH 迅速变动，在开瓶通气培养或细胞观察时能维持较恒定的 pH。

若培养瓶、瓶塞漏气，使 CO_2 溢出，或者洗刷不净、残留碱性物质，会使培养液变碱发红，进而导致细胞难以生长，甚至死亡。

正常细胞：培养液 pH 7.2～7.4，颜色桃红，清亮透明。

酸性产物：pH 下降，颜色变浅变黄。

污染细胞：浑浊。

②相差显微镜直接观察：活细胞在光线下是透明的，光线通过活细胞时，波长和振幅几乎没有改变，用普通光镜很难看清未经染色的活细胞。为了观察活细胞的结构，需要通过其他途径提高结构的反差。

相差显微镜利用被检物体的光程之差进行镜检，也就是有效地利用光的干涉现象，将人眼不可分辨的相位差变为可分辨的振幅差，即使无色透明的物质也清晰可见，这大大便利了活体细胞的观察，因此相差镜检法广泛应用于活细胞观察。

相差显微镜的基本原理是把透过标本的可见光的光程差变成振幅差，从而提高各种结构间的对比度，使各种结构变得清晰可见。光线透过标本后发生折射，偏离了原来的光路，同时被延迟了 1/4 λ(波长)。如果再增加或减少 1/4 λ，则光程差变为 1/2 λ，两束光合轴后干涉加强，振幅增大或减少，会加大反差。

用相差显微镜可观察活细胞，并可在镜下连续拍摄记录体外培养细胞的活动，如细胞分裂、细胞迁移运动等过程。相差显微镜观察活细胞的步骤如下：

a. 相差显微镜调整：首先调好相位板，使聚光器相位板号与接物镜方法倍数相一致。然后抽出接目镜，再换辅助镜。移动辅助镜筒并调整聚光器相位板，使视野中两个大小一样的光环相互吻合。再重新换上原接目镜，即成相差图像。当更换不同倍数接物镜时，需按上述过程重新调节。

b. 培养瓶(皿)准备：准备观察的培养瓶(皿)要平坦，质地均匀，透光性好，在观察前将培养瓶(皿)面擦净，勿残留任何污迹。

c. 调光：主要调整照明光的照明度和光轴，令视野照明均匀。首先用低倍镜，并把照明灯虹彩光调至最小，使光落于视野中央；如有偏斜，可用聚光器的调整螺旋进行调整；然后打开虹彩光使视野内呈均匀照明强度，并使目的物图像达到最大限度反差为止。

d. 调焦与摄影：较高级的相差显微镜视野中间都有双线“十”字，调焦前先转动目镜使“十”字的双线清晰，然后再用调焦旋钮调节物镜，使观察物清晰。在照相目镜上也要采用同样步骤调焦。摄影目镜与观察目镜焦点不一致时，根据需要调焦。一般照相时以摄影目镜为主，观察时以观察目镜为主。照相时应做好记录，把细胞种类及代数、观察内容、放大倍数、时间等一一记录下来，以备日后检查和对比。

e. 细胞观察：生长在瓶底上的细胞最适宜用倒置相差显微镜观察，而且需附有长焦距聚光器，才能观察较厚的培养瓶(皿)。若用油镜观察细胞微细结构，需用支持物培养法，把细胞培养在长形盖片上，观察时从瓶中取出制成临时标本。方法为：取一大型载物片，再取一块优质滤纸剪成长方窗形，置于载物片上，用吸管向纸框中滴数滴培养基，充满框内空间和浸湿纸框；把生长有细胞的盖片细胞面向上放在纸框中，再辅以大盖片。观察时应不断从标本侧面滴加适量营养液，以防不断蒸发。此法只限于短时间观察细胞之用。

③暗视野显微镜观察活细胞：

a. 原理：暗视野显微镜的特点和明视野显微镜不同，不能直接观察到照明的光线，观察到的是被检物体反射或衍射的光线。因此，视场成为黑暗的背景，被检物体则呈现明亮的像。暗视野的原理是根据光学上的丁道尔现象，微尘在强光直射通过的情况下，人眼不能观察到，这是由于强光绕射造成的。若把光线斜射它，由于光的反射，微粒似乎增大了体积，而被人眼可见。

暗视野观察所需要的特殊附件是暗视野聚光镜。它的作用是不让光束由下至上地通过被检物体，而是将光线路线改变，使其不直接进入物镜，而是斜射向被检物体，利用被检物体表面反射或衍射光形成明亮图像。暗视野观察的分辨率远高于明视野观察。

b. 优点：反差增大，分辨率提高，可观察到 5 nm 的微小质点。

c. 应用：观察活细胞内的细胞核、线粒体，以及细菌、真菌等。

④缩时显微镜摄影观察：优点是可直接记录活细胞的连续动态变化过程，能非常直观地展现细胞生长过程中的动态变化，如细胞运动、分裂、死亡及细胞膜变化等过程。缺点是仪器较昂贵。

(3)观察结果分析

①生长良好的细胞，在显微镜下可观察到细胞透明度大、折光性强、轮廓不清。

②生长状态不良的细胞，可见细胞轮廓增强，折光性变弱；细胞质中出现空泡、脂滴和其他颗粒状物质；细胞之间空隙增大，细胞形态不规则，甚至失去原有细胞的特点，产生圆缩脱落，有时细胞表面及周围出现丝絮状物。

③各种细胞及各代细胞增殖的时间不尽相同。

④原代细胞、成体组织的潜伏期较长，24 h 后仅见到部分细胞开始贴壁，9～12 d 长满瓶底，细胞融合呈交叉重叠状生长。

⑤传代细胞系、胚胎组织或幼体细胞潜伏期短，一般经过悬浮、贴壁伸展后很快进入潜伏期。对数生长期细胞大量繁殖，逐渐相连成片而长满瓶底。

⑥一旦发现细胞长满瓶底 80%就应及时传代，否则会影响细胞生长甚至导致其脱落。

⑦悬浮细胞一旦发现生长显著、密度增大、分布稠密及培养液变黄时，也应该及时传代。

(4)注意事项

①标准化生产的培养板、瓶或皿一般成像效果都较好，但反复刷洗过的玻璃或塑料器皿将严重影响分辨力。

②准备观察的瓶、皿要平坦，质地均匀，透光度好，在观察前将培养瓶、皿面擦净。

③天气较冷时，温差会使培养瓶内壁形成雾滴而影响观察的清晰度，可轻轻将瓶倾斜，使瓶内培养液浸润内壁，以得到好的相差像。

④对原代细胞进行相差显微照相，应在换液后进行，去除漂浮的组织块和死细胞可以提高成像清晰度。

⑤观察细胞时要有无菌概念，动作要轻，避免猛烈震荡；一次观察时间不要太长，观察也不要太频繁，以免影响细胞生长。

5. 鸡胚原代细胞培养技术

(1)目的要求

掌握鸡胚原代细胞培养操作的基本程序,观察单层细胞生长情况。

(2)材料准备

9～10 日龄鸡胚,Hank's 液 50 mL,0.5%水解乳蛋白液或 MEM 培养液 20 mL(内含犊牛血清 1 mL,青霉素 100 IU/mL、链霉素 100 μg/mL 双抗液 0.2 mL,pH 7.2),青霉素 1 000 IU/mL、链霉素 1 000 μg/mL 双抗液 5 mL,0.25%胰蛋白酶 5 mL,7% $NaHCO_3$ 1 mL,细胞培养瓶或者链霉素小空瓶(加入细胞悬液培养用),手术剪,镊子,灭菌的培养皿,50 mL 三角瓶,滴管若干,高压灭菌塞子若干,培养盘,蛋座,95%酒精,水浴锅等。

(3)实验步骤

①配液:制备细胞前先在 Hank's 液中加青霉素、链霉素,使其含青霉素 100 IU/mL、链霉素 100 μg/mL,用 7% $NaHCO_3$ 调整 pH 至 7.2～7.4(粉红色),将胰蛋白酶调整至 pH 7.6(玫瑰红色)。置 37 ℃水浴锅中预热备用。

②取胚及剪碎:将胚蛋气室端向上直立于蛋座上,用碘酊消毒气室,以镊子击破卵壳,暴露整个气室,撕开壳膜,继续撕破绒尿膜、羊膜,取出胚胎置于灭菌平皿中。剪去其头部、翅爪及内脏,用 Hank's 液洗去体表血液,将鸡胚剩余部分移入灭菌三角瓶中。用灭菌剪刀剪碎鸡胚,使其成为约 1 mm^3 大小的碎块,加入 5 mL Hank's 液轻摇,静置 1～2 min,使组织块下沉。吸去上层悬液,依同法再洗 2 次,至上悬液不浑浊为止,吸干 Hank's 液,留下组织。

③消化:自水浴锅内取出预热的胰酶,按 3～5 倍组织块量加入三角瓶。1 个鸡胚约需 5 mL 胰酶。三角瓶加塞,37 ℃水浴 20 min 左右,每隔 5 min 轻轻摇动一次。待液体变浑而稍稠,轻摇可见组织块悬浮在液体内而不易下沉成绒球状时,则中止消化。如果过度消化,会破坏细胞膜而导致细胞不易贴壁生长;如果消化不够,则细胞不易分散。

④洗涤:取出三角瓶后静置 1 min,让组织块下沉后,吸去胰酶液,用 10 mL Hank's 液反复轻洗 3 次,以洗去胰酶,吸干上清液,留组织块。

⑤吹打:加 2 mL 含血清的 0.5%水解乳蛋白营养液或 MEM 培养液,以粗口吸管反复吹吸数次,使细胞分散,此时可见营养液浑浊,即为细胞悬液。静置 1 min,使未冲散的组织块下沉后,小心地将细胞悬液吸出 1 mL 置于 20 mL 营养液中,此液细胞数为 50 万～70 万/mL。如果需要大量细胞,可继续加营养液冲打,一个鸡胚约可做 100 mL 细胞悬液。

⑥细胞计数:取上述细胞悬液 0.5 mL,加入 0.1%结晶紫-柠檬酸(0.1 mol/L)溶液 2 mL,置室温或者 37 ℃温箱中 5～10 min,充分振动混合后,用毛细管吸取,滴入血细胞计数板内,在显微镜下计数。计数方法按照白细胞计数法,计算四角大格内完整细胞的总数。如 3～5 个聚集在一起,则按 1 个计算,然后将细胞总数按下法换算成每毫升中的细胞数。

细胞数(个/mL)=(4 大格细胞总数/4)× 10 000 ×稀释倍数

例如:4 大格的细胞总数为 284 个,而稀释倍数约为 5(0.5 mL 染色液),则每毫升细胞悬液的细胞数为 $284 \div 4 \times 10\,000 \times 5 = 3.5 \times 10^4$ 个/mL。

⑦稀释:按照每毫升 50 万～70 万个细胞密度的标准,将细胞悬液用营养液进行稀释。

计数时,若见到大部分细胞均匀分散,3～5 个细胞成堆,且细胞碎片很少,则说明消化适度;若分散细胞少,则消化不够;若细胞碎片多,则消化过度。

活细胞计数法:取 2%台盼蓝溶液 1 滴,细胞悬液 1 滴,混合后计数。活细胞不着色,死细胞呈蓝色。

⑧分装培养：每个小试管或青霉素瓶装 1 mL，每个 25 mL 容量的小瓶装 4 mL，每个 100 mL 容量的长方形培养瓶装 10 mL。瓶口橡皮塞要塞紧，不合适者弃去，以免漏气造成污染，或者 CO_2 跑掉使营养液变碱。瓶上注明组别、日期，将培养细胞瓶横卧于培养盘中，置 35～37.5 ℃温箱内培养。鸡胚细胞在 1～4 h 贴附于瓶壁，几小时至十几个小时后开始生长，24～48 h 生长成单层细胞。此时可吸去培养液，更换维持液，并接种病毒。

(4)备注

①鸡胚细胞也可用人工综合营养液培养。

②各种组织的原代细胞培养，除常应用上述热消化方法外，也可用冷消化法，即在普通冰箱中静置 14～18 h，代替上述的 37 ℃水浴消化，其他程序相同。两者效果相同。

③若将原代细胞培养物继续传代，应于换液后 1～2 d 挑选细胞形态好、密度大的培养瓶，倾弃培养液，经 Hank's 液洗 2～3 遍后，加入胰酶消化液少许(以细胞单层面铺上一薄层为度)消化数十分钟(期间不时摇动消化液)，当看到细胞单层变白和出现空洞时，用手掌拍打瓶壁，此时细胞即很快全部脱落。先加入少量营养液，用吸管吹打分散细胞后，再按细胞瓶原来液量的 2 倍加入新营养液，混匀并分装成两瓶后继续培养，即为继代培养细胞。原代细胞一般比较容易在继代培养中生长，但继代向后多次培养传代时，细胞往往生长不良，并逐渐衰老死亡。

(二)病毒接种及收获的方法

1. 材料准备

维持液(含 2%犊牛血清，加入一定量的抗生素)、生长液(含 10%犊牛血清，加入一定量的抗生素)、数瓶已经长满的单层 Vero 或 MDBK 细胞(最好是传代后 1～2 d)。留一瓶同样的 Vero 或 MDBK 细胞作为对照。

2. 病毒接种及收获

(1)犬瘟热病毒或伪狂犬病病毒溶液 75 cm^2 的单层细胞培养瓶的接种量为 1～2 mL。种毒的稀释：用含 2%犊牛血清的 MEM(预先冰浴)将种毒溶液稀释 1 000 倍。

(2)取培养 24～48 h 长成单层的 Vero 或者 MDBK 细胞，倾弃瓶内生长液。

(3)将 1 000 倍稀释的犬瘟热病毒或伪狂犬病病毒 2 mL 接种入细胞瓶内，置于 37 ℃、5% CO_2 的恒温箱中，吸附 1 h。

(4)向每瓶加入预热的维持液。

(5)观察细胞病变，当数量达到 75%及 75%以上时，向瓶内加入 0.5 mL 甘油，之后置于 −70 ℃的冰箱中，让溶液充分冻结。

(6)在 37 ℃的水浴中快速解冻结冻瓶。

(7)将融化的溶液转入离心管中，4 ℃ 3 000 r/min 离心 20～30 min，弃去沉淀并转移上清液。

(8)将上清液分装于小管中，置于−70 ℃中保存备用。

3. 细胞病变的观察

(1)目的

细胞病变效应(cytopathic effect，CPE)是指体外培养的细胞在感染病毒以后发生的形态变化(有时是功能变化)。这些变化是进行性的,且通常以细胞死亡而告终。细胞病变包括细胞死亡、细胞融合、包涵体形成以及细胞转化等。不同病毒引起的细胞病变效应通常是不一样的。通过对细胞病变的观察,有利于对病毒特性的了解。

(2)材料准备

2 种病毒(在不同颜色标记的菌种瓶内)、细胞生长液、细胞维持液、传代细胞、细胞培养瓶 2 个、吸管和橡皮球等。

(3)实验步骤

①从培养箱内取出培养瓶,在倒置显微镜下观察细胞生长情况。

②以胰酶消化单层细胞后,加入适量细胞生长液,制成细胞悬液。

③将细胞悬液加到 2 个细胞培养瓶内,置于 37 ℃、5%CO_2 培养箱中培养。

④经 2 d 左右,待培养瓶内细胞形成致密单层后,用吸管小心吸出细胞生长液。

⑤将培养瓶贴好标签,于实验瓶内滴入 3 滴病毒液,对照瓶不加。

⑥小心地摇动培养瓶混匀接种物,置于培养箱 37 ℃吸附 1 h,然后加入 2%小牛血清 MEM,置于 37 ℃、5%CO_2 培养箱中培养。

⑦每日检查细胞病变的早期迹象(反光的小斑点,变圆的细胞或孔洞、空斑)。

⑧记录所见细胞的变化。

4. 包涵体的观察

(1)目的

有些病毒在其核衣壳装配过程中,常常在细胞核或细胞质内形成包涵体。很少发现同一病毒所引起的包涵体既在细胞质又在核质内存在。包涵体的形状可能是不规则形、椭圆形或圆形的。它们的内部可以显示均一的颗粒的或者不定形的结构。某些病毒所引起的特征性的包涵体常常是诊断的重要依据之一。本实验的目的在于观察不同病毒感染细胞单层之后所形成的不同的包涵体。

(2)实验步骤

①用 PBS 冲洗感染了病毒并见有细胞病变的飞片 3 次后,将飞片放入空染色缸中。

②加入甲醛固定液固定细胞,室温放置 24 h。

③水洗后,置于苏木精染色液中染色 10～15 min。

④在 0.5%～1%盐酸酒精中分化数秒至 1 min(即浸渍 3～4 次),或在稀释的氨水中分化大约 10 min。

⑤用蒸馏水冲洗。

⑥用 1%伊红复染 2～3 min。

⑦分别在 3 缸 95%酒精中脱水各 1 次,然后在 2 缸无水酒精中脱水各 1 次。

⑧在 2 缸二甲苯中脱脂,各浸 2 次。

⑨用中性香胶封固飞片于载玻片上。

⑩镜检包涵体。

(三)病毒对细胞的致病性实验

1. 材料准备

(1)细胞与病毒:PK-15 猪肾细胞系和猪伪狂犬病病毒(PRV)液。

(2)基本器材：细胞培养瓶(皿、板)、贮液管、吸管、移液管、离心管、冻存管、冷冻离心机、CO_2 恒温培养箱、倒置显微镜、水浴锅、普通冰箱、超低温冰箱、液氮罐、血细胞计数板、酒精灯等。

(3)生化试剂：PBS、DMEM 培养基、0.25%胰蛋白酶-0.02% EDTA 消化液、犊牛血清(预先经 56 ℃水浴 30 min 灭活补体)、青霉素、链霉素、二甲基亚砜(DMSO)等。

2. 实验步骤

(1)病毒接种：取培养 24～48 h 长成致密单层的 PK-15 细胞 2 瓶，分别弃去旧培养液；然后分别接种猪伪狂犬病毒和细胞维持液，接种量以覆盖瓶(皿、板)底为宜，接种维持液的细胞设为对照。置 37 ℃、5% CO_2 培养箱中吸附 1 h，每过 15 min 晃动一下培养瓶，使病毒液和维持液均匀接触细胞；之后吸弃病毒液和维持液，再加入适量预热的细胞维持液，置 37 ℃、5% CO_2 培养箱中继续培养，逐日观察细胞病变情况。待接种病毒液的细胞瓶中 75%的细胞出现病变时，反复冻融 3 次，置于－70 ℃保存备用。

(2)细胞病变观察：病毒感染的细胞可以表现出多种不同的细胞病变，如细胞圆缩、细胞聚合、细胞融合形成合胞体和细胞中有空泡形成等。PRV 感染 PK-15 细胞 18 h 后，可见细胞膨大，随之细胞变性圆缩，继而脱落形成空斑病灶，并有“拉网”现象。细胞病变的正确观察需要积累经验。

(四)病毒对鸡胚的致病性实验

1. 材料准备

(1)9～11 d 胚龄的 SPF 鸡胚或非免疫新城疫(ND)疫苗种鸡所产的白壳鸡胚。

(2)新城疫病毒(NDV)液、NDV 阳性血清、新鲜制备的 0.5%非免疫公鸡红细胞悬液 50 mL。

(3)孵化箱、检蛋器、蛋架、研钵、钻孔钢锥、镊子、酒精灯、眼科镊子、注射器、吸耳球、针头、试管、平皿、三角锥瓶、烧杯、消毒胶布、96 孔 V 形微量反应板、5～50 μL 规格的微量可调移液器及吸头。

(4)市售注射用青霉素、链霉素、灭菌生理盐水、石蜡或胶布等。

2. 实验步骤

(1)鸡胚接种：采用绒毛尿囊腔途径，将 NDV 接种至 9～11 日发育良好的鸡胚，0.2 mL/胚，以融化石蜡封口，继续孵化鸡胚，注意不要翻蛋。

(2)接种后检查：接种后每天检查 3～4 次。接种后 24 h 内死亡的鸡胚多数是由于鸡胚受损或污染细菌(尿囊液会变浑浊)引起，一般弃去，同时记录每天鸡胚死亡情况。

(3)病毒液的收获和鸡胚观察：收获前应将鸡胚于 4 ℃放置 6 h 或过夜，使血液凝固，以免收获时流出的红细胞与尿囊液或羊水中的病毒发生凝集，影响实验结果；然后用碘酊、酒精消毒气室处蛋壳，去除蛋壳和壳膜，撕破绒毛尿囊膜，注意不要破坏羊膜。用灭菌镊子轻轻按住胚胎，以灭菌吸管或注射器吸取尿囊液，装入灭菌容器内。一般每枚鸡胚可以收获 4～5 mL，多时可收到 5～8 mL。收集的液体应清亮，浑浊则往往表示有细菌污染，需做细菌检查。如果有少量血液混入，以 1 500 r/min 离心 10 min，重新收获上清液。

取出鸡胚，注意观察胚体发育情况和出血情况，特别注意胚头、四肢末端有无出血。剖检死亡鸡胚，注意观察鸡胚各脏器的病理变化。NDV 强毒可以使鸡胚在 24～72 h 死亡，胚头和四肢末端严重出血。

(4)鸡胚半数感染量(EID_{50})的测定:见本书第三章实验12中相关内容。

(五)病毒对动物的致病性实验

以NDV对鸡的致病性测定为例说明。

1. 器材准备

(1)实验动物:1日龄SPF鸡14只,6周龄SPF鸡8只。

(2)感染NDV鸡胚的尿囊液,血凝价在4 log2以上,无细菌和其他病毒污染。

2. 实验步骤

(1)脑内接种致病指数(ICPI)的测定:用灭菌生理盐水将新收获的含毒鸡胚液进行10倍稀释,脑内接种于10只1日龄SPF雏鸡,0.05 mL/只,同时设立4只接种生理盐水的对照雏鸡。所有雏鸡分组隔离饲养于硬壁式负压隔离器中,逐日观察8 d。每只鸡的症状用数字代表,每天进行记录统计:正常鸡记为0,发病鸡记为1,病重鸡记为2,死亡鸡记为3。根据下列公式计算ICPI:

$$\text{ICPI}=\frac{8\text{ d内累计发病鸡数}\times 1+8\text{ d内累计病重鸡数}\times 2+8\text{ d内累计死亡鸡数}\times 3}{8\text{ d内累计观察鸡总数}}$$

当ICPI≥1.5时为高致病力,当0.5≤ICPI<1.5时为中等致病力,当ICPI<0.5时为低致病力。

(2)静脉内接种致病指数(IVPI)的测定:用灭菌生理盐水将新收获的含毒鸡胚液进行10倍稀释,羽静脉接种于8只6周龄SPF鸡,0.1 mL/只,同时设立生理盐水对照。所有鸡分组隔离饲养于负压隔离器中,逐日观察10 d。每天根据每只鸡的症状用数字方法进行记录:正常鸡记为0,发病鸡记为1,病重鸡记为2,死亡鸡记为3。根据下列公式计算IVPI:

$$\text{IVPI}=\frac{0\text{ d内累计发病鸡数}\times 1+10\text{ d内累计病重鸡数}\times 2+10\text{ d内累计死亡鸡数}\times 3}{10\text{ d内累计观察鸡总数}}$$

当IVPI≥1.2时为高致病力,当0.5≤IVPI<1.2时为中等致病力,当IVPI<0.5时为低致病力。

【注意事项】

(1)细胞培养时,要严格遵循操作规程;细胞培养液最好现配现用;细胞培养用去离子水必须无色、无臭、无菌、无毒;避免细菌污染。

(2)实验动物应选择对病毒易感的动物,且要确保健康。

(3)细胞培养、病毒接种、鸡胚接种、动物接种及收获等都应进行严格的无菌操作。

(4)细胞病变是进行性的,单层细胞不应有空隙。假如单层细胞中的空斑病灶并不随时间而扩大,则这种病灶不是由病毒引起的。

(5)实验完毕,感染动物尸体和传染性组织要立即焚烧或高压灭菌,以防病毒扩散和传播。

实验 14 病毒形态结构观察
(Morphologic Observation of Virus)

一、病毒的电镜观察

【目的要求】

(1)了解染色技术在病毒学中的应用,掌握电镜负染技术的操作程序。

(2)掌握免疫电镜的原理及操作规程。

(3)了解透射电镜的原理及操作规程。

(4)熟悉超薄切片技术在病毒学中的应用,掌握超薄切片的制作过程。

【基本原理】

动物病毒个体,即病毒粒子极其微小,通常只有在电子显微镜(电镜)下才能观察到(痘病毒除外)。电镜主要分为透射电镜和扫描电镜两类。人的肉眼不能看到电子波,但可将电子波转换为影像从荧光屏上看到。所以,大小在 20 nm 左右的病毒粒子被放大 1.5 万~20 万倍后便清晰可见。透射电镜分辨率高达 0.1~0.2 nm。含有高浓度病毒粒子的样品,可直接应用电镜技术(electron microscopy,EM)观察。借助电镜可诊断病毒性疾病和发现新的病毒,如乙型肝炎病毒、甲型肝炎病毒、轮状病毒和 SARS 冠状病毒等。对尚不能组织培养或培养有困难的病毒,可用免疫电镜技术(immune electron microscopy,IEM)检查。抗体与病毒粒子特异性结合之后的凝聚状态更便于免疫电镜观察。

电镜观察病毒形态的方法有三种,包括负染色法、免疫电镜法和超薄切片法。临床标本病毒形态检查的最好方法是负染色法,可用于观察病毒粒子含量低至 10^5~10^6 PFU/mL 的液体样品。

负染色法是利用增加反差显示病毒超微结构的方法。所谓负染色,实际上不是染色,而是“包埋”,因此也称作背景染色。它是用负染色染液(重金属盐类)在被检标本周围形成一层无定形的膜,从而将被检标本(如病毒)镶嵌在这层膜所形成的背景里,因为重金属盐类和被检标本电子散射能力的差异而形成鲜明的反差,使病毒微细结构能被看清。

超薄切片法是从病毒正在增殖的组织中,采取 1~2 mm^3 大小的组织块,先浸于戊二醛缓冲液中或置于四氧化锇环境下固定,然后用环氧树脂包埋,再用切片机切成厚度为 50~100 nm 的薄片。制备好的超薄切片经过醋酸铀或柠檬酸铅等重金属盐染色,再用电镜观察。该技术能直接获得病毒形态、存在部位、排列方式以及病毒粒子从细胞膜上出芽等特殊的影像信息。

(一)电镜负染标本的制作及病毒观察

【器材准备】

1. 标本制备

(1)血清:取 0.2～1.0 mL 血清,用等量蒸馏水稀释,以 15 000 r/min 离心至少 30 min,弃上清液。重悬沉淀,以肉眼可见折光为宜。

(2)粪便:取粪便适量,制成 1%悬液,以 3 000 r/min 离心 15～30 min,弃沉淀。取上清液以 15 000 r/min 离心 30～60 min,取沉淀负染或免疫电镜观察。如果检测的病毒粒子较小,如细小病毒,离心速度应加大到 40 000 r/min。

(3)尿液:取尿液 5～10 mL,以 3 000 r/min 离心 30～60 min,弃沉淀。取上清液,以 15 000 r/min 离心 60 min,沉淀经重悬后负染,电镜检查。

(4)绒毛尿囊液:接种病毒培养的尿囊液以 15 000 r/min 离心 60 min,沉淀物经负染,电镜观察。

(5)疑似病毒感染的细胞:连同培养液一起收获,冻融数次或超声波破碎后,以 15 000 r/min 离心 60 min,沉淀物经负染,电镜观察。

(6)组织块:用匀浆器或乳钵研磨,以 15 000 r/min 离心 60 min,沉淀物经负染,电镜观察。

(7)固体尸检或活检组织:在组织匀浆器中用 0.9%氯化钠溶液或 PBS 制成 20%的悬液,反复冻融 5 次,以 4 000 r/min 离心 30 min。取上清液,以等量蒸馏水稀释,即可用于负染。由于组织中富含脂肪,影响观察,故为使视野清晰,最好加等量氯仿于悬液中,强力振荡 15 min 后,以 3 000 r/min 离心 15 min。处理后悬液形成三层:上层为清亮的组织液,其中可能含有待检病毒;中层为脂层;下层为氯仿。获得的病毒(上层液体)可再超速离心浓缩。但须注意,有囊膜的病毒经氯仿处理后,囊膜会被破坏。

2. 染色液

取浓度 2%的磷钨酸(phosphotungstic acid,PTA),用 1 mol/L KOH 溶液将 pH 调至 6.8～7.4,于 4 ℃冰箱保存。

3. 铜网支持膜

通常使用碳、火棉胶、聚乙烯醇缩甲醛等制成的 400 目网格,厚度 10～20 nm,孔径 75 μm,其表面铺有一层很薄的“电子透明膜”。

4. 仪器及其他

冷冻高速离心机、超速离心机、小镊子、毛细滴管、试管架、滤纸片等。

【实验步骤】

(1)将含有病毒的细胞培养物反复冻融 3 次,然后在 4 ℃以 2 000 r/min 离心 30 min,取上清液以 15 000 r/min 离心 20 min,最后取上清液。根据待检病毒的大小设定合适的超速离心速度,离心 60 min。弃上清液,用少量 PBS(pH 7.4)重悬沉淀物后待检。

(2)用毛细管吸取约 100 μL 标本液,滴于铜网支持膜上,约 2 min 后用滤纸条接触铜网边缘吸去多余的标本液,室温下静置数分钟,待其干燥。

(3)将铜网放于蜡盘上,用干净的毛细管加 1 滴 2%磷钨酸浸泡约 2 min,吸干液体后,再用2%磷钨酸复染1.5 min,吸干液体。然后把铜网放在红外线下烘干10～30 min。

(4)将制备好的铜网置于透射电镜下观察,首先在2 000倍上选择负染色良好的网孔,然后放大至30 000～40 000倍查找病毒粒子,一旦发现应立即拍照。

【注意事项】

(1)超速离心后上清液必须弃尽,再用双蒸水或PBS重悬沉淀,否则残留的蛋白质会干扰病毒粒子的观察。

(2)磷钨酸不能杀灭病毒,故标本制备后应在火焰上或沸水中消毒。用过的镊子、铜网也应消毒。

(3)用过的铜网应用滤纸充分吸干残留标本,以免污染其他标本而出现假阳性。

(4)对未知病毒,应将标本稀释不同倍数,然后选用清亮的病毒溶液。

(5)适当的取材与标本处理是成败的关键。粪便悬液必须提纯和浓缩。

(6)要注意标本液的浓度。浓的标本必须加以稀释至微显浑浊,否则形成厚膜,电子不能穿透,漆黑一片,无法观察到结果。

(7)染色的时间一般以2 min较合适,但染色时间的长短应按标本的厚薄而适当调整。

(8)标本应干透,如未充分干燥,则当电子通过时,标本易破裂或飘移,影响观察。

【实验报告】

根据电镜照片,比较禽腺病毒和马立克病病毒的形态特点,将结果填入表3-5。

表3-5　禽腺病毒与马立克病病毒形态比较

病毒形态特征	禽腺病毒	马立克病病毒
形态		
衣壳对称性		
包膜		

(二)超薄切片技术及其染色技术

【实验步骤】

1. 超薄切片技术

(1)组织样本超薄切片的制备

①取材:在4 ℃下准确取样,大小为1 mm×1 mm×1 mm左右。

②固定:在0～4 ℃下将待检组织块固定于2%～4%戊二醛磷酸钠缓冲液(pH 7.2～7.3)中,浸泡30～90 min。也可通过血管灌注,将1%～2%戊二醛灌注到需要固定的组织、器官内。

③漂洗:在4 ℃下将经过戊二醛固定的组织块用0.1 mol/L磷酸缓冲液漂洗1 h或过夜,其间换液3次。

④后固定:在0～4 ℃下将组织块置于1%四氧化锇磷酸缓冲固定液中浸泡60～120 min。

⑤脱水:组织块依次经30%、50%、70%、90%丙酮浸泡各10 min,最后浸入纯丙酮(更换3次,共10 min),总计40 min。

⑥浸透组织块依次浸入纯丙酮、树脂包埋剂(1∶1),室温下浸1 h;纯丙酮、树脂包埋剂

(1∶2)室温下浸 2 h;纯树脂包埋剂室温下浸 3 h 以上或过夜。

⑦聚合:将充分浸透的组织块置入装满包埋剂的胶囊中,在 37 ℃恒温箱内聚合 12 h,然后在 60 ℃恒温箱内聚合 24 h。常用的树脂包埋剂有环氧树脂 618、812、Spurr、K4M 树脂等。在聚合过程中要注意保持干燥,否则有可能导致聚合不均匀,硬度和弹性不当等,影响切片效果。

⑧切片:用超薄切片机先做半薄切片(1 μm)或薄切片(3 μm 左右),进行光镜检查定位后再做超薄切片。

⑨捞片和染色:用镊子夹取一个铜网,将满意的切片捞在铜网的中央,然后先后用 2%醋酸铀和 6%柠檬酸铅各染色 30 min。

(2)血液样本超薄切片的制备

①取经过 1%肝素或 5% EDTA 抗凝的静脉血 2~4 mL。

②以 1 000~1 500 r/min 离心 10 min。

③尽量吸除离心后的上清液,沿管壁缓慢加入 2%~4%戊二醛 1~2 mL,进行固定。固定 2~4 h,使浅黄色层凝结成块。

④取浅黄色层凝块,切成约 1 mm^3 细条,然后置入缓冲液漂洗。

⑤按组织样本超薄切片的制备方法进行后固定、脱水和包埋(注意,应将检材细条平放包埋)。

2. 超薄切片染色技术

(1)醋酸铀染色:醋酸铀又称醋酸双氧铀,与 DNA 及各种蛋白质有亲和力,具有良好的染色效果。铀具有放射性,操作时要多加注意,避免污染环境。醋酸铀常用的浓度为 2%醋酸铀的 50%酒精溶液或 2%醋酸铀的 70%丙酮溶液。染色方法分为两种,①组织块染色:组织经固定、脱水至 70%酒精或丙酮时,将组织块放入 70%酒精或丙酮配置的饱和醋酸铀溶液,染色 2 h 或置入 4 ℃冰箱内过夜。②超薄切片染色:在清洁的培养皿中放入牙科用石蜡片,然后将染液滴加在蜡片上,用镊子轻轻夹住载网的边缘,把贴有切片的一面朝下,置于染液滴上,盖上培养皿,染色时间为 10~30 min。染色结束后,立即用双蒸水将蜡片冲洗干净。

(2)柠檬酸铅染色:柠檬酸铅为全能染色剂,可以浸染所有的细胞成分,通常和醋酸铀共同使用,称为双重染色,可以明显提高切片的反差,使其在电镜下呈现的图像更加清晰。常用的有 Reynolds(1963)柠檬酸铅染色液(硝酸铅 1.33 g、柠檬酸钠 1.76 g、双蒸水 30 mL,将以上试剂倒入 50 mL 的容量瓶中,剧烈地间歇性摇动 30 min 后,加入 1 mol/L NaOH 溶液 8 mL,使乳白色的浑浊液立即变为无色透明的溶液,加双蒸水至 50 mL,过滤后即可使用)。柠檬酸铅染色方法与醋酸铀染色方法相同,染色时间为 2~5 min。由于铅染液很容易与空气中的二氧化碳结合形成碳酸铅沉淀而污染切片,所以在染色过程中要尽量避免与空气接触。通常采用的方法是在染色的培养皿中放置 NaOH,用以吸收空气中的二氧化碳,防止切片污染。

【注意事项】

(1)样品中病毒粒子浓度要适中,一般约为 10^6 个/mL,浓度太大或太小均不利于观察病毒粒子。

(2)为节省时间,可以将超速离心获得的标本液与等量负染色剂混合后直接滴于铜网支持膜上,进行染色处理。

(3)染色时间可根据样品的厚薄而做适当调整,一般以 2 min 左右较合适。

(4)超薄切片的特殊性(超薄切片的厚度只有石蜡切片的1%)和电子显微镜的高分辨率对操作要求更为细致、更为严格。为获得理想的超薄切片,操作者必须严格遵守操作规程,十分认真地对待每一个步骤,任何环节的疏忽都有可能使制片失败。

(5)染色最好在样品干透之后进行,否则易出现染料凝集现象。

【实验报告】

描绘负染和超薄切片上所观察到的病毒粒子形态。

(三)免疫电镜技术

【器材准备】

(1)20 g/L 磷钨酸(PTA):用双蒸水配制 20 g/L 磷钨酸溶液,用 1 mol/L NaOH 溶液校正 pH 为 6.8。

(2)涂有炭及聚乙烯醇缩甲醛的铜网。

(3)病毒相应抗血清。

(4)平皿、滤纸、游丝镊子、微量毛细管、10 g/L 琼脂凝胶块、蜡板等。

【实验步骤】

(1)取 0.9 mL 病毒悬液,加入稀释的抗病毒血清 0.1 mL,37 ℃充分反应 30 min。

(2)取 10 g/L 琼脂凝胶块,下面垫 3 层普通滤纸,将 1 滴病毒-抗体复合物悬滴在琼脂凝胶块上,将涂膜的铜网扣在悬滴表面使之漂浮。

(3)在悬滴未被吸干之前取下铜网,倒转在蜡板上,立即滴加磷钨酸溶液染色 1 min。用滤纸毛边吸干多余染液,电镜观察。

【注意事项】

注意掌握病毒、抗体比例,比例适当方可形成大小合适的病毒-抗体复合物。

【实验报告】

描绘所见病毒的形态和结构特征。

二、病毒核酸分子的电镜观察

【目的要求】

掌握病毒核酸分子的制样过程及电镜观察的原理、操作过程。

【基本原理】

现在已发展了几种用于核酸分子及其与蛋白质复合物检测的技术。第一种方法是 Kleinschmidt 和 Zahn 在 1959 年建立的,称为 Kleinschmidt 技术。其经过多年的不断改进,已经成为用于核酸定性和基因图谱的可靠方法。在该技术中,核酸溶液与一种球蛋白(如细胞色素C)混合形成的核酸-蛋白复合物称为上相。混合物散布到液相后,蛋白质在气液界面变性,形成一层不溶性膜,以固定核酸分子而让它们延伸。复合物被移转到一个样本载网上,通过蒸发的金属(铂、碳-铂、铂-钯)进行对比,用电镜进行检测。

这项技术虽然简单,但需要特别仔细才能得到高质量的结果。同时,该方法应根据核酸种类的不同(DNA 或 RNA)及其与蛋白质的相互作用而有所改变。

【器材准备】

(1)核酸:用于电镜研究的病毒 DNA 或 RNA 可以用常规方法分离。提取后的 DNA 可以保存在 0.01 mol/L 磷酸缓冲液(含 1 mmol/L EDTA,用于抑制核酸酶)中,或保存在 0.1 mol/L SSC(含 0.15 mol/L NaCl、0.015 mol/L 枸橼酸钠,pH 7)溶液中,或保存在 0.02 mol/L NaCl(含 1 mmol/L EDTA,pH 7)中,4 ℃保存。酚沉淀后的 RNA 应保存在 NET 缓冲液(含 0.15 mmol/L NaCl、0.01 mol/L Tris、1 mmol/L EDTA),或 0.1 mol/L SSC 溶液,或 1 mmol/L DTT 溶液(pH 7)中,且在分装成小包装后尽快冷冻到-70 ℃,以避免核糖核酸酶降解。

(2)器材:所有塑料容器和玻璃皿必须洁净且无菌。在进行 RNA 研究时,考虑到人体皮肤上存在 RNA 活性酶,为防止 RNA 酶污染,佩戴塑料手套也是很重要的。

(3)溶液:所有溶液在使用之前必须用 0.22 μm 的滤膜过滤,以避免微粒物质引起核酸分子凝集。

(4)载网:载网可以是铜或镍的,根据分子大小及支持膜的强度,建议用 50~400 目的载网。支持膜应当质量优良,有足够强度能承受电子轰击,且要薄得足够看得见核酸分子。覆盖有碳的火棉胶比较适合,且也只能用于覆盖碳层。新蒸发得到的碳支持膜对核酸的亲和力差,如果膜表面很难润湿,会引起样本干燥不均衡和结块。经过释放低能量发光处理的碳膜,在含空气或戊基胺蒸气的半真空状态下,会形成一个亲水表面,甚至是一个湿润的表面。有研究者建议将碳与铝一起蒸发,因为铝可释放正电荷到膜上。

(5)细胞色素 C:终浓度为 0.1%(*W*/*W*)的储存液,用水和 0.15 mol/L 乙酸胺配制,可以在 4 ℃储存几个月。将细胞色素 C 稀释到所需的浓度,然后用 0.22 μm 的滤膜过滤。细胞色素 C 的实际浓度应适合覆盖到下相之上,一般是每平方米表面 1 mg 蛋白质。

【实验步骤】

(一)病毒核酸转移技术

1. 蛋白质单层

将核酸转移到电镜载网最常用的技术是大量涂布技术、单滴涂布技术和微滴扩散技术。液化过程用于全长均为成对碱基分子的显影。甲酰胺过程用于单链分子或双链分子中单链部分的显影。

(1)大量涂布技术

双链 DNA 或 RNA:下相的性质与最终反差和样本的分辨率有关,覆盖到水上与覆盖到盐-甲酰胺的下相上比,前者反差较弱;然而,在排除复杂本底和低分辨率时,可以得到较好反差。改进的方法是上相用十二烷基肌氨酸钠、细胞色素 C 和核酸制备,下相用 0.2 mol/L 乙酸铵制备。这个技术可以使与酶连接的 DNA 分子显影。①涂布液:在试管中混合下列试剂,0.2 mol/L 乙酸铵 0.8 mL、0.1%细胞色素 C 液 0.1 mL、0.05% SDS 0.1 mL。使用前用 0.22 μm 的滤膜过滤,于 37 ℃保存。②核酸制备:将 DNA 或 RNA 溶于预热到 37 ℃的结合缓冲液中,制成 14 μg/mL 的浓度,含 pH 7.9 Tris-HCl 10 mmol/L、NaCl 50 mmol/L、MgCl 10 mmol/L、DTT 0.2 mmol/L、EDTA 0.1 mmol/L。用预热的结合缓冲液 6 倍稀释反应混合液,使终浓度达 2 μg/mL,以准备第一个样本。剩余的浓溶液可恒温保存在 37 ℃,并在

30 min 之内用于制备其他样本。③DNA 涂布：在 25 ℃，用过滤的 0.2 mol/L 乙酸氨充满涂布皿（下相，用 60 mm×20 mm 聚四氟乙烯包裹的铝皿或无菌的塑料 Petri-皿）。用聚四氟乙烯棒或玻璃棒快速地从表面清洗下相几次，制作一个玻璃斜面（如用干净高压灭菌的 75 mm×25 mm 显微镜载玻片，则以 30°角斜放到平皿的一边）；再次清洗表面，等待下相凝固，然后在靠近斜面处喷撒滑石粉；在 0.9 mL 涂布液中加入 0.1 mL DNA 溶液，清洗 1 min 后，将 50 μL 混合物轻轻地滴在斜面上，10 s 后薄膜形成；用碳喷涂的载网在滑石粉界定的边上调取核酸—细胞色素膜，用吸水纸吸干载网；将载网与 100%酒精接触 2～3 s；用吸水纸吸干载网；将载网放到 Petri 平皿中的滤纸上吸干水；在大约 7°角上，用样本的旋转定影技术造成 DNA 分子的反差，以得到 3.5～4.0 nm 厚的金属层；在电镜下检测。

单链 RNA：由于细胞色素 C 形成本底的影响，用液相技术（下相用水，乙酸铵或 Tris-HCl 缓冲液制成）制备的涂布单链 RNA 通常会打结而难以显影。为促进核酸分子的显影和伸展，应当用非液相或变性溶液。如果涂布液含 70%甲酰胺，则上面所述的 Zollinger 方法可用于单链 RNA。①用 NTE 缓冲液（含 0.15 mol/L NaCl、0.01 mol/L tris HCl、1 mmol/L EDTA，pH 7.4）稀释 RNA 至 10～15 μg/mL，取 1 μL RNA 混合液，与 4.2 mL 甲酰胺（含 1.2 g 超级纯脲）的新鲜溶液混合；②将混合物在 53 ℃下放 30 s，冰冻 2 min；③用含 0.5 mol/L pH 8.5 的 Tris 和 0.05 mol/L EDTA 的缓冲液稀释细胞色素 C 至 0.5 mg/mL；④将 5 μL 细胞色素 C 加入 RNA 溶液，用 40 μL 混合液进行涂布；⑤于冰冻的容器内，用含 0.15 mol/L Tris 及缓冲液的下相上进行涂布，剩余部分按上面所述方法操作。

（2）单滴涂布技术

当得到的 RNA 浓度低、总量少时，可以将上述实验小规模化。在 parafilm 膜上滴加 100 μL 下相，再用微量移液管在下相表面轻轻滴加 5 μL 涂布液，几秒钟后，形成一层蛋白核酸膜。可以用碳喷涂载网将其从液滴表面轻轻挑起，载网应根据要求进行干燥和制成反差。为得到更好的单滴涂布效果，将溶液滴到干净湿润的玻璃棒（直径 0.3 cm，一端为圆头）上或一端封口的巴斯德移液管上。滴加时要与下相保持 45°～60°角，通过用注射器吸取部分下相，使表面膜受到轻轻压缩。

（3）微滴扩散技术

样本首先被涂布到覆盖在含 1×10^{-8} μg/mL DNA 的 0.2 mol/L 乙酸铵溶液表面的膜上，10～20 min 后，DNA 分子通过布朗运动进行扩散，被不可逆地吸附到膜表面；用载网轻触微滴表面使之转移到载网上，洗涤、干燥、负染色。这种技术快而简便，并且可以通过增加或减少分子在表面扩散的时间来改变膜表面所吸附核酸分子的浓度，蛋白膜吸附核酸的量与作用时间成正比例关系。

2. 无蛋白质制备技术

由于用蛋白质单层技术在核酸外制备的大约直径 10 nm 的细胞色素 C 膜经常被忽略细微结构，因此人们发明了一种不用蛋白质的技术。其利用苯甲基-二甲基-烷基-氯化铵（BAC）的低分子量化合物，可以不用蛋白质进行涂布，即能检测双链和单链核酸分子。这种方法使蛋白质结构易变，但值得注意的是，它可以检测结合态蛋白，如作用于噬菌体 T-7 DNA 的 RNA 聚合酶。

(二)核酸负染色

1. 乙酸双氧铀染色

核酸染色的最好方法是用金属蒸气定形,具体方法如下:

(1)用90%酒精和0.05 mol/L HCl配制0.05 mol/L的乙酸双氧铀。

(2)用90%酒精将1∶10的储备液稀释到1∶1 000。

(3)使用前用滤膜过滤。

(4)挑取标本后,用水或90%酒精轻轻冲洗载网10～30 s,洗去下相无机盐。

(5)将载网浸泡到染液中30～60 s。

(6)用90%酒精轻洗载网10 s。

(7)用吸水纸吸掉液体,然后在空气中干燥。

(8)在电镜下观察标本或先用金属蒸气定形。

2. 定影方法

尽管双链核酸和单链核酸只有通过染色才可以看到,但染色和杂交后再用重金属对标本定影可以增加反差。区分单双链分子,定影技术相比单染色能提供更高的分辨率。定影技术是在高真空下蒸发高电子密度金属,使辉光以6°～7°角斜射到标本载网上。但是,由于标本表面不规则,总有隐蔽处(死角)照射不到。为避免这种情况,在定影过程中,将样本放到一个转动的盘子(30～60 r/min)上,这称为转动定影技术。发射源一般是3 cm长的金属片或合金(铂,铂-钯合金等),包裹或盘绕到"V"字形的钨丝或碳棒上。将其放到离样本10～15 cm处,并与蒸发系统中的高流电源相连。

被定影物质的分辨率是由蒸发过程的真空度决定的,真空度应低于1×10^{-4}托(torr)。首先,钨丝被加热到低于其熔点的温度激发出电子,接着切断钨丝电流,当再次调到合适真空度时,钨丝被慢慢加热,直到其外面缠绕的金属熔化,电流快速加大,使金属在5 s内蒸发,钨丝断开。将标本拿出,仔细察看。

(三)相对分子质量的测定

电镜对于估计大小为0.01～80 μm的病毒核酸分子量是一个有价值的工具。但不同的涂片方法会产生相应的差异,因此,有必要制定一个标本涂片的内部标准对照,使其与标本遵守相同的条件。标准对照应该是同一类型的核酸分子且大小相仿,若用一些与标本有区别的分子作标准对照(如环型分子对线性分子),则更易于鉴别标本。如果标本分子不能与标准对照分子区分开,可先将标本涂片,然后迅速对Marker涂片,使它们涂片的条件尽量一致。一旦电镜校准,就可用曲线尺、直尺或制图数字转换器,通过测量放大的照片来判定分子长度。未知分子的分子量可以按照规定的标准,由其与已知分子的长度比进行计算得知。通常双链分子单位长度质量大约为2×10^6 Da/μm,单链分子单位长度质量约为1.2×10^6 Da/μm。

【实验报告】

描述病毒核酸分子的形态。

三、光学显微镜检查病毒包涵体

【目的要求】

了解病毒包涵体的意义和观察方法。

【基本原理】

某些病毒感染细胞后，在细胞内可形成包涵体。包涵体可能是病毒粒子的集聚体，也可能是病毒增殖的场所，还可能是细胞与病毒作用的反应产物。根据包涵体形成的部位可分为浆内包涵体和核内包涵体，如果按染色反应则可分为嗜酸性包涵体和嗜碱性包涵体。一种病毒所产生的包涵体的形态和部位是一定的，因此包涵体的检查对诊断某些病毒性疾病具有一定的价值。例如，狂犬病病毒感染犬或人后，可在其脑细胞胞浆内形成圆形或椭圆形的嗜酸性包涵体，称内基氏小体（Negri bodies）。

【器材准备】

苏木精伊红染色的狂犬病病毒包涵体犬脑标本片。

【实验步骤】

先用低倍镜找到含大量犀形细胞的海马回，再换高倍镜，仔细寻找胞浆内有无染色均匀、红色或暗红色、边缘整齐的圆形或椭圆形小体，即内基氏小体。镜内可见神经细胞核为蓝色，细胞质为淡红色，狂犬病病毒包涵体位于细胞质内，束形或椎束形，颜色鲜红。

【实验报告】

描绘狂犬病病毒包涵体的结构特性。

实验 15　病毒的理化学和生物学特性鉴定

(Physical, Chemical and Biological Characteristics Identification of Virus)

一、病毒理化特性检查

【目的要求】

(1)了解理化因素对病毒的影响,熟悉检查病毒对氯仿、乙醚的敏感性、耐热性、耐酸性,以及对胰蛋白酶敏感性的方法。

(2)掌握利用5-碘-2-脱氧尿嘧啶抑制试验鉴定未知病毒核酸型的方法。

【基本原理】

不同的病毒对各种理化因素的敏感性存在差异,例如,有囊膜的病毒对氯仿、乙醚的处理很敏感,有些病毒对强酸性条件较敏感,蛋白变性剂以及高温、射线照射等对病毒也会产生强烈的损伤作用。病毒在受到外界异常的物理、化学因素作用后,通常会失去感染性(即灭活),但有可能继续保留其抗原性、细胞融合、红细胞吸附等特性。

病毒的核酸型可分为DNA和RNA两种,测定方法很多。一般是在病毒增殖过程中加入DNA合成的抑制物,然后通过观察靶细胞是否出现病变(CPE)或者测定病毒滴度的变化程度来判断病毒的增殖是否受到抑制。例如,胸苷酸是病毒DNA合成的重要物质,其卤素替代物的存在能抑制DNA的合成,使DNA病毒的增殖受到明显抑制,而RNA病毒则不受影响。因此,当细胞培养液中掺入胸苷酸的类同物(如5-氟-2-脱氧尿嘧啶、5-碘-2-脱氧尿嘧啶或5-溴-2-脱氧尿嘧啶等)后,就会选择性地抑制DNA病毒的复制。

【器材准备】

(1)已长成单层细胞的96孔细胞培养板。

(2)病毒液。

(3)MEM细胞维持液。

(4)溶于pH 7.4 Hank's液的1%胰蛋白酶溶液。

(5)Hank's液(pH 7.4)。

(6)灭活犊牛血清。

(7)含5-碘-2-脱氧尿嘧啶(5-IUDR)(50 μg/mL)的MEM细胞维持液。

(8)微量移液器和吸头。

(9)1 mL注射器。

(10)稀释试管和塑料离心管。

(11)PBS(pH 7.4)。

【实验步骤】

(一)耐热性实验

(1)取病毒液 2 mL,等量分配到 10 个离心管中,每管 0.2 mL,从 1 到 10 标号。

(2)第 1 管至第 6 管病毒液分别置于 50 ℃水浴 5 min、15 min、30 min、60 min、120 min 和 180 min。

(3)第 7 管至第 10 管病毒液分别置于 60 ℃、70 ℃、80 ℃和 4 ℃水浴 60 min。

(4)将每个离心管中的病毒液分别用灭菌 PBS(pH 7.4)按 10^{-1}～10^{-10}进行稀释。每一稀释度接种 8 孔已长成单层的细胞,100 μL/孔。另设 8 孔细胞,用等量 MEM 维持液替代病毒液作为正常细胞对照。37 ℃吸附 1 h 后,弃去细胞培养液,用 PBS(pH 7.4)洗 1～2 次,再加入适量 MEM 细胞维持液。然后将细胞培养板置于 37 ℃、含 5% CO_2 的细胞培养箱中培养,每隔 8 h 用倒置显微镜观察一次 CPE 出现情况。3 d 后收获细胞和培养液,反复冻融后,用适当的方法检测病毒效价,并按 Reed-Muench 方法计算 $TCID_{50}$。

(5)结果判定:如果正常细胞不出现任何病变,而试验组病毒的 $TCID_{50}$ 值比第 10 管下降 2 个滴度以上,则可判定待检病毒对热敏感。

(二)氯仿敏感性实验

(1)取病毒液 2 mL,分为两管,每管 1 mL。其中一管作为试验组,加入氯仿,使终浓度为 4.8%;另一管作为对照组,加入与氯仿等量的 PBS(pH 7.4)。两管均充分振摇后,置于 4 ℃作用 10 min。

(2)取两管混合物,以 2 000 r/min 离心 5 min。

(3)病毒的稀释、接种、CPE 观察和收获等方法同耐热性实验。

(4)结果判定:如果正常细胞不出现任何病变,而试验组病毒的 $TCID_{50}$ 值比对照组下降 2 个滴度以上,则可判定待检病毒对氯仿敏感。

(三)乙醚敏感性实验

(1)取病毒液 1.6 mL,分为两管,每管 0.8 mL。其中一管作为试验组,加入乙醚 0.2 mL;另一管作为对照组,加入与乙醚等量的 PBS(pH 7.4)。两管均充分振摇后,用橡皮塞塞紧管口,置于 4 ℃作用 24 h,期间不时振荡。

(2)取两管混合物以 2 500 r/min 离心 20 min,其中加入乙醚的试管液体分为两层,上层为乙醚,下层为病毒液。

(3)用移液器吸出试验组管中乙醚层下面的病毒液以及对照组管中的病毒液,转移到新的灭菌试管中,并吹打数次,使残余乙醚挥发。病毒的稀释、接种、CPE 观察和收获等方法同耐热性实验。

(4)结果判定:如果正常细胞不出现任何病变,而试验组病毒的 $TCID_{50}$ 值比对照组下降 2 个滴度以上,则可判定待检病毒对乙醚敏感。

（四）耐酸性实验

（1）取病毒液 2 mL，分为两管，每管 1 mL。其中一管作为试验组，用 0.1 mol/L 的盐酸将 pH 调至 3.0，置于 37 ℃作用 2 h，再用 5.6% $NaHCO_3$ 将 pH 调至 7.4。另一管作为对照组，加入与盐酸等量的 PBS(pH 7.4)，置于 37 ℃作用 2 h。

（2）病毒的稀释、接种、CPE 观察和收获等方法同耐热性实验。

（3）结果判定：如果正常细胞不出现任何病变，而试验组病毒的 $TCID_{50}$ 值比对照组下降 2 个滴度以上，则可判定待检病毒对酸敏感。

（五）胰蛋白酶敏感实验

（1）取病毒液 1 mL，分为两管，每管 0.5 mL。其中一管作为试验组，加入溶于 Hank's 液(pH 7.4)的 1%胰蛋白酶溶液 0.5 mL，使胰蛋白酶的终浓度为 0.5%；另一管作为对照组，加入 Hank's 液(pH 7.4)0.5 mL。两管均充分振摇后，用橡皮塞塞紧管口，置于 37 ℃水浴 1 h，分别加入灭活犊牛血清 4 mL，充分混合，终止胰蛋白酶的作用。

（2）病毒的稀释、接种、CPE 观察和收获等方法同耐热性实验。

（3）结果判定：如果正常细胞不出现任何病变，而试验组病毒的 $TCID_{50}$ 值比对照组下降 2 个滴度以上，则可判定待检病毒对胰蛋白酶敏感。

（六）病毒核酸型鉴定的药物抑制实验

（1）取 2 块已长成单层细胞的 96 孔细胞培养板，第一块设为试验组，第二块为对照组。

（2）试验组每孔加入等量含 5-IUDR 的 MEM 维持液，每孔中 5-IUDR 的终浓度为 50 μg/mL。

（3）对照组每孔加入等量的正常 MEM 维持液，使每孔中的液体量与试验组相同。

（4）取待检病毒液，用灭菌 PBS(pH 7.4)按 10^{-1}～10^{-10} 进行稀释。

（5）每一稀释度的病毒液分别接种 8 孔已长成单层的细胞，100 μL/孔，其中试验组和对照组各 4 孔。另外，试验组和对照组均各设 8 孔细胞，用等量 MEM 维持液替代病毒液作为正常细胞对照。然后将细胞培养板置于 37 ℃、含 5% CO_2 的细胞培养箱中培养，每隔 8 h 用倒置显微镜观察一次 CPE 出现情况。

（6）结果判定：如果正常细胞不出现 CPE，而试验组病毒的繁殖明显受到抑制，与对照组相比，抑制滴度大于 2 个滴度以上，则可判定待检病毒是 DNA 型病毒，反之则为 RNA 型病毒。

【注意事项】

（1）实验中必须严格无菌操作。

（2）以上实验可根据病毒嗜性选取鸡胚或细胞进行，检测指标相应设为 EID_{50} 或 $TCID_{50}$。

（3）稀释病毒时要准确，否则会影响检测结果。

（4）5-IUDR 对细胞有一定毒性，故使用浓度要适量。

（5）细胞维持液最好用 MEM，尽量不用 RPMI1640 或 199 等综合营养液。

（6）鉴定病毒核酸型的药物抑制实验结果有可能受细胞种类、培养条件、药物浓度和病毒接种剂量等多种因素的影响,因此,该实验应设立已知 RNA 和 DNA 病毒作为平行对照。

(7)有些病毒对热或酸的敏感性可能会受到营养液中某些物质的浓度或病毒与试剂作用时间长短的影响。例如,在 1 mol/L 的 $MgCl_2$ 溶液中,猪水疱病病毒对 50 ℃高温处理的抵抗力明显提高。有些人以 pH 3.0 感作 2 h 作为判断耐酸性的标准,有的人却以 pH 5.0 感作 1 h 作为标准。因此,注意实验中条件的标准化和统一性很有必要。

二、病毒生物学特性鉴定——红细胞吸附试验

【目的要求】

掌握病毒红细胞吸附试验的原理和方法。

【基本原理】

某些病毒(如正黏病毒、副黏病毒和痘病毒等)感染细胞后,无论是否出现细胞病变,均能使细胞培养物吸附一些动物的红细胞,而未感染的不能吸附红细胞,这就是红细胞吸附现象,是感染细胞表面存在病毒蛋白的结果。与之相近的是红细胞凝集现象,它是某些病毒具有直接凝集某些种类动物红细胞的能力的一种表现。大多数能凝集红细胞的病毒都能引起红细胞吸附现象,但也有例外,如部分肠道病毒(腺病毒、呼肠孤病毒等)。相反,非洲猪瘟病毒虽然没有红细胞凝集特性,但却有红细胞吸附现象。由于成熟的病毒粒子逸出到营养液后,才会使含有病毒的培养物具有红细胞凝集特性,而病毒在感染细胞后开始合成病毒成分时,就可使感染细胞吸附红细胞,所以红细胞吸附现象一般早于凝集现象。红细胞吸附现象也可以被特异性抗血清所抑制,因此在病毒快速鉴定,特别是对某些不产生细胞病变的病毒进行鉴定时,常用红细胞吸附和红细胞吸附抑制试验。

【器材准备】

(1)6 孔或 12 孔感染病毒(副黏病毒)的细胞培养板和未被病毒感染的细胞培养板。

(2)0.5%鸡红细胞。

(3)PBS(pH 7.4)。

(4)微量移液器和吸头等。

【实验步骤】

(1)在倒置显微镜下观察细胞培养物的 CPE。

(2)吸去培养板孔中的培养液。

(3)向每孔中加入 0.2 mL 0.5%红细胞悬液。轻轻摇晃,使红细胞覆盖整个单层细胞。

(4)置于 37 ℃培养箱中感作 30 min。随后向培养板的各孔加入适量的 4 ℃保存的 PBS,轻轻晃动,弃去悬浮的红细胞液。

(5)置低倍镜下观察,呈阳性反应时,红细胞黏附于被病毒感染的细胞表面,病毒量较大时,整个单层细胞均粘满红细胞。

【注意事项】

(1)细胞吸附实验过程中的感作温度可根据病毒特性采用 4 ℃或 37 ℃。

(2)进行红细胞吸附抑制实验时,先用 Hank's 液将病毒感染细胞漂洗 2 次,然后每孔加入适当稀释的特异抗血清,室温或 37 ℃感作 30 min 后再进行红细胞吸附试验即可。

【实验报告】

(一)实验结果

绘制表格说明耐热性、氯仿敏感性、乙醚敏感性、耐酸性、胰蛋白酶敏感性、病毒核酸型鉴定的药物抑制和红细胞吸附实验结果。

(二)思考题

分别叙述5-碘-2-脱氧尿嘧啶抑制试验、氯仿敏感性试验和红细胞吸附实验在病毒生物学特性检查中的意义。

实验 16　病毒的血清学鉴定

(Serological Identification of Virus)

【目的要求】

(1)掌握酶联免疫吸附试验的操作方法。

(2)掌握酶联免疫吸附试验结果的判定及表示方法。

(3)掌握中和试验的操作方法。

(4)掌握病毒毒价和半数计量的计算方法。

【基本原理】

常用的血清学病毒鉴定技术有血凝抑制试验、酶联免疫吸附试验(ELISA)和中和试验等。血凝抑制试验常用于新城疫病毒、禽流感病毒等能凝集某种哺乳动物或禽类红细胞的病毒。血凝试验和血凝抑制试验将在第六章实验 31 鸡新城疫病毒中详述,本章不再重复介绍,这里主要介绍 ELISA 试验和中和试验。

(一)ELISA 试验

ELISA 是一类在固相载体上进行免疫酶染色的免疫酶技术,既可检测抗原,又可检测抗体。其基本原理是,抗原或抗体吸附到固相载体表面后,仍保持免疫活性,可与相应的酶标记抗体(或抗原)结合形成免疫复合物。这一复合物仍保持抗原或抗体的免疫活性和酶的催化活性,在遇到相应的底物时,可催化底物水解、氧化或还原,从而产生有色物质。因颜色的深浅与相应的抗体或抗原量成正比,故可借助于颜色的深浅来定量检测抗体或抗原。该技术具有敏感性高、特异性强、简便、易于大规模检测的特点。

标记用酶有辣根过氧化物酶(HRP)、碱性磷酸酶(AKP)、β-半乳糖苷酶(β-galactosidase)、葡萄糖氧化酶(glucose oxidase)等,其中以 HRP 最为常用。酶标记方法有戊二醛法和过碘酸钠氧化法。HRP 的作用底物为 H_2O_2,催化时需供氢体。用于 ELISA 的供氢体有联大茴香胺(OD)、邻苯二胺(OPD)、邻苯甲苯胺(OT)、5-氨基水杨酸等,其中以 OD 和 OPD 最为常用。以 OD 为供氢体时,终止剂为 5 mol/L HCl,终止颜色为黄色,测定波长为 400 nm;以 OPD 为供氢体时,终止剂为 2 mol/L H_2SO_4,终止颜色为橘黄色,测定波长为 492 nm。ELISA 既可用于检测抗原,也可用于检测抗体。根据检测目的和操作步骤的不同,可划分为间接法、夹心法、双夹心法、竞争法等检测方法。

每次 ELISA 试验均需设阳性和阴性对照。肉眼观察时,如样本颜色超过阴性对照即可判为阳性。用酶联免疫测定仪测定时,还应设空白对照,在测定光密度(OD)值时应加底物溶液与终止液,用以调零。结果可按下列方式表示:

(1)以“+”“-”表示阳性、阴性。若样本的吸收值(OD 值)超过规定吸收值,则判为阳性,否则为阴性(规定吸收值=阴性样本的吸收值之均值+2 或 3 倍 SD,SD 为标准差)。

(2)用终点滴度表示。将样本作连续倍比稀释,测定各稀释度的 OD 值,以最高稀释度的阳性反应(如规定大于某一 OD 值或阴阳性比值大于某一数值)为该样本的滴度或效价。

(3)以 P/N 比值表示。待测样本 OD 值与一组阴性对照 OD 值均值之比即为 P/N 比值。若样本的 P/N 值≥1.5,即判为阳性。

(4)定量测定。对于抗原的定量测定(如酶标抗原竞争法),需事先用标准抗原制备一条吸收值(OD 值)与浓度的相关标准曲线,这样只要测出样本的吸收值,即可查出其抗原浓度。

(二)中和试验

特异性的抗病毒免疫血清(中和抗体)和病毒结合后,会使病毒不能吸附于敏感细胞,或抑制病毒穿入和脱壳,使其失去感染能力。这不但表现为质的方面,即一种病毒只能被相应的免疫血清所中和;还表现在量的方面,即中和一定量病毒必须有一定效价的免疫血清。中和试验具有高度特异性和敏感性,不仅可用于病毒的种型鉴定、抗原分析及疫苗免疫原性的评价,还可用于中和抗体的效价滴定。

中和试验是以测定病毒的感染力为基础的,所以必须在动物、鸡胚、组织细胞等活体内进行,而且必须选用对病毒敏感的细胞、动物或鸡胚材料。中和抗体滴度的判定是以比较病毒被免疫血清中和后残存感染力为依据,因此对照设置十分重要。中和试验常用的方法有固定血清稀释病毒法、固定病毒稀释血清法、简单定性试验等。其中,固定血清稀释病毒法主要用于未知病毒的鉴定,也可用于不同毒株的交叉反应,以及比较病毒感染急性期和康复期的血清抗体水平;固定病毒稀释血清法常用于测定抗血清的滴度或疫苗的免疫原性;简单定性试验主要用于检出病料中的病毒,亦可进行病毒初步鉴定或定型。

【器材准备】

(一)ELISA 试验

(1)含新城疫病毒的鸡胚尿囊液(待检病毒)、抗新城疫病毒鸡免疫球蛋白、抗新城疫病毒兔血清(用新城疫病毒抗原免疫家兔制备)、市售酶标羊抗兔 IgG(HRP-羊抗兔 IgG)。

(2)聚苯乙烯微量反应板。

(3)包被液:0.1 mol/L pH 9.6 碳酸盐缓冲液。

(4)洗涤液:0.02 mol/L pH 7.4 PBS(含 0.15 mol/L NaCl、0.05%吐温-20)。

(5)稀释液:0.02 mol/L pH 7.4 PBS(含 0.15 mol/L NaCl、0.05%吐温-20、10%犊牛血清或 1%牛血清白蛋白)。

(6)底物溶液:0.1 mol/L pH 5.0 磷酸盐(Na_2HPO_4)-柠檬酸缓冲液 100 mL(含 40 mg 邻苯二胺、0.15 mL 30% H_2O_2)。

(7)2 mol/L H_2SO_4(浓 H_2SO_4 22.2 mL 加水 177.8 mL)。

(二)中和试验

(1)新城疫病毒、鸡胚、鸡胚成纤维细胞、新城疫病毒抗血清、正常鸡血清、待检血清等。

(2)微量移液器等。

(3)稀释液:Hank's 液 90 mL、5%乳蛋白水解物 10 mL、青霉素 50 IU/mL、链霉素 50 μg/mL、pH 7.2 PBS。

【实验步骤】

(一)ELISA 试验

(1)抗体包被。用 0.1 mol/L pH 9.6 碳酸盐缓冲液将抗新城疫病毒鸡免疫球蛋白稀释至所需浓度,然后加入聚苯乙烯微量反应板孔中,每孔 200 μL,4 ℃包被过夜。

(2)洗涤。倾去孔内抗体溶液,甩干。用洗涤液加满各孔,室温放置 3 min,弃去洗涤液,甩干;如此重复洗涤 3～5 次。

(3)封闭。每孔加入以 0.1 mol/L pH 9.6 碳酸盐缓冲液稀释的 1%牛血清白蛋白 200～400 μL,37 ℃孵育 3 h(或 4 ℃过夜),减少非特异性反应的发生。

(4)洗涤。同上述步骤(2)。

(5)加待检样品。每孔加入经稀释液稀释的待检病毒 200 μL,同时设 2 孔阳性、2 孔阴性对照,37 ℃孵育 2 h。

(6)洗涤。同上述步骤(2)。

(7)加入最佳工作浓度的抗新城疫病毒兔血清 200 μL,37 ℃孵育 2 h。

(8)洗涤。同上述步骤(2)。

(9)加入最佳工作浓度的酶标羊抗兔 IgG,每孔 200 μL,37 ℃孵育 2 h。

(10)洗涤。同上述步骤(2)。

(11)加底物溶液。每孔加入 200 μL 新鲜配制的底物溶液,37 ℃避光反应 30 min。

(12)终止反应。每孔加入 2 mol/L H_2SO_4 50 μL 终止反应。

(13)结果判定:在 490 nm 波长下测定样品的 OD 值,计算 P/N 比值,若 P/N≥2 判为阳性。或用肉眼观察显色变化,若样本颜色比阴性对照深,即可判为阳性。

(二)中和试验

(1)病毒毒价的测定:中和试验以能中和一定量病毒的感染力为基础。因此,必须先测定病毒的感染力,进行毒价滴定。通常将病毒原液 10 倍系列稀释,选择 4～6 个稀释倍数病毒液接种细胞(或鸡胚、实验动物),每组 3～6 管(只),接种后观察一定时间内的细胞病变数(或死亡数),然后按 Reed-Muench 法计算组织培养半数感染量($TCID_{50}$)、鸡胚半数致死量(ELD_{50})或半数致死量(LD_{50})。具体操作方法见本书第三章实验 12。

(2)固定病毒稀释血清法:①将事先已测定效价的新城疫病毒原液稀释成 200$TCID_{50}$/0.1 mL(或用 ELD_{50}、LD_{50}衡量)。②将正常鸡血清和待检鸡血清 56 ℃灭活 30 min,冷却后使用。③将灭活后的血清用 Hank's 液稀释,使其稀释度分别为 1∶10、1∶20、1∶40、1∶80、1∶160、1∶320、1∶640 和 1∶1 280。④取稀释好的病毒液 0.5 mL,分别与不同稀释度的待检血清和阴性血清等量混合,37 ℃水浴作用 1 h。每一稀释度接种 3～6 瓶细胞(或鸡胚、实验动物),观察细胞病变(或死亡数)。同时设置不加血清的病毒液对照、空白对照,必要时设置阳性血清对照。⑤统计细胞病变数(或鸡胚、实验动物死亡数),然后按 Reed-Muench 法计算出被检血清的中和价(PD_{50}),其计算方法同 $TCID_{50}$的计算。

(3)固定血清稀释病毒法。①待检血清和正常鸡血清经 56 ℃水浴灭活 30 min。②将新城疫病毒用稀释液作连续 10 倍系列稀释(10^{-1}～10^{-5})(由于不同病毒的感染力有明显差异,因此在稀释方法上可根据具体条件适当修改)。③准备 2 列无菌离心管,每列 4 支。第 1 列各管加待检血清 0.6 mL，第 2 列各管加阴性血清 0.6 mL。随后各管分别加 10 倍系列稀释的各病毒液 0.6 mL。病毒与血清混合后，于 37 ℃水浴 1 h。每一稀释度分别接种 3～6 瓶细胞（或鸡胚、实验动物），逐日观察并记录细胞病变（或死亡数）。死亡的鸡胚经冷藏后分别收获尿囊液，检测血凝性，若无血凝，则表明为非特异性死亡。若待检血清中有抗新城疫病毒的抗体，则鸡胚的死亡率应明显低于阴性对照血清组。④计算 $TCID_{50}$（或 ELD_{50}、LD_{50}）和中和指数。中和指数＝中和组 $TCID_{50}$/对照组 $TCID_{50}$。

本法多用于检出待检血清中的中和抗体，通常中和指数大于 50 者判为阳性，10～49 为可疑，小于 10 为阴性。

（4）简单定性中和试验。先根据病毒易感性选定试验动物（或鸡胚、细胞培养）及接种途径。将病料研磨，并稀释成一定浓度（100～1 000LD_{50} 或 $TCID_{50}$）。污染的病料需加抗生素（青霉素 200～1 000 IU、链霉素 200～1 000 μg），或用细菌滤器过滤，与已知的抗血清（适当稀释或不稀释）等量混合，并用正常血清加稀释病料进行对照。混合后置 37 ℃作用 1 h，分别接种实验动物（或鸡胚、细胞培养），每组至少 3 只（枚、瓶）。观察发病和死亡情况。对照动物（或鸡胚）死亡，若中和组动物（或鸡胚）存活，则证实该病料中含有与该抗血清相应的病毒。

【注意事项】

（一）ELISA 试验

（1）不同试验最佳反应条件不同。在进行 ELISA 试验时，如果采用标准试剂盒，可按操作说明进行；如果没有标准试剂盒，在正式试验前，必须先进行一系列预试验，以确定其最佳反应条件。一般要求对抗原（或抗体）包被浓度、被检血清（或抗原）稀释浓度、一抗作用时间、二抗作用时间、底物作用时间等进行测定。

（2）ELISA 的影响因素主要有聚苯乙烯微量反应板的质量、批次，抗原和抗体的纯度等。

（3）试验中洗涤要彻底，尽量避免试验误差。

（4）底物溶液应现配现用，并避光保存。

（5）加入终止液终止反应后，应尽快判定结果。

（二）中和试验

（1）为了保证病毒毒力的稳定性，使用前最好连续传代 2 次。

（2）血清中往往存在一些能非特异性的增强抗体中和病毒作用的物质，因此使用前必须将血清在 56 ℃下灭活 30 min。

（3）病毒与血清混合后，一般采用 37 ℃水浴 1 h，但是具体时间应根据病毒的耐热情况而定。

（4）操作要求准确、无菌，要防止因操作不慎发生实验动物或鸡胚非特异性死亡。

【实验报告】

（一）实验结果

（1）判定并记录新城疫病毒 ELISA 检测结果。

（2）计算新城疫病毒 $TCID_{50}$（或 ELD_{50}、LD_{50}）、中和价（PD_{50}）和中和指数。

（3）描述实验过程中鸡胚或实验动物的发病或死亡情况，或细胞病变情况。

（二）思考题

（1）试述 ELISA 试验的原理。

（2）ELISA 试验中，哪些方法可用于病毒的检测和鉴定？基本步骤如何？怎样进行结果的判定？

（3）影响 ELISA 试验的因素有哪些？

（4）如何表示病毒的毒价？

（5）中和效价与中和指数的含义是什么？

（6）病毒中和试验有何用途？

（7）分析抗体使病毒失去感染力的机理。

实验 17　病毒的分子生物学鉴定

(Molecular Biology Identification of Virus)

近年来，随着分子生物学研究的发展，基因检测技术在微生物学方面的应用取得了长足的发展。由于部分病原微生物的基因组已被克隆并进行了核苷酸序列测定，因此根据病原微生物的基因组特点，应用分子生物学技术对样品中相应病原微生物的核酸进行检测，可以特异、敏感地判定样品中相应病原微生物的存在。在微生物学研究及病原感染性疾病的诊断中，最常用的病原核酸检测技术有聚合酶链式反应（polymerase chain reaction，PCR）、RT-PCR、荧光定量 PCR、核酸杂交等技术，现对病毒核酸（DNA、RNA）的分离、PCR、RT-PCR、荧光定量 PCR、核酸杂交等技术的基本原理、操作方法、应用及影响因素等进行概述。

一、病毒核酸的 PCR 检测

【目的要求】

（1）通过本实验使学生掌握 PCR 检测技术的基本原理，了解影响 PCR 技术的常见因素。

（2）熟悉病毒核酸（DNA）的提取与病毒 PCR 技术的操作方法和应用。

【基本原理】

鸡传染性喉气管炎（infectious laryngotracheitis，ILT）是由疱疹病毒科、α-疱疹病毒亚科的传染性喉气管炎病毒（*Infectious laryngotracheitis virus*，ILTV）所引起的一种急性上呼吸道传染病，常表现为呼吸困难、产蛋鸡产蛋下降和死亡，是危害养鸡业发展的重要疫病之一。在临诊上鸡传染性喉气管炎易与其他一些呼吸道疾病，如禽流感、新城疫、传染性支气管炎、支原体感染等相混淆。常规检测 ILTV 的方法有病原分离鉴定和血清学试验，这些经典方法相对费时且敏感性差，不能检测亚临床感染。潜伏感染是该病的一种重要表现形式。PCR 有快速、敏感、特异的特点，已被广泛应用于病毒核酸检测。本实验将以 PCR 方法检测鸡传染性喉气管炎病毒核酸为例，对 PCR 方法进行介绍。

PCR 是体外酶促合成特异 DNA 片段的一种方法。典型的 PCR 由高温使模板变性、引物与模板退火和引物沿模板延伸 3 步反应组成一个循环。通过多次循环反应，使目的 DNA 得以扩增。其主要步骤是：将待扩增的模板 DNA 经高温（通常为 93～94 ℃）处理，使其变性解成单链，人工合成的两个寡核苷酸引物在适合的复性温度下，分别与目的基因的两条单链互补结合，两个引物在模板上结合的位置决定了扩增片段的大小；耐热的 DNA 聚合酶（Taq 酶）在 72 ℃将单核苷酸从引物的 3′端开始掺入，以目的基因为模板从 5′→3′方向延伸，合成 DNA 新的互补链。如此反复进行，每一次循环所产生的 DNA 均能成为下一次循环的模板，每一次循环都使两条人工合成的引物间的 DNA 特异区拷贝数扩增 1 倍。PCR 产物得以 2^n 的指数形式迅速扩增，经过 25～30 个循环后，理论上可使引物间基因扩增 10^9 倍以上，实际上一般可达 10^6～10^7 倍（图 3-7）。

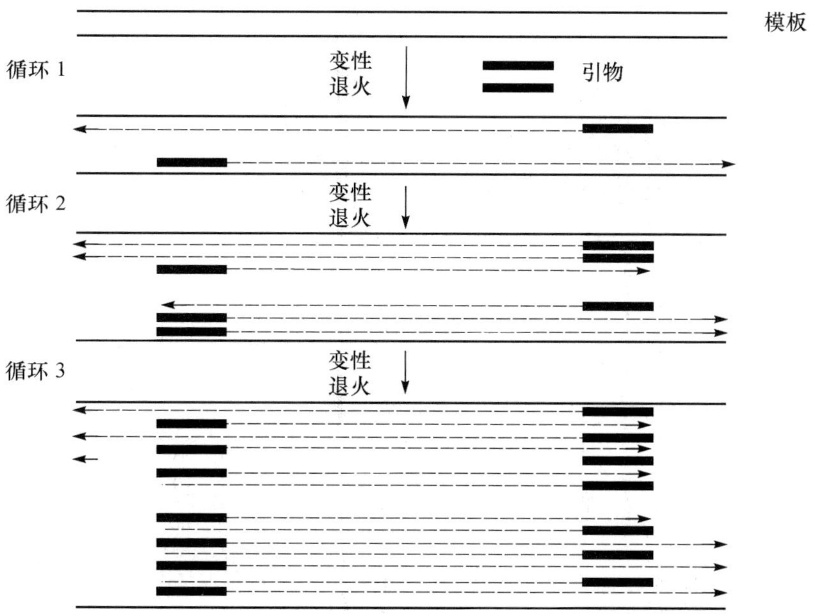

图 3-7　PCR 基本原理示意图

本实验是将含 ILTV 被检样品经裂解、变性后，提取病毒 DNA。选择 ILTV 的 TK 基因保守序列设计引物，由于引物与 ILTV 的 TK 基因存在着特异的互补性，当加入 DNA 聚合酶后，就会在引物的引导下合成该基因片段。该基因片段通过人工扩增后，经含溴乙锭的琼脂糖凝胶电泳，在紫外灯下可显示橙红色 ILTV DNA 条带，可根据片段大小来判定标本中 ILTV 核酸的存在。

【试剂及器材准备】

(1)组织裂解液：将醋酸钠 1.7 g、EDTA 钠盐 4.65 g、20 mg/mL 蛋白酶 K 2.5 mL、100 g/L SDS 10 mL，溶解于用 DEPC 处理的三蒸水中，定容至 50 mL。

(2)3 mol/L 醋酸钠缓冲液(pH 5.2)、酚/氯仿/异戊醇混合液(25∶24∶1)、无水异丙醇及 70%酒精。

(3)DNA 分子量标准。

(4)10×PCR 缓冲液、2×PCR mix。

(5)50×TAE 缓冲液：将 242 g Tris、57.1 mL 冰乙酸、100 mL 0.5 mol/L EDTA(pH 8.0)定容至 1 000 mL 三蒸水中。使用时稀释 50 倍，即为 1×TAE 缓冲液。

(6)ILTV 北京 E2 株、ILTV 可疑组织样品、ILTV 阴性组织样品等。

(7)引物序列：参考已发表的 ILTV 的 TK 基因序列，设计并合成一对引物，序列如下：

引物 P1：5′-TTCGAGAACGATGACTCCG-3′；

引物 P2：5′-ATAGTCATCTGAACTTCCGC-3′。

(8)主要仪器：台式高速离心机、PCR 扩增仪、电泳仪、水平式电泳槽、紫外透射反射分析仪、微量移液器、离心管和吸头等。

【实验步骤】

(一)病毒核酸的提取

(1)分别取 ILTV 可疑组织样品上清液 200 μL、组织裂解液 20 μL 置于离心管中,60 ℃水浴 1 h,同时设 ILTV 北京 E2 株、ILTV 阴性组织样品对照。

(2)加酚/氯仿/异戊醇混合液 200 μL,上下颠倒混匀,以 14 000 r/min 离心 5 min,吸上清液于另一新的离心管中。

(3)加 1/10 体积的 3 mol/L 醋酸钠缓冲液(pH 5.2)及 2 倍体积的无水异丙醇沉淀 6 min。以 14 000 r/min 离心 15 min,弃上清液。

(4)加 70%酒精至离心管 2/3 处,混匀,洗涤沉淀。以 14 000 r/min 离心 15 min,弃上清液,室温下使酒精挥发。

(二)加样及 PCR 扩增

(1)按以下次序将各成分加入 0.2 mL 灭菌离心管中,总反应体系 25 μL。

引物 P1(25pmol/μL)	1.0 μL
引物 P2(25pmol/μL)	1.0 μL
2×PCR Mix	12.5 μL
模板液(病毒核酸提取液)	1.0 μL
双蒸水	9.5 μL

(2)将上述混合液稍加离心,调整好反应程序,立即置 PCR 仪上,执行扩增。94 ℃预变性 3 min;进入循环扩增阶段:94 ℃ 60 s,58 ℃ 30 s,72 ℃ 60 s,循环 30～35 次;最后再 72 ℃保温 7 min。

(三)电泳检测

(1)将倒胶槽两端用透明胶带封闭并放置在水平台面上,放好梳板,使梳板齿下沿距倒胶槽板 1 mm。

(2)配制合适浓度的琼脂糖凝胶,如配制 1.2%凝胶,即称取琼脂糖 1.2 g 于三角锥瓶中,加入 100 mL 1×TAE 电泳缓冲液,置微波炉中加热煮沸后以蒸馏水补足体积至 100 mL,迅速混匀,待冷至 60 ℃左右时,加入 100 μL 0.5 mg/mL EB 液,充分混匀,倒至倒胶槽内,使厚度为 3～5 mm,排除气泡后待胶完全凝固,撕去两端胶带。

(3)将倒胶槽置电泳槽中,加入 1×TAE 电泳缓冲液,使其没过胶面 2～3 mm,轻轻拔出梳板。

(4)加样:取 PCR 产物 5 μL,加入点样孔中,注意不要溢出孔外。同时设 DNA 分子质量标准。

(5)电泳:样品在负极端,接通电源,5 V/cm 恒压电泳 30～60 min 即可。

(6)检测:电泳结束,关闭电泳仪电源,取出倒胶槽,将电泳完毕的琼脂糖凝胶放在波长为 300 nm 的紫外灯下观察,可见橘红色明亮带,根据电泳条带的位置判断结果。

（四）结果判定

在阳性对照孔出现相应扩增带、阴性对照孔无此扩增带时判定结果。若样品扩增带与阳性对照扩增带（约 265 bp）处于同一位置，则判定为 ILTV 核酸阳性，否则判定为阴性。

【注意事项】

（1）所有实验结果都有成功或失败。该有结果但未出现扩增基因条带，称作假阴性；不该有结果而出现了扩增基因条带，称为假阳性。PCR 实验中最常见的问题就是假阴性和假阳性问题。

假阴性：出现假阴性结果常见的原因有 Taq DNA 聚合酶活力不够，或活性受到抑制；引物设计不合理；提取的病毒核酸模板质量或数量不过关或不足，以及 PCR 系统欠妥；循环次数不够等。为了防止假阴性结果的出现，在选用 Taq DNA 聚合酶时，要注意使用活力高、质量好的酶。同时在提取病毒核酸模板时，应特别注意防止抑制酶活性物质（如酚、氯仿）的存在。尽管 Taq DNA 聚合酶对模板纯度要求不高，但也不允许破坏性有机试剂的污染。要保证引物的 3′端与靶基因的互补。PCR 反应的各温度点的设置要合理。

假阳性：PCR 反应的最大特点是具有较大扩增能力与极高的敏感性，但令人头痛的问题是易污染。极其微量的污染即可造成假阳性结果的产生，所以污染是 PCR 假阳性结果的主要根源。污染的原因可能有：①样品间交叉污染，主要有收集样品的容器被污染，或样品放置时，由于密封不严溢出容器，或容器外壁黏有样品而造成相互间交叉污染；样品核酸模板在提取过程中，由于移液器污染导致样品间污染；有些微生物样品尤其是病毒可随气溶胶或形成气溶胶而扩散，导致彼此间的污染。②PCR 试剂的污染，主要是在 PCR 试剂配制过程中，移液器、容器、双蒸水及其他溶液被 PCR 核酸模板污染。③PCR 扩增产物污染，是 PCR 反应中最主要最常见的污染问题，因为 PCR 产物复制量大，远远高于 PCR 检测个数复制的极限，所以极微量的 PCR 产物污染，就可造成假阳性。还有一种情况容易忽视，即气溶胶污染。空气与液体表面摩擦时就可形成气溶胶，在操作时比较剧烈地摇动反应管，以及开盖或吸样时，用已污染移液器的反复吸样都可形成气溶胶而污染。④实验室中克隆质粒的污染，在分子生物学实验室及某些用克隆质粒做阳性对照的检验室比较常见。因为克隆质粒在单位容积内含量相当高，以及在纯化过程中需用较多的用具及试剂，而且寄主活细胞生长繁殖的简便性及强生命力，也导致污染的可能性很大。

为了避免污染造成的假阳性，PCR 操作时应采取如下措施：①合理分隔实验室，将样品的处理、配制 PCR 反应液、PCR 循环扩增及 PCR 产物的鉴定等步骤分区或分室进行，特别注意样本处理及 PCR 产物的鉴定应与其他步骤严格分开，最好能划分标本处理区、PCR 反应液制备区、PCR 循环扩增区、PCR 产物鉴定区。②移液器污染是值得注意的问题，操作时不慎将样品或模板核酸吸入移液器内或黏上吸头都是严重的污染，因而加样或吸取模板核酸时要十分小心，吸样要慢，吸样时尽量一次性完成，忌多次抽吸，以免交叉污染或产生气溶胶污染。③所有的 PCR 试剂都应小量分装，如有可能，PCR 反应液应预先配制好，然后小量分装，−20 ℃保存，以减少重复加样次数，避免污染机会。另外，PCR 试剂及反应液应与样品及 PCR 产物分开保存，不应放于同一冰盒或同一冰箱。④防止操作人员污染，手套、吸头、小离心管应一次性使用。⑤设立适当的阳性对照和阴性对照，阳性对照以能出现扩增条带的最低量的标准核酸为宜，并注意交叉污染的可能性，每次反应都应有一管不加模板的试剂对照及相应不含有被扩增核酸的样品作阴性对照。⑥减少 PCR 循环次数，只要 PCR 产物达到检测水平就适可而止。⑦选择质量好的离心管，以避免样本外溢及外来核酸进入；打开离心管前应先离心，将管壁及管盖上的液体离心至管底部，开管动作要轻，以防管内液体溅出。

（2）注意个人防护和环境保护。电泳中用到的 EB 可诱发基因突变，试验中被 EB 污染的物品要有专用收集处，并通过焚烧作无害化处理。

（3）实验用品应专用，实验前应将实验室用紫外线照射以破坏残留的 DNA 或 RNA。

总而言之，PCR 的条件是随系统而异的，并无统一的最佳条件，先选用通用的条件扩增，然后可以通过稍稍改变各参数使反应条件得到优化，以取得优良的特异性和产率。

【实验报告】

（一）实验结果

你所做的 ILTV 核酸 PCR 检测阳性对照是否出现基因扩增条带？如果有基因扩增条带，请对你的试验结果进行描述。如果失败，请分析其原因。

（二）思考题

（1）试述 PCR 技术的基本原理。

（2）影响 PCR 实验成功的因素有哪些？

（3）PCR 检测中出现假阳性结果，可能导致的因素有哪些？

（4）根据实验过程中的体会，总结如何做好病毒核酸 PCR 检测实验？关键因素有哪些？

二、病毒核酸的 RT-PCR 检测

【目的要求】

（1）通过本实验初步了解和掌握 RNA 病毒核酸 RT-PCR 检测技术的基本原理和影响病毒 RT-PCR 检测结果的因素。

（2）熟悉 RT-PCR 技术的操作方法和应用。

【基本原理】

RT-PCR 是体外酶合成 DNA 片段的一种方法，它是以 RNA 为模板，根据碱基配对原则，按照 RNA 的核苷酸顺序合成 DNA。这一过程与一般遗传信息流转录的方向相反，故称为反转录。其基本过程是以 RNA 为模板，dNTP 为底物，按 5′→3′方向，合成一条与 RNA 模板互补的 DNA 单链，这条 DNA 单链称为互补 DNA（complementary DNA，cDNA），它与 RNA 模板形成 RNA-DNA 杂交体。随后又在反转录酶的作用下，水解掉 RNA 链，再以 cDNA 为模板合成第二条 DNA 链。至此，完成由 RNA 指导的 DNA 合成（图 3-8），然后对 DNA 进行 PCR 扩增。本实验以 RT-PCR 方法检测猪繁殖与呼吸综合征病毒（porcine reproductive and respiratory syndrome virus，PRRSV）核酸为例，对 RT-PCR 方法进行介绍。

【器材准备】

（1）Trizol LS Reagent RNA 提取试剂。

（2）氯仿、异丙醇、70%酒精。

（3）DEPC 处理水：按 1∶1 000 的比例将 DEPC 加入三蒸水，室温放置 12 h 以上。

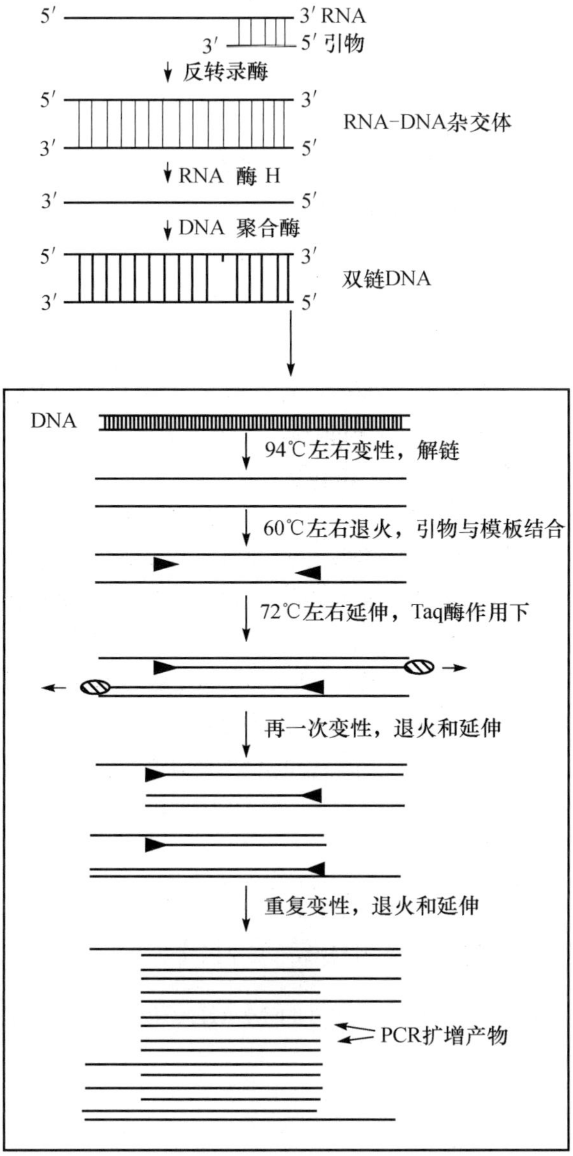

图 3-8　RT-PCR 基本原理示意图

(4)Dream Taq™ Green PCR Master Mix(2×)。

(5)M-MLV RT 反转录试剂盒。

(6)RNA 酶抑制剂(40 U/μL)。

(7)2.5 mmol/L dNTPs:dATP、dCTP、dGTP、dTTP 各 2.5 mmol/L。

(8)DNA 相对分子质量标准。

(9)同本实验“一、病毒核酸的 PCR 检测”电泳相关内容。

(10)PRRSV 标准毒株、PRRSV 可疑组织样品、PRRSV 阴性组织样品等。

(11)引物:①反转录引物:可用随机引物(Random Primers)(市售),或 Oligo(dT)$_{12-18}$(市售)或 Random Primers 与 Oligo(dT)按 3∶1 混合,或用 PRRSV 下游单侧特异性引物。

②PCR 引物序列：以 PRRSV 保守的 ORF7 基因作为扩增靶区，设计并合成一对引物，序列如下：

上游引物 F：5′-ATGCCAAATAACAACGGCAAGC-3′

下游引物 R：5′-TTAATTTGCACCCTGACTG-3′

（12）仪器：台式高速离心机、PCR 扩增仪、电泳仪、水平式电泳槽、紫外透射反射分析仪、微量加样器、Eppendorf 管、吸头与水浴箱等。

【实验步骤】

（一）病毒核酸（RNA）的提取

病毒核酸（RNA）分离方法很多，实际应用时可灵活考虑。本实验选择市售商品化 Trizol LS Reagent RNA 提取试剂，完成对 PRRSV 基因组 RNA 的提取。操作按 Trizol LS Reagent RNA 提取试剂使用说明书进行，步骤如下：

（1）在 3 个 1.5 mL 离心管中分别加入 250 μL 的 PRRSV 细胞培养物、PRRSV 可疑组织液、PRRSV 阴性组织液和 750 μL TRIZOL LS，盖上管盖，倒置混匀，室温放置 10 min。

（2）每管加入 200 μL 氯仿，剧烈振荡 15 s，室温静置 5 min，使核蛋白质复合体彻底裂解。

（3）4 ℃下以 12 000 r/min 离心 15 min，将上层含 RNA 的水相移入一新管中。为了降低被处于水相和有机相分界处的 DNA 污染的可能性，不要吸取水相的最下层。

（4）加入等体积的异丙醇，充分混匀液体，室温放置 10 min。

（5）4 ℃下以 12 000 r/min 离心 15 min，弃上清液，用 70%酒精洗涤沉淀，离心。再用吸头吸弃上清液，自然干燥，沉淀溶于适量 DEPC 处理水中，直接用于 RT-PCR 或－80 ℃贮存，备用。

另外，也可选择异硫氰酸胍法完成 PRRSV RNA 的提取。

（二）病毒 cDNA 链的合成（反转录，RT）

病毒 cDNA 链的合成参照 Promega 公司的 M-MLV 反转录酶试剂盒使用说明进行，反应体系如下：

MLV 5×Buffer	4.0 μL
2.5 mmol/L dNTPs	4.0 μL
MLV-RT 酶	1.0 μL(200U/μL)
RNA 酶抑制剂	0.5 μL(40U/μL)
反转录引物：Oligo(dT)	1.0 μL
提取的 RNA	5.0 μL
DEPC 水	4.5 μL

总反应体系 20 μL。

混匀，42 ℃水浴 50 min，最后 70 ℃水浴 15 min，完成 cDNA 链合成。取出后可以直接进行 PCR，或者－20 ℃保存备用。

（三）PCR 扩增

根据扩增目的，选择引物 F 与 R，按 Dream Taq™ Green PCR Master Mix 使用说明进行，

步骤如下：

(1)按以下次顺序将各成分加入 0.2 mL 灭菌离心管中。

cDNA	2.0 μL
引物 F(25pmol/μL)	1.0 μL
引物 R(25pmol/μL)	1.0 μL
2×PCR Mix	12.5 μL
双蒸灭菌水	8.5 μL

总反应体系 25 μL。

(2)全部加完后，混悬，瞬时离心，使液体都沉降到离心管底。

(3)在 PCR 扩增仪上执行反应程序：94 ℃ 3 min 后进入循环，94 ℃ 30 s、50 ℃ 45 s、72 ℃ 1 min，30 个循环，最后 72 ℃延伸 10 min。可根据扩增目的基因的不同，选择不同的循环参数。

(四)电泳检测

同本实验“一、病毒核酸的 PCR 检测”相关内容。

(五)结果判定

在阳性对照出现相应基因扩增条带，而阴性对照无基因扩增条带时即可判定结果。若样品基因扩增条带与阳性对照处于同一位置，则判定为 PRRSV 核酸检测阳性，否则判定为阴性。

【注意事项】

(1)分离高质量的病毒 RNA 是 RT-PCR 成败的关键。由于 RNA 酶无处不在，且可耐受多种处理(如煮沸)而不失活，因此 RNA 在分离过程中极易受其污染而降解。为了获取完整的 RNA，应创造一个无 RNA 酶的环境。整个操作过程应戴一次性 PE 手套并勤换。所有实验用玻璃器皿及镊子都应于实验前一日经高温(240 ℃)烘烤以达到消除 RNA 酶的目的。注意应采用灭菌的一次性塑料制品，且不得重复使用。非一次性的玻璃和塑料用品须在使用前用 0.05%焦碳酸二乙酯(DEPC)室温下处理过夜，然后高压灭菌去除 DEPC，以确保无 RNA 酶。所有溶液(Tris 除外)均须加入 0.05% DEPC 处理过夜后高压灭菌。

(2)病毒 cDNA 链的合成(反转录)步骤中，应将 RNA 溶液置 65 ℃中温育，然后冷却再加样，目的是破坏 RNA 的二级结构，尤其是 mRNA Poly(A+)尾处的二级结构，使 Poly(A+)尾充分暴露，从而提高 Poly(A+)RNA 的回收率，此步骤不能省略。

【实验报告】

(一)实验结果

观察 RT-PCR 检测 PRRSV 核酸阳性对照是否出现相应基因扩增条带。如果有，请对试验结果进行描述；如果失败，请分析其原因。

(二)思考题

(1)试述 RT-PCR 技术的基本原理。

(2)影响 RT-PCR 实验成功的因素有哪些?

(3)若 RT-PCR 检测中出现假阳性,可能导致结果的因素有哪些?

(4)根据实验过程的体会,总结如何做好 RT-PCR 实验?关键因素有哪些?

三、病毒核酸的实时荧光定量 RT-PCR 检测

【目的要求】

(1)通过本实验掌握实时荧光定量 RT-PCR 技术的基本原理和应用范围。

(2)了解实时荧光定量 RT-PCR 技术操作方法和影响因素。

【基本原理】

实时荧光定量 RT-PCR 技术(real-time quantitative RT-PCR,real-time RT-PCR)融汇了 RT-PCR 的高敏感性、高特异性和光谱技术的高精确定量等优点,直接探测 PCR 过程中荧光信号的变化,以获得核酸定量的结果,且不需要 RT-PCR 后处理或电泳检测,完全闭管操作(整个过程中仅有加入样品的一次开盖),克服了常规 RT-PCR 技术的诸多难题,自动化程度高,并可对起始核酸模板进行定量。实时荧光定量 RT-PCR 技术采用一个双标记荧光探针检测 PCR 产物的积累,可精确、重复地定量基因复制数。该技术所用的探针可以分为 TaqMan 探针、分子信标、杂交探针和 amplisensor 探针 4 种。以 TaqMan 探针为例,该技术是在常规 RT-PCR 的基础上,添加了一条标记了两个荧光基团的探针。荧光报告基团(R)标记在探针的 5′端,荧光淬灭基团(Q)标记在探针的 3′端,两者可构成能量传递结构,即荧光报告基团所发出的荧光可被荧光淬灭基团吸收。在 PCR 过程中,TaqMan 探针同 PCR 产物特异杂交,由于 Taq 酶具有 5′到 3′的外切酶活性,故在引物延伸阶段将 TaqMan 探针切断,荧光淬灭基团(Q)抑制作用消失,报告基团发射荧光信号。伴随 PCR 产物的增加,荧光信号增强,通过荧光信号的积累实现对 PCR 反应的实时监控(图 3-9)。本实验以实时荧光定量 RT-PCR 方法检测 PRRSV 核酸为例,对其进行介绍。

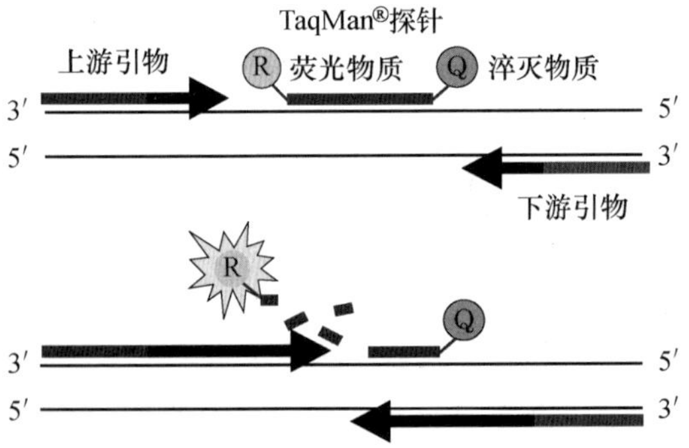

图 3-9 TaqMan 探针原理示意图

【器材准备】

(1)Trizol LS Reagent RNA 提取试剂。

(2)氯仿、异丙醇、70%酒精。

(3)DEPC 处理水:按 1∶1 000 的比例将 DEPC 加入三蒸水,室温放置 12 h 以上。

(4)5×反转录反应缓冲液。

(5)SuperScript™ Ⅱ 反转录酶(200 U/μL)。

(6)RNA 酶抑制剂(40 U/μL)。

(7)2.5 mmol/L dNTPs:dATP、dCTP、dGTP、dTTP 各 2.5 mmol/L。

(8)TaqMan Universal PCR Master Mix Kit、PRRSV 荧光定量标准品。

(9)PRRSV 标准毒株、PRRSV 可疑组织样品、PRRSV 阴性组织样品等。

(10)引物:参考已经发布的 PRRSV 基因组序列,针对其高度保守的 ORF7 基因设计合成引物。①反转录引物:可用随机引物(random primers)(市售),或 Oligo(dT)$_{12-18}$(市售)或 random primers 与 Oligo(dT)按 3∶1 混合,或用 PRRSV PCR 下游单侧特异性引物。②荧光定量 PCR 引物序列:

引物 F:5q-CGGCAAATGATAACCACGC-3q(nt14661~nt14679)

引物 R:5q-TTCTGCCACCCAACACGAG-3q(nt14744~nt14762)

Probe:(FAM):5q-TGCCGTTGACCGTAGTGGAGCC-3q(TAMRA)

探针为 Taqman 探针,5′端标记的荧光报告基团是 FAM,3′端标记的荧光淬灭基团为 TAMRA。

(11)仪器:台式高速离心机、荧光定量 PCR 扩增仪、微量加样器、Eppendorf 8 连排管、吸头与水浴箱等。

【实验步骤】

(一)病毒核酸(RNA)的提取

同本章实验“二、病毒核酸的 RT-PCR 检测”相关内容。

(二)病毒 cDNA 链的合成(反转录,RT)

同本章实验“二、病毒核酸的 RT-PCR 检测”相关内容。

(三)实时荧光定量 PCR 扩增

按照 ABI 公司 TaqMan Universal PCR Master Mix Kit 说明书进行,步骤如下:

(1)按照以下次序将各成分加入 0.5 mL 灭菌 Eppendorf 8 连管中。

TaqMan Universal PCR Master Mix(2×)	25 μL
引物 F(10 μmol/μL)	2 μL
引物 R(10 μmol/μL)	2 μL
TaqMan 探针(2.5 μmol/μL)	5 μL
反转录产物	5 μL
双蒸灭菌水	11 μL

总反应体系 50 μL。

(2)全部加完后,瞬时离心,使液体沉降到管底。

(3)小心将反应管放入荧光定量 PCR 仪中,记录被检样品、阳性对照、阴性对照、定量标准品孔顺序。PCR 扩增仪反应程序:95 ℃预变性 10 min,然后 95 ℃ 15 s、60 ℃ 1 min,43 个循环。荧光信号的收集及数据的采集定在 60 ℃。

(四)结果判定

检测结束,根据噪声情况设定和调整基线及阈值,再根据荧光曲线和 Ct 值初步判断结果。同时用 2%琼脂糖凝胶电泳分析验证荧光 PCR 扩增产物的特异性和扩增效率。试验中 Ct 值

42.00 可认为是阳性和阴性的临界值。43 次循环后仍无 Ct 值判为阴性，Ct 值小于或等于 42.00 判为阳性，大于 42.00 为可疑，需要重复检测。

【注意事项】

（1）能否获得高质量的病毒 RNA 是荧光定量 RT-PCR 成败的关键，常见问题参见本实验注意事项内容。

（2）病毒 cDNA 链的合成（反转录）常见问题参见本实验注意事项内容。

（3）由于荧光定量 RT-PCR 实验中加样的准确性对结果影响较大，故加样时必须确保剂量准确，减少误差。

（4）每次实验一定要有阳性对照和阴性对照，以免出现问题时找不到原因。不要在管盖上写字，以免影响实验结果。

【实验报告】

（一）实验结果

描述实验结果。如果实验失败，请分析原因。

（二）思考题

（1）TaqMan 荧光定量 PCR 技术的基本原理是什么？

（2）影响荧光定量 PCR 实验结果的因素有哪些？

四、病毒核酸的杂交检测

【目的要求】

（1）通过本实验学习掌握病毒核酸杂交技术的基本原理和影响因素。

（2）了解病毒核酸杂交技术的操作方法和应用。

【基本原理】

鸡马立克病（marek's disease，MD）是由马立克病病毒（*Marek's disease virus*，MDV）引起的鸡的一种传染性肿瘤病，还能引起感染鸡的免疫抑制，使其对多种疫苗免疫效应降低。应用特异、敏感的方法对该病做出早期诊断是控制其流行的一项重要措施。实验室诊断 MD 的方法很多，常用的有琼脂扩散试验、免疫荧光抗体试验、酶联免疫吸附试验等，但这些方法存在敏感性低及非特异性等缺点。近年来已建立的一些分子生物学方法，如核酸探针技术，以其特异性强、快速敏感、适合检测和早期诊断等特点，已在 MDV 检测及 MD 的诊断上得到应用。

核酸杂交技术是从核酸分子混合液中检测特定核酸的分子检测方法。其原理主要是利用已知病毒核苷酸特定区域碱基互补的 DNA 或 RNA 克隆片段，用非放射性物质（如生物素、地高辛）或放射性物质（如 ^{32}P）标记，制备成核酸分子探针。在适当条件下，核酸分子探针与临床样品中的病毒核苷酸形成双链结构而被保留，然后通过放射自显影或免疫技术检测标记的核苷酸片段。若被检样品与探针形成杂交双链，则显示阳性结果。若样品中无与探针互补的序列，则不发生分子杂交，结果为阴性（图 3-10）。常用的杂交方法有 DNA 斑点杂交、原位杂交、Southern 杂交和 Northern 杂交。

下面以地高辛（Dig）标记的单链 DNA 探针试剂盒检测 MDV 核酸为例，对常用的 DNA

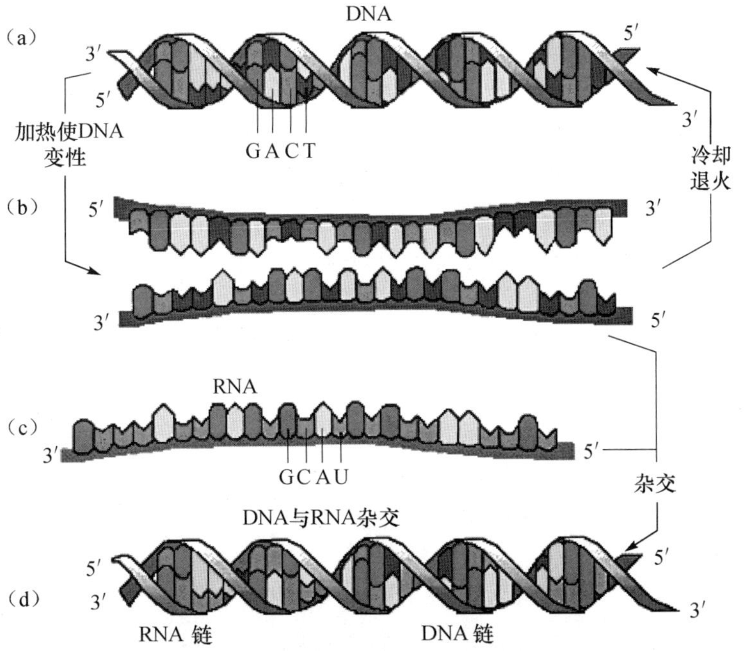

图 3-10　核酸分子杂交原理示意图

斑点杂交法进行介绍。将 MDV-DNA 样品滴于硝酸纤维素膜上，MDV-DNA 经处理变性，双螺旋 DNA 变为单链 DNA，吸附在固相滤膜上，再加分子质量较小的地高辛标记的单链 DNA（即核酸探针），在一定条件下按互补碱基顺序配对的特点进行结合，形成 DNA-DNA 的双链杂交分子。然后用偶联酶的抗地高辛抗体结合物作为酶标记，再分别用显色底物使杂交部位显色以达到检测目的，其反应过程见图 3-11。

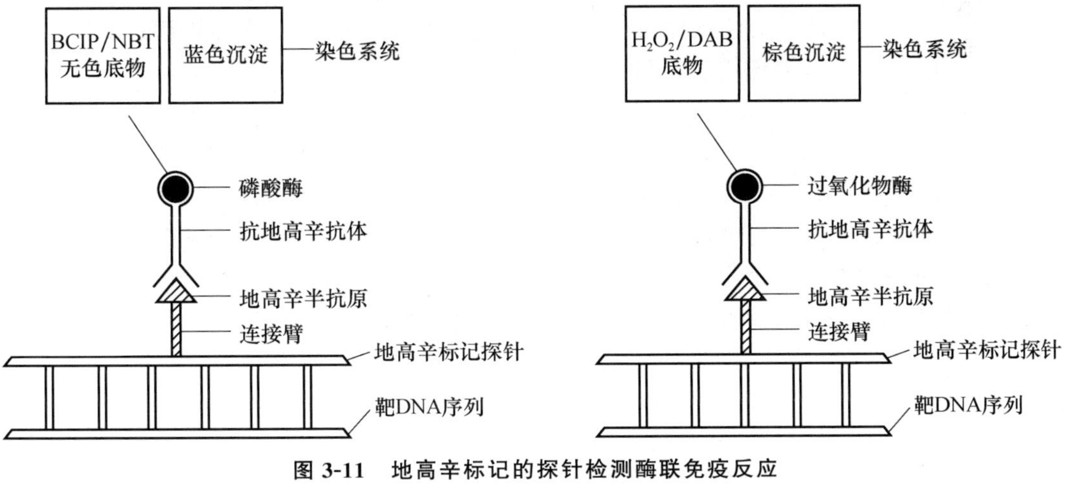

图 3-11　地高辛标记的探针检测酶联免疫反应

【器材准备】

(1)Dig-MDV-DNA 探针：参照 Dig-DNA 探针标记试剂盒说明进行制备。

(2)预杂交液(pH 7.0～8.6)：Ficoll 0.8 mL、2.0 g/L BSA 0.8 mL、20 g/L PVP

0.8 mL、20×SSC 2 mL、1 mg/mL 小牛胸腺 DNA 0.4 mL、双蒸水 2.8 mL、0.5 mol/L HCl 0.4 mL。

(3)漂洗液：①20×SSC：NaCl 175.32 g、枸橼酸钠($2H_2O$)88.2 g，加双蒸水至 1 000 mL；②4×SSC-1.0 g/L SDS：20×SSC 100 mL、100.0 g/L SDS 5 mL、双蒸水 395 mL；③参照②法配制 4×SSC-5.0 g/L SDS 和 0.1×SSC-1.0 g/L SDS；④3 mol/L NaCl-0.5 mol/L Tris：NaCl 175.32 g、Tris 60.5 g、双蒸水 395 mL。

(4)MDV：中国疫苗株 814 株或中国标准株 Jing-1 株、MDV 可疑组织样品与 MDV 阴性组织样品等。

(5)器材：负压抽滤点样器、硝酸纤维素膜、塑料袋、烤箱、水浴箱、冰箱、塑料封接机。

【实验步骤】

(一)病毒 DNA 提取

MDV 核酸分离方法可参照本章实验中相关内容。

(二)探针标记

MDV pp38 基因片段 DNA 特异寡核苷酸探针标记方法可参照 Dig-DNA 探针试剂盒说明书。

(三)点样

取上述适当稀释的病毒核酸(DNA)80 μL、阳性对照 80 μL、阴性对照 80 μL，点样于硝酸纤维素膜(NC 膜)或尼龙膜上，负压抽滤。

(四)变性

用 0.5 mol/L NaOH 变性点样膜 10 min，再抽干水分，并按下述顺序洗膜：

(1)0.5 mol/L HCl 漂洗 1 次，每次 10 min。

(2)3 mol/L NaCl-0.5 mol/L Tris(pH 7.5)漂洗 1 次，每次 15 min。

(3)1 mol/L Tris-0.5 mol/L NaCl(pH 7.5)漂洗 1 次，每次 20 min。

(4)0.5 mol/L Tris-0.5 mol/L NaCl(pH 7.5)漂洗 1 次，每次 20 min。

(5)0.2 mol/L Tris-EDTA(2 mmol/L)(pH 7.5)漂洗 1 次，每次 5 min。

(6)2×SSC 漂洗 1 次，每次 5 min。

(7)80 ℃恒温 5 min，氯仿浸泡 5 min，再 80 ℃烘干 2 h。

(五)预杂交

将滤膜和预杂交液一起放塑料袋内密封，65 ℃水浴 5 h。

(六)杂交

(1)将地高辛标记的 MDV pp38 基因探针放入沸水中煮沸 10 min，再置冰上速冷。

(2)在塑料袋内留有适量预杂交液，加入变性的 Dig-MDV DNA，除去气泡，充分混匀，密封，68 ℃摇动，杂交过夜或 6 h 以上。

（七）洗膜

按下列顺序充分洗去未杂交的标记物。

(1)4×SSC 1.0 g/L SDS 漂洗 1 次，每次 10～30 min。

(2)4×SSC 5.0 g/L SDS 65 ℃漂洗 1 次，每次 4 h。

(3)0.1×SSC 1.0 g/L SDS 45 ℃漂洗 1 次，每次 2 h。

（八）显色

将杂交膜置 80 ℃烘干 30 min，装入塑料袋内，加碱性磷酸酶标记的抗地高辛抗体，室温显色 3～4 h；双蒸水洗涤，终止反应，以 BCIP 和 NBT 为底物进行显色。

（九）结果判定

在阴阳对照正常的情况下，阳性标本硝酸纤维素膜点样处呈紫色。可与同时杂交的已知的 MDV DNA 样品显色强度相比较，进行样品中 MDV DNA 的定量检测。阳性与阴性结果见图 3-12。

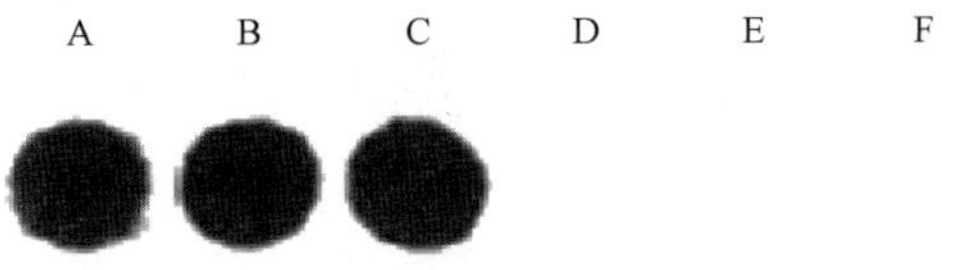

图 3-12　DNA 斑点杂交检测结果

【注意事项】

(1)实验要设立各种对照（阳性对照、阴性对照与空白对照）。

(2)注意排除非特异显色。非特异显色是固相膜杂交方法常遇到的问题，指标记 DNA 非特异结合到空白膜上而显色，即本底。克服这个问题的方法，一是使用高纯度的核酸制品和充分严格的杂交条件，二是选择合格的杂交反应液充分封闭膜上的非特异结合位点和对膜进行处理。

(3)使用的抗体应进行梯度测试，找出最佳的使用浓度。抗体的有效期和保存条件要经常检查，现在大多数试剂公司的抗体均要求在 4～8 ℃条件下保存，应避免反复冻融。试剂保存时一定要避免与挥发性有机溶剂同放一室，以免降低抗体的效价。底物显色液最好现用现配，如果有沉渣，应过滤后再用。

(4)显色过程最好实时监控，达到理想的染色程度时立即终止反应。

(5)结果判定时，应与阳性、阴性对照进行比较，减小肉眼观察造成的误差。

(6)在实验过程中应严格注意控制污染，所用器皿需高温消毒，实验者需戴手套。另外，在处理点样硝酸纤维素膜（NC 膜）或尼龙膜时，自始至终应保持湿润，勿令其干燥。

【实验报告】

（一）实验结果

观察 DNA 斑点杂交实验设立的各种对照显色是否正常，描述试验结果。如果试验失败，分析原因。

(二)思考题

(1)核酸杂交技术的基本原理是什么?请阐述斑点杂交法的主要步骤。

(2)在斑点杂交实验中引起非特异性染色的主要因素有哪些?应如何排除?

第四章　真菌的培养与鉴定

(Culture and Identification of Fungi)

实验 18　真菌的培养方法与培养性状观察

(Methods for Fungi Culture and Morphological Examination)

【目的要求】

(1)认识酵母菌和霉菌的个体与群体形态特征。

(2)掌握酵母菌和霉菌的分离培养方法。

(3)了解真菌的水浸片制备、封闭标本制备和载片培养方法。

【基本原理】

真菌从形态上分为酵母菌、霉菌和担子菌三个类群,其共同特征是具有不同于细菌肽聚糖的细胞壁成分,并能产生有一定耐热能力的孢子。它们通常生长于偏酸性(pH 4～6)潮湿含糖环境,如在沙堡若培养基(sabouraud dextrose agar)上良好生长。该培养基含大量葡萄糖,其酸性环境(pH 5.6)可抑制多数细菌生长。多数真菌的最适生长温度为 25 ℃。绝大多数真菌为需氧菌或兼性厌氧菌,只有瘤胃真菌等少数为厌氧菌。部分真菌可通过直接或间接方式引起人和畜禽的疾病,如造成表皮或深部感染,或通过在食物或饲料中产生的真菌毒素造成急性或慢性中毒。了解真菌的培养方法,认识其形态结构,对开展真菌病的实验室诊断很有帮助。

酵母菌为单细胞真菌,至少有约 60 个属和 1 500 多个种,以酵母属(*Saccharomyces*)和假丝酵母属(*Candida*)最为常见。酵母菌细胞直径 5～10 μm,明显比一般细菌细胞大,多为圆形或卵圆形,但在某些环境条件下也可呈丝状,如白色念珠菌(*C. albicans*)。酵母菌主要通过一种称作芽殖的不对称分裂方式进行无性繁殖,在生长旺盛时,由于芽体未能及时断离母体而形成假菌丝。将酵母菌直接制成水浸片(也叫作湿片),即使不染色,也可用相差显微镜或紫外显微镜观察其内含物和细胞器。还可用亚甲蓝染色液制成水浸片,这样不仅可观察其基本形态,还可区分死细胞与活细胞,即活细胞能还原亚甲蓝为无色,死细胞则被染成蓝色。

霉菌为多细胞真菌,以菌丝形式生长,其营养体是分支的丝状体,交织在一起便形成菌落。菌丝分为基内菌丝和气生菌丝,气生菌丝又可分化出繁殖菌丝(孢子丝)。繁殖菌丝可产生无性或有性孢子。高级真菌(子囊菌门、担子菌门和半知菌门)的菌丝有横隔,低级真菌(壶菌门和接合菌门)则为无隔菌丝。霉菌既可进行玻璃纸透析培养,也可进行载片培养(slide culture)。利用培养在玻璃片上的霉菌作为材料,可在镜下观察到清晰、完整、保持自然状态的霉菌形态,适于观察霉菌的萌发、生长及分化过程。载片培养方法不会破坏霉菌培养物,效果优于在解剖显微镜下直接观察霉菌菌落。霉菌细胞易收缩变形，且孢子容易飞散，常污染整个实验室，所以在制作标本时常用兼有杀菌防腐作用的乳酸石炭酸棉蓝染色液，并可制成封闭标本片，其优点是细胞不变形，标本不易干燥，保持时间较长。水浸片观察也适用于霉菌。

【器材准备】

(1)酵母菌(酿酒酵母或面包酵母)和霉菌(毛霉、青霉、根霉或黑曲霉)的斜面菌种、液体培养物。

(2)葡萄糖发酵管、蔗糖发酵管、沙堡若培养基(察氏培养基、马铃薯葡萄糖琼脂或麦芽汁培养基)、含 90%甲醇的亚甲蓝(亚甲基蓝)染色液(或加入 3 倍体积蒸馏水稀释的革兰碘液)、乳酸石炭酸棉蓝染色液、20%甘油、70%和 50%酒精、加拿大树胶(或合成树脂)。

(3)解剖针、镊子、载玻片、盖玻片、玻璃纸、小木棍(V 形或 U 形玻璃棒)、无菌棉签、接种环、酒精灯等。

【实验步骤】

(一)真菌的分离培养

1. 划线平板法

第一步，培养基的准备。取融化的沙堡若琼脂培养基，倾注平皿，每皿 15～20 mL，制成平板备用。培养酵母菌还可用麦芽汁培养基，培养青霉属宜用马铃薯葡萄糖琼脂培养基。

第二步，接种。取待分离的材料(如土壤、混杂或污染的真菌培养物、经 70%酒精浸泡 8～10 min 后的感染真菌的动物毛及皮屑等)少许，投入含无菌水的试管内，振荡，使待分离菌悬浮于水中。用接种环钩取上述悬液，参照细菌平板划线分离法进行分离。

第三步，培养与观察。将划线后平板置 25～28 ℃恒温箱中培养 2～7 d(勿将平板倒置)，待形成菌落或籽实器官，取单个菌落的少许部分，制片镜检。如果有杂菌，可取培养物少许制成悬液，再作划线分离，直到获得纯种。另可借助放大镜观察，用无菌镊子夹取一段拟分离的真菌菌丝，直接放在平板上进行分离培养，即可得到该真菌的纯培养物。

2. 倾注平板法

第一步，样品制备。取盛有 9 mL 无菌水的试管 5 支，编作 1～5 号，取样品 1 g 投入 1 号管内，充分振荡，使悬浮均匀。

第二步，稀释。用 1 mL 无菌吸管或移液器将样品作 10 倍连续稀释，注意每稀释一管应在混匀前更换一支吸管或移液吸头。

第三步，培养。用 2 支无菌吸管或枪头分别从第 4、5 号管中各取 1 mL 悬液，分别注入 2 个灭菌培养皿中，再加入预先融化并冷却至 45 ℃的琼脂培养基约 15 mL，轻轻贴在桌面上摇转，静置冷却，使其凝成平板。然后置于恒温箱中培养 2～5 d，从中挑选单个菌落，移植于斜面琼脂培养基上制成纯培养物。

(二)真菌在固体培养基上的生长情况观察

观察真菌的菌落形态，比较与细菌菌落的差异；闻一闻平板散发出来的气味，估计其中含有什么挥发性物质。

1. 酵母菌在固体培养基上的生长表现

酵母菌菌落呈油脂状或蜡脂状，表面光滑、湿润、黏稠、紧凑，有的表面呈粉粒状，粗糙或皱褶，菌落边缘通常整齐，但偶见缺损或丝带状。菌落颜色有乳白色、蓝色、绿色、黄色或红色等多种。

2. 霉菌在固体培养基上的生长表现

霉菌菌落有绒毛状、棉絮状或绳索状等。菌落大小依种而异，有的能扩展到整个固体培养基，有的则呈现一定的局限性（直径 1～2 cm 或更小）。很多霉菌的孢子和菌丝能产生脂溶性或水溶性色素，致使菌落表面、背面甚至培养基呈现特定颜色，如黄色、绿色、青色、黑色、橙色等。

（三）真菌在液体培养基中的生长情况观察

1. 酵母菌在液体培养基中的生长表现

注意观察其浑浊度、颜色、沉淀物及表面生长性状，观察是否有泡沫形成，并体会其散发出来的气味。观察酵母菌在杜氏发酵管中的生长情况，了解酒精的发酵条件。

2. 霉菌在液体培养基中的生长表现

霉菌在液体培养基中一般都浮在表面，形成菌层，培养基并不浑浊。不同的霉菌各有不同的形态和颜色，注意观察。

（四）真菌的个体或细微形态观察

1. 酵母菌水浸片的制备

将 0.1%亚甲蓝染色液或蒸馏水或碘液滴至干净的载玻片中央，用接种环以无菌操作取培养 48 h 的酵母菌少许，均匀涂于液滴中（液体培养物可直接取一接种环于载玻片上），染色 2～3 min 后加盖玻片，注意切勿产生气泡。然后先后于低倍镜和高倍镜下观察其细胞形态、芽殖方式以及是否形成假菌丝。注意酵母菌的形态、大小、液泡位置、芽体及芽痕数量，同时可以根据是否染上颜色来区别死细胞、活细胞。

2. 霉菌水浸片的制备

在载玻片上滴加一滴乳酸石炭酸棉蓝染色液或蒸馏水，用解剖针从生长有霉菌的平板中挑取少量带有孢子的霉菌菌丝，滴加 50%酒精溶液浸润片刻，再滴加蒸馏水清洗一下菌丝，随后放入载玻片上的液滴中，并仔细地用解剖针将菌丝分散开来，避免成团。沿水滴边缘轻轻盖上盖玻片（勿使产生气泡，且不要再移动盖玻片），先用低倍镜观察，必要时转换成高倍镜，同时记录观察结果。观察时注意菌丝有无隔膜，孢子囊柄与分生孢子柄的形状，分生孢子小梗的着生方式，孢子囊的形态，足细胞与假根的有无，孢子囊孢子和分生孢子的形态和颜色，节孢子的形状等。注意比较根霉与毛霉、青霉、曲霉之间的异同点。

（五）玻璃纸透析培养法

1. 玻璃纸的选择与处理

要选择能够允许营养物质透过的玻璃纸，最好使用透析袋纸。也可收集商品包装用的玻璃纸，加水煮沸，然后用冷水冲洗干净。经此处理后的玻璃纸若变硬，就不能再用，只有软的可用。将可用的玻璃纸剪成适当大小，用水浸湿后，夹于旧报纸或牛皮纸中，然后一起放入平皿内经 121 ℃灭菌 20 min 备用。

2. 接种培养

按无菌操作法制作琼脂平板培养基，用灭菌镊子夹取无菌玻璃纸贴附于平板上，再用接种环蘸取少许霉菌孢子，在玻璃纸上方轻轻抖落于其表面。将平板正置，28～30 ℃下培养 3～5 d。曲霉和青霉即可在玻璃纸上长出单个菌落(根霉的气生性强，形成的菌落铺满整个平板)。

3. 制片与观察

剪取用玻璃纸透析法培养 3～4 d 后长有菌丝和孢子的玻璃纸一小块，先放在 50%酒精中浸一下，洗掉脱落下来的孢子，并赶走菌体上的气泡，然后正面向上贴附于干净的载玻片上，滴加 1～2 滴乳酸石炭酸棉蓝染色液，沿液体边缘小心地盖上盖玻片(注意不要产生气泡，且不要再移动盖玻片，以免搞乱菌丝)。标本片制好后，先用低倍镜观察，必要时再换高倍镜。注意观察菌丝有无隔膜，有无假根等特殊形态的菌丝。

(六)霉菌封闭标本的制备

取干净载玻片一块，中央滴加乳酸石炭酸液一滴，用解剖针取霉菌菌丝少许，放入事先准备的 50%酒精中停留片刻，以洗掉脱落的孢子以及附着于菌丝与孢子之间的空气，然后把此菌丝放入载玻片上的乳酸石炭酸液中，在解剖镜下把菌丝轻轻分开成伸展状态。加盖玻片后，在温暖干燥的室内停放数日，让水分蒸发一部分，使盖玻片与载玻片紧贴，即可封片。封片时，要用清洁的纱布或脱脂棉将盖玻片四周擦净，并在周围涂一圈合成树脂或加拿大树胶，风干后保存。

(七)真菌的载玻片培养

用载玻片培养法观察菌丝分枝和孢子着生状态，可获得满意的效果。取直径 7 cm 左右圆形滤纸一张，铺放于一个直径 9 cm 的平皿底部，上面放一个 U 形玻璃棒作为载玻片的支持物，其上再平放一张干净的载玻片与一张盖玻片，盖好平皿盖，进行灭菌。用小木棍取适量融化状态的石蜡，以划直线方式涂抹在载玻片表面，得到 2 条平行石蜡直线，凝固后备用。适当加热盖玻片，并将其平整地贴在石蜡条上，使载玻片与盖玻片之间的空隙约为 1 mm。挑取真菌孢子接入盛有灭菌水的试管中，振荡试管制成孢子悬液。用灭菌滴管或移液吸头吸取灭菌后融化的固体培养基与孢子混合液少许(约 0.5 mL)，注入载玻片中央，使一半的空隙被填充(也可先将培养基倾注于载玻片表面，再将分散的孢子接种在琼脂边缘上，最后贴上盖玻片)。为防止培养过程中培养基干燥，可在滤纸上滴加无菌 20%甘油 3～4 mL，然后盖上平皿盖，即为湿室载玻片培养法。放在适宜温度的培养箱中或室温下培养 2～4 d，定期取出置低倍镜下观察，可以看到孢子萌发、发芽管的长出，菌丝的生长与类型，无隔菌丝中孢子囊柄与孢子囊形成的过程，有隔菌丝的细胞生长，孢子着生状态等。必要时可以向载玻片加几滴甲醇溶解的亚甲基蓝溶液，以软化真菌细胞壁，使染色液进入菌体内部，再进行镜下观察。

【注意事项】

(1)制片时染液(或水)不宜过多或过少，否则在加盖玻片时，菌液会溢出或出现大量气泡而影响观察；应尽可能保持霉菌自然生长状态，加盖玻片时勿产生气泡和移位。

(2)制备湿室载玻片培养的过程中，应注意无菌操作，避免孢子污染实验室和操作人员。实验结束后应将不需要的物品及时高压灭菌。

(3)进行载玻片培养时，关键要让盖玻片与载玻片之间的空隙有足够的高度，并应尽可能将分散的孢子接种在琼脂边缘上，且量要少，以免培养后菌丝过于稠密而影响观察。

【实验报告】

(一)实验结果

(1)绘制所观察到的酵母菌的个体形态特征，并注明生长时间。
(2)绘制 4 种霉菌的镜下形态示意图，并注明各部位名称。

(二)思考题

(1)亚甲蓝染色液的浓度与作用时间不同时，对酵母菌死、活细胞数量有何影响？
(2)真菌培养基有何特点？是否可以用细菌培养基来培养真菌？请说明理由。
(3)酿酒酵母与面包酵母是同一个种吗？如果不是，比较二者的特性差异。
(4)霉菌的菌丝有哪几种类型？哪些霉菌的菌丝是有隔膜的？哪些是无隔膜多核的？
(5)如何鉴定并区分酵母菌与霉菌？

实验 19　真菌及其毒素的检测与鉴定

(Detection and Identification of Fungi and Mycotoxins)

【目的要求】

(1)了解动物病原真菌的常见种类。

(2)掌握病原真菌的常用实验室检查方法。

(3)了解常见真菌毒素的检测方法。

【基本原理】

部分真菌对人和动物具有致病性或机会致病性,偶尔会引起死亡。真菌的致病类型有 4 种:真菌感染、真菌性过敏反应、真菌毒素中毒及其导致的肿瘤。约 50 种真菌会引起感染,其中多数为机会致病菌。白色念珠菌(*C. albicans*)为机会致病性双相型真菌,在动物组织中(37 ℃)呈酵母样细胞,但于 25 ℃培养后形成菌丝体。曲霉属(*Aspergillus*)和交链孢霉属(*Alternaria*)为腐生真菌,但也是一类常见的过敏原,会引起哮喘、接触性皮炎等过敏性反应。黄曲霉毒素(aflatoxin,AFT)是常见且毒性最强的真菌毒素。

真菌感染性疾病称作真菌病,分为浅表性、皮下和全身性 3 类。浅表性真菌病是指毛癣菌属(*Trichophyton*)、小孢子菌属(*Microsporum*)等嗜角质真菌感染皮肤、头皮、生殖器或指甲等表皮结构,通过机械性和代谢产物的刺激作用,引起皮癣。当真菌通过皮肤伤口感染动物时,即可形成皮下真菌病,以腐生性真菌感染四肢等部位最为常见。全身性真菌病即深度真菌感染,主要发生于处于免疫抑制状态的个体。若真菌长期未被清除,会形成肉芽肿。通常由于真菌或其孢子被动物吸入或食入,导致肺脏、口腔或肠道被侵害,病情往往会很严重。家蚕、蜜蜂、鱼类和蛙类也会被霉菌感染。真菌病的诊断方法主要有形态学检查和分离培养两种,前者通过显微镜下检查特征性菌丝或孢子,后者需取病料接种到沙堡若培养基等选择性培养基培养真菌。部分真菌病可用血清学方法或变态反应进行诊断。

真菌生长对营养要求简单,能产生大量孢子到处散播,常污染粮食、水果(汁)和饲料,不仅引起食物腐败,还会产生多种有害真菌毒素,引起人和动物急性或慢性中毒,如导致肝、肾、心肌等组织受损,甚至肿瘤发生。产毒真菌菌株为腐生真菌。同一种真菌可以产生多种毒素,同一种毒素也可由多种真菌产生。毒素可以分为肝脏毒素、肾脏毒素、神经毒素、造血组织毒素等多种,或者为多重毒素。绝大多数真菌毒素为脂溶性。动物发生慢性真菌毒素中毒的最常见表现是发展成肝癌。已知黄曲霉、黑曲霉、赤曲霉等曲霉属均能产生毒性强烈及致癌性的黄曲霉毒素,其对畜禽 LD_{50} 为 0.1～0.65 mg/kg。其中 AFT B1 毒性最强,约为砒霜毒性的 68 倍、氰化钾毒性的 100 倍,仅次于肉毒毒素。检测真菌毒素,对维护食品或饲料安全、督促改进加工及储藏工艺和诊断中毒性疾病,具有重要意义。真菌毒素的检测比较困难,需要采用血清学、气相或液相色谱、动物接种试验等方法才能完成。

【器材准备】

(1)洁净载玻片、盖玻片、10%氢氧化钾溶液、70%酒精、酒精灯、乳酸石炭酸棉蓝染色液、印度墨汁、吉姆萨染色液、28 ℃ 培养箱。

(2)疑似真菌感染动物、霉变花生(谷物或饲料)、沙堡若培养基、察氏培养基、玉米粉琼脂培养基、血琼脂培养基、小鼠和雏鸭(1 日龄)。

【实验步骤】

(一)显微镜检查

(1)抹片染色检查:取疑似真菌感染动物的脓汁、呼吸道分泌物或组织,进行吉姆萨或亚甲蓝染色,镜检是否有真菌细胞、菌丝、孢子等结构。该法尤其适用于诊断各种家畜的卡氏肺孢菌(*Pneumocystis carinii*)感染。

(2)氢氧化钾片检查:取动物表皮脓汁、健康与患病组织交界处的毛发或皮屑等材料,置于洁净载玻片上,滴加 1～2 滴氢氧化钾溶液,在酒精灯火焰上面稍微加热片刻,铺上盖玻片,置显微镜下检查菌丝等结构。该法适于观察皮肤癣菌(*Dermatophyte*)、假皮疽组织胞浆菌(*Histoplasma farciminosus*)等病原真菌。若是假皮疽组织胞浆菌,则可从马属动物淋巴组织脓汁片子中观察到卵圆形细胞,细胞质内有 2～4 个呈回旋运动的小颗粒。

(3)乳酸石炭酸棉蓝染色液压片检查:在载玻片上滴一滴乳酸石炭酸棉蓝染色液,用无菌接种环取真菌培养物少许(也可先加待检材料,再滴加染色液),必要时用解剖针将材料梳理开,铺上盖玻片,镜检。该法广泛用于检查霉菌。

(4)印度墨汁片检查:针对疑似新型隐球菌(*Cryptococcus neoformans*)性脑膜炎或肺炎动物,取炎症部位组织或体液,涂布于载玻片上,滴加印度墨汁等进行负染,置显微镜下检查。阳性病例可见大小不一、外周有一层明显荚膜的圆形细胞,中央有圆形细胞核,有的胞体正在出芽。

(二)分离培养

(1)皮癣霉菌的培养:从病健交界处组织,刮取疑似真菌感染的动物皮毛少许,放入 70%酒精中浸泡 10 min,取出皮毛置于沙堡若琼脂培养基平板上,28 ℃培养 4～7 d。逐日观察是否有菌落形成以及菌落形态特征,并可进一步镜检。

(2)白色念珠菌的培养:取雏鸡食管黏膜刮取物,接种至普通琼脂、沙堡若琼脂或者血琼脂培养基,室温或 35～37 ℃条件下培养 1～3 d,直到菌落出现。肉眼观察菌落数量、形态特征,镜检观察细胞形态,以及是否有出芽现象,是否产生假菌丝。必要时可在培养中添加台盼蓝进行培养,镜检假菌丝顶端是否出现蓝色圆形泡泡状孢子。也可使用玉米粉琼脂培养基培养,观察是否产生特征性的厚垣孢子。

(3)黄曲霉的培养:取霉变的谷粒,预先用 70%酒精浸泡消毒几分钟,用灭菌镊子夹取谷粒,以胚体朝下插入沙堡若培养基,每块平板 5～10 粒。也可用霉变的种子,特别是发霉的花生仁,由于其内部通常是近似纯培养的黄曲霉,刮取少许黄曲霉粉末直接划线接种或点样接种即可,28 ℃培养约 1 周。肉眼观察菌落的生长速度、颜色变化、质地、高度及大小等形态特征。再制成乳酸石炭酸棉蓝染色液压片,镜下观察菌丝和分生孢子的形态结构。可见分生孢子梗很粗糙，顶囊呈烧瓶样或近似球形，分生孢子在小梗上呈链状着生，分生孢子的周围有小突起，呈粗糙球形。

(4)烟曲霉的培养：从饲喂发霉饲料的家禽尸体无菌采集其气囊等肺组织，用接种环蘸取少量气囊内液体，划线接种于沙堡若培养基或察氏培养基。参考黄曲霉的培养及观察方法，并注意两者形态结构是否有区别。采用过碘酸希夫(PAS)染色，镜检分生孢子及顶囊的形态结构，可见分生孢子梗由下向上逐渐膨大，形成倒烧瓶样的顶囊结构，孢子呈红色颗粒状。

(三)动物试验

(1)Ⅳ型超敏反应诊断：对于疑似假皮组织胞浆菌引起的马属动物流行性淋巴管炎，可取该菌纯培养物或组织胞浆菌素，注射于动物颈部皮内。48 h后观察注射局部是否出现红肿，并用游标卡尺测定红肿部位皮肤的厚度及直径。只要出现红肿，即可判定正在或曾经发生过感染。若怀疑动物对某种真菌过敏，也可参照类似方法筛查过敏原。

(2)小鼠毒性试验：主要用于检查真菌毒素。将小鼠分为5～8组，每组6～8只，根据被检毒素的性质，选择静脉注射、皮下注射或口服。每组接种一个剂量(0.1～10 mg/kg)，观察和记录体温、意识、运动、呼吸、白细胞计数等情况。注意是否出现毛发竖立、流涎、呕吐、腹泻等现象，并按内插法计算毒素对小鼠的半数致死量(LD_{50})。解剖病死动物，观察肝脏、肾脏、消化道、脑组织等各脏器发生病变的情况，尝试确定毒素的种类。

(3)雏鸭毒性试验：用于检查黄曲霉毒素。取1日龄雏鸭若干只，进行连续饲喂或注射试验，重点检查肝脏是否出现出血、水肿、萎缩、硬化或囊肿，特征性病变包括肝组织变性、坏死、出血及胆管上皮细胞增生。

【注意事项】

(1)分离培养白色念珠菌、新型隐球菌、卡氏肺孢菌等感染性真菌时，宜选择处于免疫抑制状态的动物个体进行采样。

(2)应用不同的培养基分离同一种感染性真菌时，可能会存在个体或菌落形态特征的变化或差异，即使是同一琼脂培养基上，菌落颜色也可能存在差异。

(3)从事黄曲霉毒素相关的动物试验等操作时，因该毒素有致癌性，操作人员必须佩戴口罩和手套，试剂应在通风橱内配制，谨防吸入或接触皮肤，被污染的容器或溶液必须用5%次氯酸钠溶液浸泡过夜。

【实验报告】

(一)实验结果

(1)绘制观察到的感染性真菌的镜下形态特征。

(2)记录和描述动物发生真菌毒素中毒的主要特征。

(二)思考题

(1)在制作氢氧化钾片时，滴加氢氧化钾溶液处理含真菌的毛发的目的是什么？

(2)乳酸石炭酸棉蓝染色法常用于真菌检查，它具有什么优点？

(3)白色念珠菌有哪些典型的形态学特征和致病特点？常用哪些培养方法？

(4)曲霉属的典型形态学特征包括哪些?

(5)检查黄曲霉毒素常用哪种实验动物?应重点检查什么部位的病理变化?

(6)病原性真菌通常具有哪些特点?

附:真菌培养基的制备

(1)麦芽汁培养基(malt extract medium):麦芽汁粉 20 g、琼脂 20 g、蒸馏水 1 000 mL,pH 3.0～4.0。用于培养酵母菌和霉菌。若将麦芽汁粉增加至 50 g,并加入苹果酸 5 g,即可用于培养担子菌。

(2)玉米粉琼脂(corn meat agar)培养基:玉米粉 30～60 g、琼脂 0.5 g、蒸馏水 1 000 mL,需溶解并过滤。常用于培养白色念珠菌以观察其厚垣孢子。如果添加 1%吐温－80,则形成厚壁芽生孢子的效果更佳。

第二部分

重要动物病原的微生物学检查

第五章　重要动物病原细菌的微生物学检查
(Microbiological Examination of Important Pathogenic Bacteria)

实验 20　葡萄球菌和链球菌的微生物学检查
(Microbiological Examination of *Staphylococcus* and *Streptococcus*)

【目的要求】

(1)了解常见致病性葡萄球菌和链球菌的形态、生理生化及培养特性。

(2)掌握金黄色葡萄球菌和主要致病性链球菌的微生物学检查方法。

(3)掌握 CAMP 试验的原理和应用价值。

【基本原理】

葡萄球菌和链球菌广泛分布于自然界，包括存在于健康人及动物的皮肤和上呼吸道。已发现的葡萄球菌包括金黄色葡萄球菌(*S. aureus*)、表皮葡萄球菌(*S. epidermidis*)和腐生葡萄球菌(*S. saprophyticus*)等 40 多个种。它们均不产生芽孢和鞭毛，但有的葡萄球菌可产生荚膜。来自脓汁、乳汁或液体培养的葡萄球菌染色可成双或短链状排列，易被误认为链球菌。几乎所有葡萄球菌都产生过氧化氢酶(触酶)，借此可区别链球菌。最重要的致病性菌是金黄色葡萄球菌，它具有耐盐生长的特性，能产生多种毒力因子，可引起人和动物的创伤感染、乳腺炎、关节炎、脐炎等化脓性疾病，是典型的化脓性细菌，也可凭借毒素造成人食物中毒(恶心、呕吐及腹泻)或中毒性休克。金黄色葡萄球菌对龙胆紫非常敏感，但容易发生耐药性变异和 L 型变异。金黄色葡萄球菌的鉴定可采取选择性分离培养、菌落颜色观察、溶血性测试、过氧化氢酶(触酶)试验、血浆凝固酶试验、耐热核酸酶试验、甘露醇发酵试验、肠毒素检查等。表皮葡萄球菌对免疫力低下个体也有一定致病性，可引起牛乳腺炎，但通常不产生血浆凝固酶。

链球菌按溶血能力的不同，可分为 α、β 和 γ 溶血链球菌。依据群特异性抗原(核蛋白抗原)的不同，则可按兰氏分类(lancefield's classification)分为 20 个血清群。A、B 群链球菌的代表种分别是化脓链球菌(*S. pyogenes*)与无乳链球菌(*S. agalactiae*)，C 群链球菌的代表种是停乳链球菌(*S. dysgalactiae*)和马链球菌(*S. equi*)，R 群链球菌的代表种则是猪链球菌 2 型(*S. suis*)。乳房链球菌(*S. uberis*)和肺炎链球菌(*S. pneumoniae*)等某些种的链球菌尚无法进行兰氏分群。依据 M 蛋白不同，可将 A 群链球菌分为约 100 个血清型，将 B 群链球菌分为 4 个血清型，将 C 群链球菌分为 15 个血清型。A 群、B 群和 C 群链球菌多数有荚膜。依据荚膜多糖差异，猪链球菌和肺炎链球菌分别至少有 9 个和 90 个血清型。链球菌在自然条件下很容易发生转化而造成遗传重组，这对链球菌产生耐药性或发挥致病性产生了重要的影响。

无乳链球菌、停乳链球菌和乳房链球菌常引起牛羊的乳腺炎；无乳链球菌还可引起婴儿败血症和罗非鱼脑膜炎。马链球菌兽疫亚种可引起多种家畜的子宫炎、关节炎或败血症，马链球菌马亚种可引起马腺疫（下颌淋巴结脓肿疾病）；猪链球菌 2 型可致猪全身性疾病，包括急性致死性脑膜炎、多发性关节炎、支气管肺炎、败血症等，还可通过接触感染人；肺炎链球菌不仅可引起人大叶性肺炎，也可引起初生幼畜败血症；在鉴定致病性链球菌时，主要以形态结构、培养特性、生化试验及宿主动物作为鉴定种别的依据。在诊断链球菌疾病时，常应用快速抗原检测、链球菌溶血素 O(SLO)特异性抗体检测、血琼脂培养基分离培养、动物试验等方法。

【器材准备】

（1）菌种：金黄色葡萄球菌、表皮葡萄球菌、腐生葡萄球菌、无乳链球菌、停乳链球菌、乳房链球菌、肺炎链球菌、化脓链球菌的纯培养物。

（2）麦康凯琼脂平板、普通营养琼脂平板、卵黄高盐甘露醇培养基、绵羊（或家兔）血琼脂平板培养基、甘露醇微量发酵管、接种环、载玻片等。

（3）1∶5 稀释的兔血浆、3% H_2O_2 溶液（新鲜配制）、印度墨汁（或瑞氏染液）。

（4）卵黄甘露醇高盐琼脂(yolk mannitol salt agar)：将牛肉浸粉 1.5 g、氯化钠 75 g、D-甘露醇 10 g、琼脂 15 g 加入 600 mL 蒸馏水溶解，调节 pH 至 7.4，高压灭菌；冷却至 50 ℃，加入卵黄乳化液（蛋黄与生理盐水的等体积混匀液）150 mL 混匀。适用于分离金黄色葡萄球菌。增加氯化钠浓度，可提高选择性。

【实验步骤】

（一）葡萄球菌的鉴定

（1）形态观察：蘸取葡萄球菌菌落涂片，革兰染色，观察其个体形态、排列及染色特性。在液体培养物和病料涂片中，葡萄球菌常呈单个、成对或短链状存在；在固体培养基上生长的常呈典型的葡萄串状排列。革兰染色呈阳性，但 L 型呈阴性。

（2）培养特性观察：①接种：将血琼脂平板培养基分为几个等份，取各种葡萄球菌或从病料中取样，划线接种于血平板培养基表面，并进行标记。同样地，将菌种接种于普通琼脂平板培养基及普通肉汤中，置 37 ℃培养 18～24 h，观察并记录结果。②普通琼脂平板：菌落呈圆形、湿润、不透明、边缘整齐、表面隆起、光滑。由于菌株不同，产生脂溶性色素颜色不同，可使菌落呈现黄色、白色或柠檬色。③血液琼脂平板培养基：多数致病菌株形成明显的溶血环。④高盐甘露醇培养基：金黄色葡萄球菌能生长形成菌落。⑤麦康凯琼脂平板培养基：不能生长。⑥肉汤：均匀浑浊，可形成沉淀，在管壁形成菌环。

（3）生化特性：①甘露醇发酵试验：将各种葡萄球菌分别接种于甘露醇发酵管中，置 37 ℃培养 24 h，观察分解甘露醇的情况。②过氧化氢酶（触酶）试验：用接种环蘸取菌落里的葡萄球菌少许，涂抹于洁净载玻片上，然后于其上滴加 1～2 滴临时配制的 3% H_2O_2 溶液，立即观察有无气泡发生。出现气泡者为阳性。③血浆凝固酶试验：于载玻片上滴加生理盐水 1 滴，挑取菌落少许，混匀，然后滴加兔血浆 1 滴，混匀，若细菌凝集成块，则为阳性。

金黄色葡萄球菌在过氧化氢酶、血浆凝固酶试验中为阳性，通常产生金黄色或黄白色色素，在血琼脂平板培养基上溶血，发酵甘露醇产酸不产气。其他两种葡萄球菌凝固酶通常为阴性。表 5-1 列出了 3 种常见葡萄球菌的鉴别特征。

表 5-1　3 种常见葡萄球菌的鉴别

菌种	血浆凝固酶试验	三糖铁培养基底部变黄	发酵甘露醇	
			有氧条件下	厌氧条件下
金色葡萄球菌	+	+	+	+
表皮葡萄球菌	−	+	±	−
腐生葡萄球菌	−	−	±	−

注:“±”表示有些菌株为阳性,有些为阴性。

(4)动物试验:用家兔进行感染试验,皮下接种 24 h 培养物 1 mL,可引起局部皮肤溃疡或坏死;静脉注射 0.1～0.5 mL,动物在 24～48 h 死亡,剖检可见浆膜出血,肾脏、心脏等脏器出现大小不等的脓肿。

(二)链球菌的鉴定

(1)形态观察:以接种环分别挑取各种链球菌培养物或脓汁、乳汁、渗出物等病料,分别涂片,经革兰染色或亚甲蓝染色,镜检观察形态、排列、大小及染色特性。多数链球菌在血清肉汤中呈长链状排列,在固体培养基上或病料涂片则常为短链状排列。经印度墨汁或瑞氏染液染色镜检,肺炎链球菌显示有厚的荚膜,猪链球菌也有荚膜。

(2)培养特性观察。①接种培养:以划线法将菌种或病料分别接种于普通琼脂培养基、叠氮钠血琼脂平板培养基上,37 ℃培养 18～24 h。或接种于血清肉汤、马丁肉汤等液体培养基中培养 6～18 h。②结果观察:观察并记录平板上菌落的形态、大小、表面及溶血情况,以及在血清肉汤或马丁肉汤中的生长情况。链球菌在普通琼脂平板培养基上生长不良,也具有耐盐生长能力,但在血琼脂平板培养基上生长良好。仔细观察溶血现象,必要时可去除菌落再观察。链球菌的溶血现象可分为 α、β 及 γ 三种类型:在血琼脂平板培养基深处形成绿灰色菌落,其周围有不透明的绿色晕轮者,判定为 α 型溶血,又称绿色溶血型;在血琼脂平板培养基上的菌落周围形成无色透明的溶血环者,判定为 β 型溶血;在血琼平板培养基上的菌落周围不产生溶血现象者,判定为 γ 溶血,又称非溶血型。溶血现象越明显,通常提示链球菌菌株致病性越强。

(3)生化特性鉴定:链球菌除根据形态排列、培养特性及溶血现象鉴定外,还必须进行生化试验。常用乳糖、菊糖、山梨醇、水杨苷发酵管培养基,观察其对这些有机物的分解能力,最后做综合判断。链球菌通常不能产生过氧化氢酶,但都能分解葡萄糖和蔗糖。肺炎链球菌能被胆汁通过激活脱酰胺自溶酶溶解自身细胞壁,并能分解菊糖;而 A 群链球菌(如:化脓链球菌)恰好与之相反。

(4)培养特性鉴定:对乳腺炎的实验室诊断,应着重检查无乳链球菌、停乳链球菌、乳房链球菌这 3 种链球菌,以及化脓链球菌和金黄色葡萄球菌。

溴甲酚紫试验:取 0.5 mL 无菌的 0.5%溴甲酚紫溶液,加入 9.5 mL 新挤出的牛乳中,混匀后乳汁呈紫色。置 37 ℃培养 24 h,观察结果。如果由紫色变为绿色或黄色,沿管壁到管底有黄色团块者则为无乳链球菌。因为它所引起的乳腺炎的乳清中含有凝集素,在这种情况下无乳链球菌生长时常聚集成团,且此菌能发酵乳糖产酸而使乳汁变为黄色。如果病牛乳中含有 2 种以上细菌,或采集乳汁过程中有其他细菌污染,则可出现不同的结果。

CAMP 试验：在血琼脂平板培养基上，先以划线方式接种金黄色葡萄球菌，与此线垂直接种被检的链球菌。在有金黄色葡萄球菌代谢产物存在的情况下，无乳链球菌可产生明显的溶血现象，即后者的溶血能力增强，但停乳链球菌和乳房链球菌则无此现象。

(5)动物感染试验：对疑似停乳链球菌引起的疾病，可先通过划线接种获得链球菌纯培养物，再接种到血清肉汤培养基，培养 18 h，随后注入小鼠腹腔或静脉接种家兔，实验动物在 1 周内死亡。无乳链球菌则可用小鼠做敏感实验动物。

【注意事项】

(1)宜挑取最适生长阶段(18～24 h)的菌落进行涂片，否则可能出现染色不均一现象。

(2)平板的制备、细菌的接种都应进行严格的无菌操作，以防止病原菌的散播或感染。

(3)制作血琼脂平板培养基时，应使用脱纤维蛋白血(绵羊血优于兔血)，加入量为 5%(*V*/*V*)。

【实验报告】

(一)实验结果

(1)绘图说明葡萄球菌和链球菌的形态特点。

(2)描述葡萄球菌和链球菌的主要培养特性和生化特性。

(3)描述金黄色葡萄球菌与链球菌对动物致病性的差异。

(二)思考题

(1)如何鉴别葡萄球菌与链球菌？

(2)如何区分金黄色葡萄球菌、表皮葡萄球菌、腐生葡萄球菌？

(3)试述葡萄球菌血浆凝固酶试验的原理及意义。

(4)引起奶牛乳房炎的常见球菌有哪些？如何进行鉴定？

(5)何为 CAMP 试验？CAMP 试验有何应用价值及不足？

实验21　大肠杆菌和沙门氏菌的微生物学检查

(Microbiological Examination of *Escherichia coli* and *Salmonella*)

【目的要求】

(1)了解大肠杆菌和沙门氏菌的形态与染色特性。

(2)熟悉大肠杆菌和沙门氏菌的主要培养特性。

(3)掌握大肠杆菌和沙门氏菌的常规检查方法。

【基本原理】

大肠杆菌和沙门氏菌均为肠杆菌科细菌,其中大肠杆菌是埃希菌属的代表种,某些致病血清型可引起人和鸡、鸭、猪、牛、羊等多种动物发病;沙门氏菌属于沙门氏菌属,系肠杆菌科的重要病原菌,可引起人的肠炎(食物中毒)及动物多种多样临诊表现的沙门氏菌病。大肠杆菌和沙门氏菌也能以继发感染或混合感染出现在其他疾病中,甚至还常以隐性感染存在。

大肠杆菌和沙门氏菌具有一些共同特性,如均为革兰阴性中等大小的杆菌,可在普通培养基上生长良好,形成边缘整齐的光滑菌落等。因此,两者从染色特性、形态和普通培养基的生长表现难以区别。但由于两者对糖、蛋白质等营养成分的利用程度不同和产生的代谢产物存在差异,因而在肠杆菌科鉴别培养基(如麦康凯、SS琼脂、伊红亚甲蓝琼脂培养基等)上的生长特性以及一些生化试验特性(吲哚试验、MR、V-P和柠檬酸盐利用试验等)有明显差异,可作为鉴别依据。大肠杆菌和沙门氏菌的准确鉴定还需要依据血清学方法(血清型鉴定)和分子生物学方法(如基于16SrRNA基因和一些毒力相关基因的扩增和序列分析)。

【器材准备】

(1)菌种:大肠杆菌、沙门氏菌、大肠杆菌与沙门氏菌的混合菌液。

(2)增菌液:亚硒酸盐亮绿增菌液、四硫黄酸钠增菌液。

(3)普通培养基:肉汤、普通琼脂、半固体培养基。

(4)鉴别培养基:SS琼脂、麦康凯琼脂、伊红亚甲蓝琼脂、三糖铁琼脂以及商品化的大肠杆菌或沙门氏菌显色培养基。

(5)生化培养基:糖发酵管、蛋白胨水、葡萄糖蛋白胨水、尿素琼脂、枸橼酸盐琼脂等。

(6)生化试剂:甲基红(MR)试剂、V-P试剂、吲哚试剂等。

(7)诊断血清:大肠杆菌O抗原单因子诊断血清、沙门氏菌诊断血清、A～F群多价O血清及单因子血清。

(8)其他:革兰染色液、显微镜、擦镜纸、95%酒精等。

【实验步骤】

(一)增菌培养

用无菌吸管吸取大肠杆菌与沙门氏菌的混合菌液1 mL,分别加入10 mL的亚硒酸盐亮绿增菌液或四硫黄酸钠增菌液中。接种后轻轻混匀，置 37 ℃恒温箱内培养 18～24 h。

（二）直接分离培养

将大肠杆菌与沙门氏菌的混合菌液用分区划线方法，接种麦康凯琼脂平板、SS 琼脂平板或伊红亚甲蓝平板各一个，置 37 ℃恒温箱内培养 24 h 后取出，观察每种平板上两种细菌的生长情况。

在临床检测大肠杆菌与沙门氏菌的病料（如实质脏器、血液、关节液、腹水等）时，应同时进行增菌培养与直接分离培养。如果直接分离培养能获得可疑菌落，则增菌培养物可不再使用。否则，需从 24 h 及 48 h 的增菌培养物中 2 次挑取材料，作重复划线分离培养。

（三）形态观察

用无菌接种环分别挑取麦康凯琼脂平板或 SS 琼脂平板上新鲜培养的单菌落，在载玻片上制成涂片，待自然干燥后，以火焰固定，进行革兰染色，镜检。观察两种细菌的形态、大小与排列方式，并作比较。这两种细菌都是革兰阴性、两端钝圆的球杆菌，菌体大多单个存在，大小差异不显著。

（四）培养特性观察

将大肠杆菌和沙门氏菌的纯培养物分别接种肉汤、普通琼脂、三糖铁琼脂、SS 琼脂、麦康凯琼脂或伊红亚甲蓝琼脂（也可选择其他鉴别培养基）。接种三糖铁琼脂时，先进行斜面划线，后进行底层穿刺。置 37 ℃恒温箱内培养 24 h 后取出，观察两种细菌的培养特性并比较。

（五）生化试验

生化试验前，需对菌种进行纯度检查，确保不污染杂菌。检查方法同一般培养物的制片、染色和镜检。镜检时要适当多看几个视野，每个视野中细菌形态与染色特性均须符合该菌种的特性。凡污染杂菌者不可使用。

（1）糖发酵管接种（糖发酵试验）：每种纯培养物分别接种葡萄糖、乳糖、蔗糖、麦芽糖、甘露醇微量生化反应管，每种糖 1 管，进行穿刺接种。

（2）蛋白胨水接种：每种菌接种 1 管蛋白胨水生化反应管，培养后进行吲哚（靛基质）试验。

（3）葡萄糖蛋白胨水接种：每种菌接种 2 管，培养后一管作 MR 试验，另一管作 V-P 试验。

（4）尿素琼脂接种（尿素酶试验）：将待检菌纯培养物接种尿素琼脂斜面，然后进行穿刺。注意不要穿刺到底，底部留作对照。

（5）枸橼酸盐琼脂接种（枸橼酸盐利用试验）：将待检菌纯培养物先接种枸橼酸盐琼脂斜面，然后进行底部穿刺。

（6）半固体琼脂接种：待检菌纯培养物穿刺接种半固体高层琼脂，穿刺线应在培养基中央，一直穿刺到管底；拔出穿刺针时应顺原穿刺线取出，切不可左右滑动，以免影响结果观察。

以上培养基接种后，应及时在各管管壁上做好标记，然后置于 37 ℃恒温箱培养 2～3 d。糖发酵管应每日观察一次。尿素琼脂接种的细菌量多时，一般在培养后数小时内出现反应结果。

（六）生化特性的观察

（1）糖发酵试验结果：观察培养 2 种细菌的糖发酵管颜色变化情况。凡发酵管颜色由紫色变为黄色者，表示该菌发酵此糖产酸（以“＋”表示）；凡发酵管颜色由紫变黄并含气泡者，为发酵此糖产酸产气（以“⊕”表示）；凡发酵管颜色不变者，表示该菌不发酵此糖（以“－”表示）。

（2）MR 试验结果：取一支经 2～3 d 培养的葡萄糖蛋白胨水培养管，加入 MR 试剂约 5 滴，凡液体呈红色者为阳性反应（＋），呈黄色者为阴性反应（－），橙黄色者为可疑反应（±）。

（3）V-P 试验结果：取另一支葡萄糖蛋白胨水培养管，按 V-P 试剂说明书先加 V-P 试剂 A 液 0.6 mL，与培养物充分混匀后，再加 V-P 试剂 B 液 0.2 mL 混匀，静置后在 0.5～2 h 内呈红色者为阳性反应；不变色者应放在 37 ℃继续观察 1～2 h，仍然不变色者判为阴性。

（4）吲哚试验结果：取蛋白胨水培养管加入吲哚试剂 2～4 滴，混匀，室温放置 5～10 min 观察结果。凡在培养基上部出现红色环者为阳性反应，呈现黄色、橘黄色或棕色者为阴性反应。

（5）枸橼酸盐利用试验结果：观察培养 2～3 d 的枸橼酸盐发酵管的颜色变化。凡能利用枸橼酸盐，培养基由草绿色变为深蓝色者，判为阳性。颜色不变者为阴性反应。

（6）硫化氢试验结果：观察经 2～3 d 培养的硫化氢微量生化反应管，凡液体呈现黑色者为阳性反应，不变黑为阴性反应。

（7）尿素酶试验结果：如果细菌能产生尿素酶，则会分解尿素并极快释放氨，使酚红的颜色变成玫瑰红色至桃红色，此为阳性反应。该反应通常在 2～24 h 内出现。

（8）半固体培养基穿刺培养结果：穿刺接种细菌的半固体琼脂柱置于 37 ℃恒温箱中培养 18～24 h，然后取出检查。有运动力的细菌可由穿刺线向四周扩散生长，使周围的培养基变浑浊；无运动力的细菌仅能沿穿刺线生长，周围的培养基仍然保持澄清。

大肠杆菌与沙门氏菌的培养特性和生化反应结果分别见表 5-2 和表 5-3。

表 5-2　大肠杆菌与沙门氏菌的培养特性

菌种	普通培养基	麦康凯培养基	SS 培养基	伊红亚甲蓝培养基	显色培养基	血琼脂培养基
大肠杆菌	生长旺盛的无色透明、边缘整齐的光滑菌落	生长旺盛的紫红色光滑菌落	生长旺盛的紫红色光滑菌落	生长旺盛的紫黑色带金属光泽菌落	大肠杆菌显色培养基呈蓝色菌落	致病血清型呈 β 型溶血
沙门氏菌	生长旺盛的无色透明、边缘整齐的光滑菌落	生长旺盛的无色透明光滑菌落	生长旺盛的中心呈黑色光滑菌落	生长旺盛的无色菌落	沙门氏菌显色培养基呈紫色菌落	生长旺盛，无溶血现象

（七）大肠杆菌血清型鉴定

（1）菌体抗原（O 抗原）定型血清的稀释：将大肠杆菌单因子血清（冻干品）分别溶解于 5 mL 0.5%石炭酸生理盐水中，然后装入灭菌小瓶，盖紧，贴上标签，置 2～8 ℃冰箱保存备用。

（2）O 抗原的制备：将待检血清型的大肠杆菌菌株接种于普通琼脂斜面，37 ℃培养 24 h。用 0.5%石炭酸生理盐水 2 mL 洗下普通琼脂斜面培养物，置小圆底试管中，制成浓稠菌悬液，然后于 121 ℃高压处理 2 h，破坏其 K 抗原，制成高压抗原。

表 5-3　大肠杆菌与沙门氏菌的生化特性

菌种	三糖铁培养基（TSI）	糖发酵					MR	V-P	吲哚	枸橼酸	尿素酶
		葡萄糖	乳糖	麦芽糖	蔗糖	甘露醇	试验	试验	试验	盐利用	试验
大肠杆菌	$\frac{A/A}{+;-}$	⊕	⊕	⊕	V	⊕	+	−	+	−	−
沙门氏菌	$\frac{K(A)/A}{+(-);+(-)}$	⊕	−(b)	+	−	+	+	−	−	+	−

注:"+"表示 90%～100%反应阳性;"−"表示 90%～100%反应阴性;"⊕"表示产酸产气;"V"表示种间有不同反应;"−(b)"表示亚利桑那沙门氏菌发酵乳糖;TSI 上的反应情况以$\frac{斜面/底层}{产气;H_2S}$表示,其中"A"表示产酸(黄色),"K"表示产碱(红色),"+"为阳性,"−"为阴性,"()"表示偶尔可见的反应。

(3)玻板凝集反应:取洁净载玻片一块,用记号笔划成方格分区,并注明大肠杆菌 O 抗原定型血清号码,然后用微量移液器取高压抗原和单因子血清各 20 μL 置玻板上,用牙签混匀,半分钟内观察结果。同时以高压抗原与 0.5%石炭酸生理盐水混合物进行对照,观察有无自凝现象。

(4)结果判定:①阳性反应,液体澄清,有明显的凝集小块;②阴性反应,液体浑浊,没有凝集小块出现。出现阳性反应者,大肠杆菌的血清型与其所反应的单因子血清号相对应。

(八)沙门氏菌血清型鉴定

沙门氏菌的血清型鉴定有玻板(片)凝集法与试管凝集法两种,常用的是玻板凝集法。

(1)血清群鉴定:取一张清洁的玻片,滴一滴沙门氏菌多价 O 血清(A～F 组)至玻片上,再用接种环挑取疑为沙门氏菌的纯培养物少许,与玻片上的多价 O 血清混匀后摇动玻片,如果在 2 min 内出现凝集现象,即可初步诊断该菌为沙门氏菌。同时以生理盐水代替多价血清作一对照。进一步用代表 A 群(O_2)、B 群(O_4)、C_1 群(O_7)、C_2 群(O_8)、D 群(O_9)、E 群(O_3)和 F 群(O_{11})的 O 单因子血清作同样的玻片凝集反应,被哪一群 O 单因子血清所凝集,则确定被检沙门氏菌为该群。

(2)血清型定型:血清群确定后,用该群所含的各种 H 因子血清和被检菌作玻片凝集反应,以确定其 H 抗原。根据检出的 O 抗原和 H 抗原,列出被检菌的抗原式,与沙门氏菌的抗原表比较,即可知被检菌为哪种沙门氏菌。

在实际工作中,判定被检菌是否为沙门氏菌,应将被检菌的生化反应和血清学诊断结果结合起来考虑。凡两者均符合沙门氏菌特性者,则确认为沙门氏菌;凡两者均不符合者,则确定为非沙门氏菌;凡两者中有一项符合沙门氏菌特性者,则可认为是沙门氏菌。

总结以上实验内容,大肠杆菌与沙门氏菌的一般检查程序如图 5-1 和图 5-2 所示。

【注意事项】

(1)同一菌种不同血清型的菌株,生化反应结果可能不一致。

(2)利用多价 O 血清及单因子血清进行血清学鉴定也适用于其他细菌。

(3)病原菌株的操作要在生物安全柜内进行,以防止病原的散播。

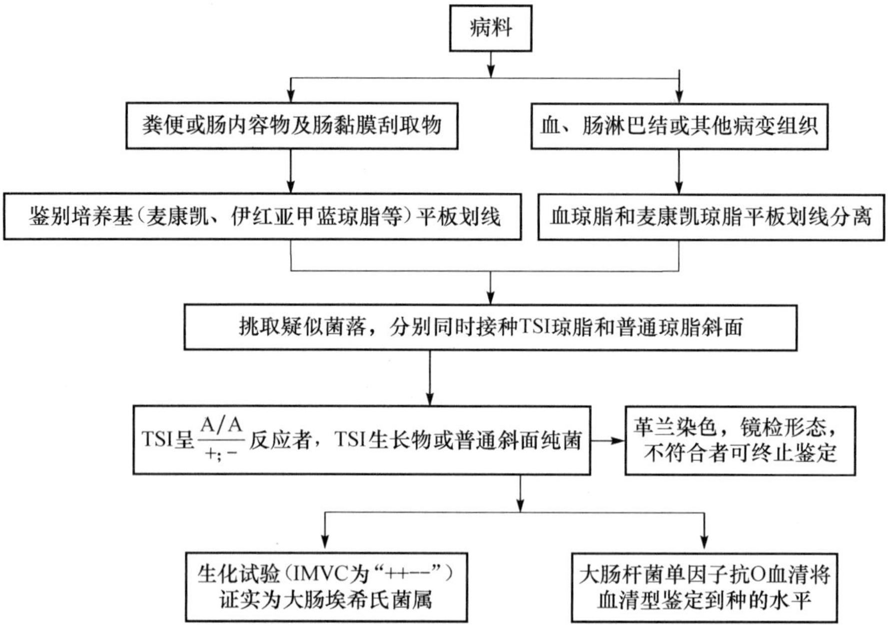

图 5-1　大肠埃希氏菌属的分离鉴定程序

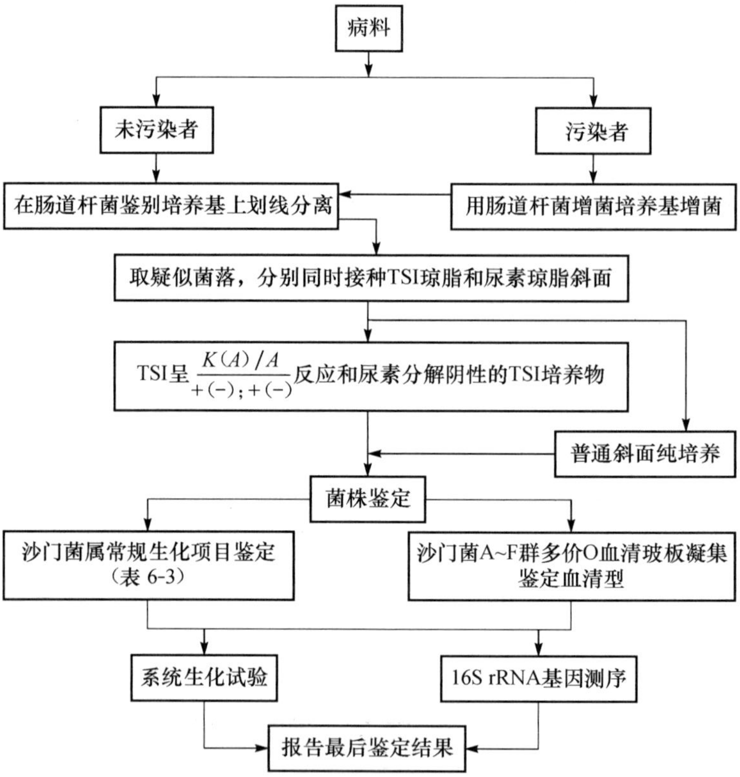

图 5-2　沙门氏菌属的分离鉴定程序

【实验报告】

(一)实验结果

(1)描述大肠杆菌与沙门氏菌的培养特性。
(2)记录并比较大肠杆菌与沙门氏菌的生化特性。
(3)记录各种菌株的血清型鉴定结果。

(二)思考题

(1)大肠杆菌与沙门氏菌在鉴别培养基上的培养特性有何差异?
(2)试述生化试验在肠杆菌科细菌的鉴别与诊断中的作用和意义。
(3)常用细菌生化反应的原理是什么?
(4)简述肠杆菌科细菌微生物学检查的一般步骤。

实验 22　巴氏杆菌和副猪嗜血杆菌的微生物学检查

(Microbiological Examination of *Pasteurella* and *H. parasuis*)

【目的要求】

(1)了解巴氏杆菌和副猪嗜血杆菌的生物学特性。

(2)掌握巴氏杆菌和副猪嗜血杆菌的形态和培养特性。

(3)掌握巴氏杆菌和副猪嗜血杆菌的微生物学检查方法。

【基本原理】

巴氏杆菌为无鞭毛、无芽孢、不运动、需氧或兼性厌氧的革兰染色阴性短杆或球杆菌。近年来,巴氏杆菌属细菌的种类变化较大,多个原有种被划分到新的属,目前确定的巴氏杆菌种有 13 个。多杀性巴氏杆菌是本属最重要的畜禽致病菌,也是本属中临床最易分离到的种。

多杀性巴氏杆菌大小为(0.25～0.4)μm×(0.5～2.5)μm,单个存在,有时成双排列。具有广泛的宿主嗜性,对家畜、家禽、多种野生动物及人均可致病,急性型呈出血性败血症,迅速死亡,如牛出血性败血症、猪肺疫、禽霍乱、兔巴氏杆菌病等;亚急性型于黏膜关节等部位发生出血性炎症等;慢性型则呈现萎缩性鼻炎、肺炎、关节炎及局部化脓性炎症等;可通过猫或犬的咬和抓伤引起人的脑膜炎、心肌炎、关节炎及其他严重后遗症。实验动物中小鼠和家兔易感,鸽对多杀性巴氏杆菌杀禽亚种易感性强。不同动物主要感染的血清类型不同,同血清之间无交叉保护性或交叉保护性较低。病料涂片用瑞氏染色或亚甲蓝液染色可见明显的两极染色。在鲜血或血清培养基上生长良好,有氧培养下无溶血现象,厌氧条件下部分菌株具有溶血特性。在普通培养基上生长贫瘠,在麦康凯琼脂上不生长。新分离的多杀性巴氏杆菌强毒株可见荚膜。

副猪嗜血杆菌可引起猪的以多发性纤维素性浆膜炎、肺炎、关节炎、脑炎等全身性炎症为特征的副猪嗜血杆菌病(又称格氏病,glasser's disease)。该病临床上主要表现为高热、食欲不振、反应迟钝、咳嗽、呼吸困难、关节肿胀、跛行、共济失调及中枢神经症状。断奶后处于保育期的仔猪易感,感染高峰在保育期 4～6 周,发病率一般在 10%～15%,死亡率严重时可达 50%。该菌在环境中普遍存在,为猪上呼吸道常驻菌,一般在仔猪出生后几天就能在其鼻腔中检测到。当猪群遭受不良环境、转群、去势、疫苗免疫、饲养不当等应激因素的影响,或感染猪繁殖与呼吸综合征病毒、猪圆环病毒等免疫抑制性病毒时,易继发感染副猪嗜血杆菌病。该菌血清型众多,至少可分为 15 个血清型,部分分离株血清型仍不确定,各菌株间毒力差距较大。非毒力菌株是猪鼻腔中正常微生物菌群的一部分,毒力菌株则是引起副猪嗜血杆菌病的主要病原。目前流行的优势血清型为 4 型、5 型和 13 型;1 型、5 型、10 型、12 型、13 型、14 型为强毒力,2 型、4 型、8 型、15 型为中等毒力,其他血清型毒力较低。由该菌引起的疾病已经在全球范围影响着养猪业的发展。

副猪嗜血杆菌无芽孢,无鞭毛,兼性厌氧,具有多种不同的细胞形态,呈短杆状、球状、杆状或长丝状。革兰染色阴性。亚甲蓝染色呈两极浓染，通常可见荚膜，但体外培养时易受影响。副猪嗜血杆菌生长时需要V因子(烟酰胺腺嘌呤二核苷酸,NAD;或烟酰胺腺嘌呤二核苷酸磷酸,NADP)，在常规培养基上不生长；在血液培养基上生长，菌落小而透明，且无溶血现象；在葡萄球菌菌苔周围生长良好，形成“卫星生长”现象。嗜血杆菌属成员通常在巧克力培养基上生长良好，但副猪嗜血杆菌却需要更丰富的营养，在巧克力培养基上生长缓慢和贫瘠。

【器材准备】

(一)仪器

恒温培养箱、普通光学显微镜、高压灭菌器、超净工作台、高速离心机、PCR仪、电泳仪、移液器、凝胶成像仪等。

(二)试剂耗材

革兰染色液，吉姆萨染液，瑞氏染液，亚甲蓝染液，注射器，剪刀，镊子，载玻片，接种环，酒精棉，灭菌的10 μL、200 μL及1 mL吸头，烟酰胺腺嘌呤二核苷酸(NAD或V因子)，细菌微量生化反应管，细菌基因组提取试剂盒等。

(三)培养基

普通琼脂培养基、巧克力培养基、鲜血琼脂培养基、血清琼脂培养基、马丁固体培养基、脑心浸液肉汤(BHI)、麦康凯培养基、胰蛋白胨大豆琼脂(TSA)、胰蛋白胨大豆肉汤(TSB)。

(四)菌株及实验动物

金黄色葡萄球菌，清洁级小白鼠、家兔、鸽、豚鼠。

(五)待检病料

发病动物的鼻拭子，心血、肝、脾、肺等脏器组织。

【实验步骤】

(一)多杀性巴氏杆菌的培养与鉴定

(1)病料采集：根据不同动物的发病情况，无菌棉签采集鼻、咽拭子，注射器取组织渗出液及心血，无菌采集肝、脾、肺、淋巴结、骨髓等组织放入灭菌离心管中，所采集样本放入保温冰盒带回实验室进行检查。

(2)细菌形态及染色特性：取病料涂片或触片，分别进行革兰染色、碱性亚甲蓝或瑞氏染色，镜检可见革兰染色阴性的短杆菌或球杆状菌，脏器中有时呈现不规则长杆状菌。临床样本中通常有多种菌共存，不宜采用革兰染色来判定是否有多杀性巴氏杆菌。碱性亚甲蓝、瑞氏或吉姆萨染色呈典型的两极着色，可初步判定临床样本中是否存在巴氏杆菌类病原及其量的多少。

(3)细菌分离培养：在超净台中，取采集病料的中心部分小块组织，加入适量生理盐水或PBS匀浆处理，匀浆液采用生理盐水或PBS稀释涂布或划线接种于普通琼脂培养基、麦康凯琼脂培养基、鲜血琼脂培养基、马丁肉汤琼脂培养基、脑心浸汤琼脂培养基上，37 ℃培养 24～36 h 后，观察细菌生长情况。该菌在血平板上长成淡灰色、圆形、湿润、露珠样菌落，菌落周围无溶血环，置厌氧条件下继续培养 72～96 h，部分菌株可见 β-溶血；在马丁肉汤或脑心浸汤琼脂培养基上生长良好，透光可见菌落散射荧光；在普通培养基上生长贫瘠；在麦康凯琼脂上不生长。挑取单菌落部分涂片，吉姆萨或瑞氏染色镜检符合多杀性巴氏杆菌两极着色特征，进一步纯培养。

将此菌培养于血清琼脂上生长良好。于 45°折光下观察生长的菌落，可见有不同的荧光颜色。其中，产生蓝绿色荧光的称蓝绿色荧光型（Fg 型）；产生橘红色荧光的称橘红色荧光型（Fo 型）。Fg 型菌对猪等毒力强，而 Fo 型菌对禽类毒力强。

（4）细菌生化鉴定：必要时可进一步做生化试验来鉴定。将细菌纯培养物接种于微量生化反应管，37 ℃培养 24～48 h 后观察结果。靛基质反应阳性，尿素酶反应阴性，石蕊牛乳无变化，不能液化明胶。在糖分解试验中，一般可分解葡萄糖、蔗糖、海藻糖、果糖、乳糖、半乳糖和甘露糖，少部分菌株不分解鼠李糖、乳糖、半乳糖和果糖，产酸不产气，一般阿拉伯糖、肌醇等不能被分解。

（5）动物试验：常用实验动物为小鼠、家兔，禽源株可选用鸽子。接种材料可选用病料悬液或纯培养物，一般检验时先用原病料以无菌生理盐水制备 1∶（5～10）悬液，皮下、肌内或腹腔注射均可，小白鼠注射剂量为皮下注射 0.2 mL，家兔为皮下注射 0.5 mL，鸽为胸肌肌内注射 0.5 mL。动物多在接种后 24～48 h 内死亡。实验动物死亡后剖检，观察其病理变化，同时取心血或肺、肝、脾组织做成涂片 2 张，分别以瑞氏染液和革兰染液染色，观察细菌的形态特征；并无菌取心血、肺、肝、脾等病料接种血琼脂平板，或血清琼脂，或马丁肉汤琼脂，或脑心浸液琼脂培养基，次日观察在培养基中的生长情况和菌落特征，若有典型两极染色特征及相应培养特征者即可做出诊断。

（6）分子生物学鉴定：形态和生化特性测定并不能完全确定是否为多杀性巴氏杆菌，分子生物学鉴定可以确定。

基因组 DNA 的制备步骤如下。

①对于采集的脏器组织，用无菌剪刀剪成小块，放入研钵中，加入液氮进行研磨，采用细菌基因组提取试剂盒提取基因组 DNA；对于液态样本，如血液、心包液等，先以 13 200 r/min 离心 5 min，去掉上清液，收集菌体沉淀，再利用细菌基因组提取试剂盒提取基因组 DNA 备用；对采集的鼻拭子、咽拭子等，折断棉签，棉头放入离心管中，加入 1 mL 生理盐水或 PBS，涡旋振荡，使棉签上的菌分散在液体中，棉头在管壁压干去掉，13 200 r/min 离心 5 min，去掉上清液，菌体沉淀用于基因组提取。

②对纯化培养的菌，可取液体增菌培养的离心菌体或刮取平板培养的菌体。菌体可直接加入少量灭菌生理盐水，制备成混悬液，100 ℃加热处理 10 min，13 200 r/min 离心 10 min，取上清液作为 DNA 模板备用，或菌体采用基因组提取试剂盒进行基因组 DNA 的提取，－20 ℃保存。由于多杀性巴氏杆菌的细胞壁较薄，因此其 DNA 一般采用煮沸处理就可以使其释放出来。

种属鉴定：多杀性巴氏杆菌种型鉴定可采用其 Kmt1 基因特异性引物（F：5′-ATCCGCTATTTACCCAGTGG-3′；R：5′-GCTGTAAACGAACTCGCCAC-3′），PCR 扩增产物理论大小在 460 bp。挑取部分菌落直接进行 PCR，扩增条件为 95 ℃ 5 min；94 ℃ 10 s、55 ℃ 10 s、72 ℃ 30 s，35 个循环；

72 ℃ 5 min,4 ℃ 保存。如扩增产物电泳条带大小在 460 bp 左右,结合形态及生化特性等,可确定种属。也可利用 PCR 扩增其 16S rRNA 序列,采用细菌 16S rRNA 序列通用扩增引物,对扩增产物进行测序,序列调入 NCBI BLAST 数据库比对分析确定种属。

(7)血清型鉴定:必要时可进行多杀性巴氏杆菌血清型鉴定,血清学或 PCR 方法均可。目前多采用分子生物学分型,目前已发现 5 种荚膜基因型(A、B、D、E、F)、8 种 LPS 基因型(L1-L8)和多种 MLST(多位点序列分型)基因型。荚膜基因型与荚膜血清型相对应;L1 对应 LPS 血清型 1 和 14 型,L2 对应 2 和 5 型,L3 对应 3 和 4 型,L4 对应 6 和 7 型,L5 对应 9 型,L6 对应 10、11、12 和 15 型,L8 对应 16 型。其血清型或基因型与致病性之间存在着一定关联。

荚膜血清型及 LPS 基因型鉴定特异性引物序列及扩增长度见表 5-4。

表 5-4　多杀性巴氏杆菌荚膜血清型及 LPS 基因型鉴定引物

扩增基因	血清型	上游引物(5′-3′)	下游引物(5′-3′)	扩增长度(bp)
hyaD-hyaC	A 型	TGCCAAAATCGCAGTCAG	TTGCCATCATTGTCAGTG	1 044
bcbD	B 型	CATTTATCCAAGCTCCACC	GCCCGAGAGTTTCAATCC	760
dcbF	D 型	TTACAAAAGAAAGACTAG-GAGCCC	CATCTACCCACTCAACCATAT-CAG	657
ecbJ	E 型	TCCGCAGAAAATTATTGACTC	GCTTGCTGCTTGATTTTGTC	511
fcbD	F 型	AATCGGAGAACGCAGAAAT-CAG	TTCCGCCGTCAATTACTCTG	851
pcgD-pcgB	L1	ACATTCCAGATAATACACCCG	ATTGGAGCACCTAGTAACCC	1 307
nctA	L2	CTTAAAGTAACACTCGCTATT-GC	TTTGATTTCCCTTGGGATAGC	810
gatF	L3	TGCAGGCGAGAGTTGATAAAC-CATC	CAAAGATTGGTTCCAAATCT-GAATGGA	474
latB	L4	TTTCCATAGATTAGCAATGCCG	CTTTATTTGGTCTTTATATAT-ACC	550
rmlA-rmlC	L5	AGATTGCATGGCGAAATGGC	CAATCCTCGTAAGACCCCC	1 175
nctB	L6	TCTTTATAATTATACTCTC-CCAAGG	AATGAAGGTTTAAAAGAGAT-AGCTGGAG	668
ppgB	L7	CCTATATTTATATCTCCTCCCC	CTAATATATAAACCATC-CAACGC	931
natG	L8	GAGAGTTACAAAAATGATCG-GC	TCCTGGTTCATATATAGGTAGG	255

巴氏杆菌的检查程序如图 5-3 所示。

(二)副猪嗜血杆菌的培养与鉴定

副猪嗜血杆菌常和其他病原混合感染,通过临床症状和病理变化很难准确判定。因此,要弄清病原及其血清型必须借助于实验室诊断。

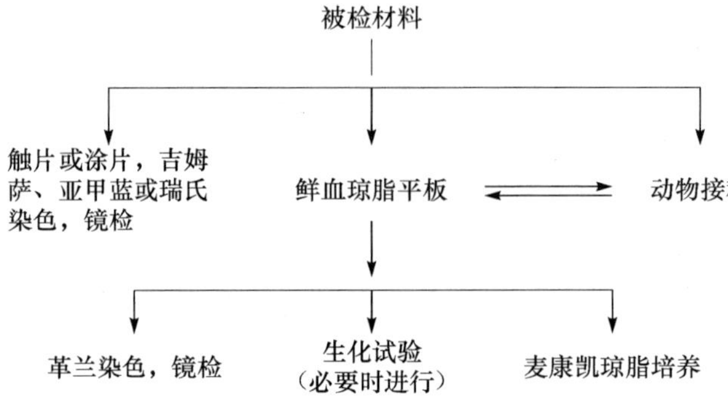

图 5-3　巴氏杆菌的检查程序

1．病料采集

通常选有呼吸道症状的疑似副猪嗜血杆菌病猪，无菌采集心血、心包液、胸腔积液、关节液、淋巴结、肝、肺、脾等病料，放置于保温冰盒中，快速送实验室进行检查，一般不超过 24 h。该菌非常脆弱，在外界环境中很容易死亡，离体时间过长的病料往往较难分离到副猪嗜血杆菌。由于副猪嗜血杆菌在猪的呼吸道为常在菌，仅采集鼻腔、扁桃体和气管拭子样本分离出副猪嗜血杆菌不能评估疾病的病原是副猪嗜血杆菌。

2．细菌形态及染色特性

在超净台上，用无菌剪刀或手术刀取一小块病料，利用其切面涂片或触片，染色镜检。可见菌体呈短杆状、球状、杆状或长丝状，革兰染色阴性，亚甲蓝染色呈两极浓染，可见荚膜。若在临床样本中观察到了有两极浓染的菌，可初步判定有巴氏杆菌科的成员菌感染。

3．细菌分离培养

在超净台上取小块病料组织放入灭菌的离心管中（注意最好取所采集组织的中心区域，用无菌手术刀先去掉外围组织，外围组织有可能在病料采集过程中存在污染），添加一定比例的生理盐水或 PBS 进行组织匀浆，匀浆液用生理盐水或 PBS 进行倍比稀释（稀释比例可结合组织涂片染色显微观察结果，含菌量高则稀释倍高，相反则低一些），涂布接种于加有 NAD 的巧克力琼脂平板或 TSA 培养基上，置于含 5% CO_2 培养箱中，37 ℃培养 24～48 h 后观察菌落形态。对于病料组织也可采用直接划线分离的方法分离病原。无菌手术刀片在酒精灯火焰上灼烧一下，趁热在组织块表面烫一下，其后无菌划开一个小口，用接种环在小口中蘸取组织液进行平板划线分离。或采用组织断面在平板边缘培养基上涂抹一下，其后用接种环划线分开。菌落上呈针尖大小，圆形，表面光滑、边缘整齐，灰白色半透明。挑取可疑的单个菌落进行涂片染色镜检，革兰染色观察是否为革兰阴性短杆菌，亚甲蓝染色是否为两极浓染。

挑取可疑菌落划线接种于不添加 NAD 的鲜血琼脂平板上，再用金黄色葡萄球菌点种或垂直划线接种，置于含 5% CO_2 培养箱中，37 ℃培养 24～48 h。观察是否出现越靠近金黄色葡萄球菌菌苔生长的菌落越大，越远的则越小，甚至不见菌落生长的“卫星生长”现象。这是因为金黄色葡萄球菌等产色素的细菌在生长过程中可合成 V 因子，为必须有 V 因子才能生长的菌提供营养。金黄色葡萄球菌产生的 V 因子在培养基中扩散，距离该菌越远的地方浓度越低，所以出现此生长现象。

对可疑菌进行纯培养，挑取菌落分别接种于普通营养琼脂培养基、麦康凯培养基、巧克力培养基、鲜血琼脂培养基、加 NAD 的巧克力琼脂培养基和 TSA 培养基上，同上培养 24～48 h

后，检查其在不同培养基上的生长表现、菌落特征及溶血性等培养特性。副猪嗜血杆菌在普通琼脂培养基和麦康凯培养基上均不生长，在鲜血琼脂培养基上无溶血现象。

4. 生化试验

(1)糖类分解试验：挑取纯培养物，分别接种于葡萄糖、蔗糖、果糖、半乳糖、麦芽糖、木糖、山梨醇、甘露醇微量生化管中，每管加入 5 μL 0.01% NAD，倒置于小烧杯中，于 37 ℃、5% CO_2 培养箱中培养 24～48 h 后观察结果。结果判定：阴性，培养液为紫色；阳性，产酸，培养液变黄。该菌可发酵葡萄糖、蔗糖、果糖、半乳糖、麦芽糖，对山梨醇、木糖、甘露醇反应呈阴性。

(2)氧化酶试验：加 2～3 滴 1%盐酸二甲基对苯二胺在滤纸上，用接种环或牙签挑取菌落，涂抹滤纸上，观察反应。结果判定：阳性，5～10 s 滤纸由粉红到黑色；阴性，滤纸无颜色变化。该菌氧化酶反应呈阴性。

(3)接触酶试验：用接种环挑取菌落于载玻片上，加入 1～2 滴 3%过氧化氢，立即观察是否有气泡产生。结果判定：阳性，有气泡产生；阴性，无气泡产生。也可直接在菌落上滴加过氧化氢进行观察。该菌接触酶反应呈阳性。

(4)硫化氢试验：挑取菌落接种硫化氢微量生化发酵管，加入 5 μL 0.01% NAD，倒置于小烧杯中，于 37 ℃、5% CO_2 培养箱中培养 24～36 h 后观察结果。结果判定：阳性，培养液变为黑色；阴性，培养液无色。该菌硫化氢反应呈阴性。

(5)硝酸盐还原试验：挑取菌落接种到硝酸盐微量生化发酵管中，加入 5 μL 0.01% NAD，倒置于小烧杯中，于 37 ℃、5% CO_2 培养箱中培养 18～24 h，加入试剂甲和乙各 3～5 滴观察结果。结果判定：添加试剂后 30 s 内出现红色为阳性；无颜色出现则为阴性，再加入锌粉，随后出现红色，则为真正的阴性。进行该试验时应设未接种的硝酸盐微量生化发酵管作为阴性对照。该菌硝酸盐还原反应为阳性。

生化试验时注意与其他不溶血的 NAD 依赖菌，如吲哚放线杆菌、猪放线杆菌等相区别。

5. 动物试验

临床采集的血液、渗出液或其各自培养 8～12 h 的肉汤培养物等(要注意的是，有污染的病料样本不宜直接进行肉汤培养增菌，同时有多种病原感染的病料样本也不太适宜直接进行增菌，原因是所选培养基反而更有利于非目的病原菌的生长)，可直接注射实验动物。组织材料则制成 1∶5 乳悬液注射动物，一般采用皮下注射法。小鼠 0.1～0.2 mL/只，豚鼠 0.2～0.5 mL/只，家兔 0.2～1 mL/只。通常于接种 14 h 后可见临床症状，临床症状出现的时间也与病料中病原的含菌量及毒力有关。对死亡实验动物进行剖检，观察其脑、肺、心、肝、脾和肾组织器官的病变，做细菌分离培养，并做局部病变的组织涂片，分别以瑞氏染液和革兰染液染色，观察细菌的形态特征。动物试验在该病原的分离过程中也很重要，特别是对一些污染严重或采集时间过长的组织样本，可以通过感染实验动物筛除一些非致病菌，增加病原菌的含量，有利于该菌的分离。

6. 分子生物学鉴定

由于副猪嗜血杆菌在外界环境中容易死亡，同时生长条件较为苛刻，所以临床中较难通过分离培养来进行快速确诊。随着分子生物学技术的发展，目前针对副猪嗜血杆菌建立了多种核酸检测方法进行确诊。

基因组 DNA 的制备，同多杀性巴氏杆菌的分子生物学鉴定。

(1)16SrRNA 测序鉴定：①可采用细菌通用 16SrRNA 序列引物进行 PCR 扩增，扩增产物送基因公司进行测序,测定序列调入 NCBI BLAST 数据库进行比对分析,可判定种群。采用细菌通用引物扩增仅适用于经过纯化培养菌的鉴定。②根据 GenBank 中副猪嗜血杆菌 16SrRNA 基因保守区域设计特异性引物,在设计引物时要注意对同属其他种菌株 16SrRNA 基因型序列同时进行比对分析,设计出的引物序列调入 NCBI BLAST 数据库中进行再次比对分析,确定其特异性。重点关注与其他种属的同源性,如设计的引物比对发现能与大量其他种属菌的同源性达 98%以上,表明序列特异性还不够,上下游引物都要进行比对分析。设计副猪嗜血杆菌 16SrRNA 特异性扩增引物(F:5′-GAGAGATGAAAGACTGGGACCGC-3′;R:5′-ATGAAATGCAATTCCCAAGTTAAGC-3′),理论扩增大小为 455 bp。对于临床样本可以直接进行 PCR 扩增,如能扩增出相应大小的条带,可确定临床样本中存在副猪嗜血杆菌。

(2)infB 基因鉴定:除采用 16SrRNA 基因特异性引物进行副猪嗜血杆菌的鉴定,目前多选用 infB 基因作为诊断靶基因,设计相应特异引物进行普通 PCR 和荧光定量 PCR 检测,也可采用环介导等温扩增技术(loop-mediated isothermal amplification,LAMP)设计针对该基因的检测。LAMP 技术利用 BstDNA 聚合酶的链置换进行 DNA 扩增,针对靶基因上的 6 个区域设计 4 条引物,所以 LAMP 技术的非特异性扩增概率极小,特异性强。

(3)血清型鉴定:目前发现副猪嗜血杆菌至少有 15 种血清型,根据其各自特异基因进行分型判定,PCR 扩增时的退火温度参照各自引物合成时提供的 Tm 值。副猪嗜血杆菌血清型的基因分型引物序列及扩增片段大小见表 5-5。

表 5-5 副猪嗜血杆菌血清型的基因分型引物序列及扩增片段长度

扩增基因	血清型	上游引物(5′-3′)	下游引物(5′-3′)	扩增长度(bp)
funB	1	CTGTGTATAATCTATC-CCCGATCATCAGC	GTCCAACAGAATTTGGAC-CAATTCCTG	180
wzx	2	CTAACAAGTTAGGTATG-GAGGGTTTTGGTG	GGCACTGAATAAGGGATAAT-TGTACTG	295
glyC	3	CATGGTGTTTATCCTGACTTG-GCTGT	TCCACATGAGGCCGCTTCTA-ATATACT	650
wciP	4	GGTTAAGAGGTAGAGCTA-AGAATAGAGG	CTTTCCACAA-CAGCTCTAGAAACC	320
funk	5	ATGCCAATAGAGATAGC	CCTGCCATATTATGA	560
gltI	6	GATTCTGATGATTTTTGGCT-GACGGAACG	CCTATTCTGTCTATAAGCAT-AGACAGGAC	360
funQ	7	CTCCGATTTCATCTTTTCTAT-GTGG	CGATAAACCATAACAATTC-CTGGCAC	490
scdA	8	GGAAGGGGATTACTACTAC-CTGAAAG	CTCCATAGAACCTGCTGCTT-GAG	650
funV	9	AGCCACATCAATTTTAGCCT-CATCA	CCTTAAATAGCCTATGTCTG-TACC	710
funX	10	GGTGACATTTATGGGCGAG-TAAGTC	GCACTGTCATCAATAA-CAATCTTAAGACG	790

续表 5-5

扩增基因	血清型	上游引物(5′-3′)	下游引物(5′-3′)	扩增长度(bp)
amtA	11	CCATCTCTTTAACTAATGG-GACTG	GGACGCCAAGGAGTATTAT-CAAATG	890
	12	ATGGCTCACGATCCGAAAG	ATTTCCCTTTCCTAAACGC	
gltP	13	GCTGGAGGAGTTGAAAGAGT-TGTTAC	CAATCAAATGAAACAACAG-GAAGC	840
funAB	14	GCTGGTTATGAC-TATTTCTTTCGCG	GCTCCCAAGATTAAACCA-CAAGCAAG	730
funI	15	CAAGTTCGGATTGGGAG-CATATATC	CCTATATCATTTGTTGGATG-TACG	550

【注意事项】

(1)对小白鼠保定和注射时应注意做好防护,防止被其咬伤。

(2)实验室诊断过程中注意无菌操作。

【实验报告】

(一)实验结果

(1)绘制显微镜视野图来说明多杀性巴氏杆菌和副猪嗜血杆菌的形态特征。

(2)试述多杀性巴氏杆菌和副猪嗜血杆菌的培养特性。

(3)简述巴氏杆菌、副猪嗜血杆菌感染动物试验结果。

(二)思考题

(1)多杀性巴氏杆菌在纯培养和病料组织中的形态特征有何差别?检查时各用什么染色方法?

(2)多杀性巴氏杆菌和副猪嗜血杆菌的微生物学诊断要点有哪些?

(3)多杀性巴氏杆菌和副猪嗜血杆菌的区别是什么?

实验 23　布氏杆菌的微生物学检查

(Microbiological Examination of *Brucella*)

【目的要求】

(1)熟悉布氏杆菌的培养特点及分离培养方法。

(2)掌握布氏杆菌的实验室诊断方法。

【基本原理】

布氏杆菌可引起多种动物和人的急性和慢性感染,以发热、流产为主要症状,是一种重要的人畜共患病病原,危害程度分属第二类病原。该菌为革兰阴性球杆菌,通常单个存在,也可成双或呈小簇聚集,老龄菌会出现多形性,无芽孢、无荚膜、无鞭毛,不运动,有 12 个种 20 多个生物型。一种布氏杆菌虽主要感染某种动物,但也可感染多种其他动物,如牛种布氏杆菌(*Brucella abortus*)除可感染牛,还可感染麋鹿、野牛、骆驼、牦牛、猪等;猪种布氏杆菌(*Brucella suis*)和羊种布氏杆菌(*Brucella melitensis*)也可感染牛、马及骆驼等。有的动物可感染多种布氏杆菌,如同时感染了不同种的布氏杆菌,毒力较强的种能干扰毒力较弱的菌,最适合宿主的种生长繁殖占优势。

该菌不产生外毒素,但有毒性较强的内毒素。布氏杆菌最易感染羊、牛、猪等动物,引起母畜流产。病畜主要通过流产物、分泌物、精液、排泄物(尿、粪)和乳汁排菌,污染环境,其肉、内脏及皮毛带菌。该菌对环境的抵抗能力较强,在低温和潮湿的环境存活很长时间,对紫外线照射敏感,巴氏消毒能很好杀灭乳品中的布氏杆菌。该菌虽然能在环境中存活很长时间,但作为感染哺乳动物的胞内菌,绝大多数布氏杆菌菌种为严格的寄生病原,在吞噬细胞内生存,并被带到淋巴结内和其他组织中继续生长繁殖。当细菌从淋巴结等感染灶内反复释放入血,则反复引起菌血症,临床表现为反复发热,又称波浪热。动物感染布氏杆菌后 3～6 周,产生Ⅳ型变态反应。

本菌为专性需氧菌,新分离菌株生长缓慢,常需 5～10 d 或更长的时间方能长出肉眼可见的菌落,加入 5%～10%的血清可促进生长,多数需要 CO_2。在液体培养基中通常生长非常慢,强烈通气可促进其生长。布氏杆菌吸收染料缓慢,经柯兹罗夫斯基或改良 Ziehl-Neelsen 等鉴别染色法染成红色,可与其他细菌相区别。动物感染布氏杆菌 7～15 d 后可产生凝集素等抗体,这种抗体在电解质存在的情况下,在体外可与布氏杆菌结合,形成肉眼可见的凝集小颗粒。国内常以玻板凝集试验、虎红平板凝集试验、乳汁环状试验进行现场或牧区大群检疫,以试管凝集试验和补体结合实验进行最后实验室确诊。实验动物可用豚鼠、小鼠和家兔,其中豚鼠最为易感。

由于布氏杆菌病有可能发生实验室感染,所以凡涉及本菌的样本检测,包括病原菌的分离纯化、药物敏感性实验、生化鉴定、免疫学实验、DNA 提取、涂片显微观察等初步检测活动,均应在生物安全 2 级实验室(BSL-2)进行;凡涉及本菌的动物攻毒实验及大量活菌操作,如易产生气溶胶的离心、冻干等，应在生物安全3级实验室(BSL-3)操作。

【器材准备】

(1)布氏杆菌玻板凝集抗原、试管凝集抗原、标准阳性和阴性血清、待检动物血清。

(2)革兰染色液、2%沙黄、1%孔雀绿、胰蛋白胨琼脂培养基、0.5%石炭酸生理盐水、碱性复红、酒精、香柏油、二甲苯等。

(3)载玻片、盖玻片，1 mL、5 mL和10 mL吸管，一次性注射器，灭菌小试管(凝集管)和洗耳球等。

(4)接种环、恒温培养箱、试管架等。

(5)豚鼠。

【实验步骤】

布氏杆菌病常表现为慢性和隐性感染，其诊断和检疫主要依靠血清学检查和变态反应检查，而细菌学检查仅在必要时用于发生流产的动物和其他特殊情况。

(一)血清学检查

1. 玻板凝集反应

第一步，取一块洁净的玻板，用记号笔画成方格，编号。

第二步，用吸管吸取被检血清，直立接触玻板，分别加0.08 mL、0.04 mL、0.02 mL、0.01 mL，滴到玻板的方格内。

第三步，轻轻摇动玻板凝集抗原，使其悬浮均匀，用抗原滴管或吸管吸取抗原，垂直加1滴抗原于每一血清格内。

第四步，自0.01 mL血清格开始用火柴棒混合，摊开呈直径1 cm左右，以同样方法混合0.02 mL、0.04 mL、0.08 mL血清。

第五步，静置3～4 min，再拿起玻板轻轻转动，按下列标准记录反应结果：

♯：出现大凝集片，液体完全透明，即100%凝集；

+++：有明显凝集片和颗粒，液体几乎完全透明，即75%凝集；

++：有可见凝集片和颗粒，液体不甚透明，即50%凝集；

+：仅仅可以看见颗粒，液体浑浊，即25%凝集；

-：液体均匀浑浊，无凝集现象。

注意，每一批检查材料均须设立阳性、阴性血清和抗原对照。玻板凝集反应的血清量0.08 mL、0.04 mL、0.02 mL和0.01 mL，加入抗原后，其效价相当于试管凝集价的1∶25、1∶50、1∶100和1∶200。

2. 试管凝集反应

第一步，稀释待检血清。待检血清稀释度：猪、犬、羊为1∶25、1∶50、1∶100、1∶200四个稀释度；牛、马、骆驼为1∶50、1∶100、1∶200、1∶400四个稀释度。大规模检疫时可只用两个稀释度，即猪、狗、羊为1∶25和1∶50，牛、马、骆驼为1∶50和1∶100。

第二步，每份血清用4支试管，另取3支对照管，将7支试管置于试管架上。如果待检血清多时，对照只需做1份。

第三步，按照表5-6加入0.5%石炭酸生理盐水，然后用1 mL吸管吸取被检血清

0.2 mL，加入第 1 管中，并反复吹吸 3 次，将血清与管中生理盐水充分混匀后吸出 1.5 mL 弃去，再吸出 0.5 mL(第一管最后剩余 0.5 mL)加入第 2 管，如前面用吹吸法将管中液体混匀后，吸出 0.5 mL 加入第 3 管，依此类推，至第 4 管，混匀后弃去 0.5 mL。第 5 管不加待检血清，第 6 管加 1∶25 稀释的布氏杆菌阳性血清 0.5 mL，第 7 管加 1∶25 稀释的阳性血清 0.5 mL。

表 5-6　布氏杆菌试管凝集反应加样程序

样　品	1号管	2号管	3号管	4号管	5号管	6号管	7号管
	1∶25	1∶50	1∶100	1∶200	抗原对照	阳性血清 1∶25	阴性血清 1∶25
0.5%石炭酸生理盐水	2.3	0.5	0.5	0.5	0.5	—	—
被检血清	0.2	0.5	0.5	0.5	—	0.5	0.5
		弃去 1.5			弃去 0.5		
抗原	0.5	0.5	0.5	0.5	0.5	0.5	0.5

第四步，每管各加入 0.5%石炭酸生理盐水稀释 20 倍的布氏杆菌抗原 0.5 mL。

第五步，在各管加入抗原后，将 7 支试管同时充分混匀，置 37 ℃恒温箱中反应 24 h，然后观察并记录结果。

结果判定：根据管中液体的清亮程度和管底沉淀物的形成予以判定。

#：液体完全透明，底部形成伞状沉淀，振荡时沉淀物呈片状、块状或颗粒状，即 100%菌体被凝集。

+++：液体略呈浑浊，菌体大部分凝集于试管管底，振荡时有较大凝聚块悬起。即 75%菌体被凝集。

++：液体不甚透明，管底有明显的凝集沉淀，振荡时有块状或小片絮状物，即 50%菌体被凝集。

+：液体透明不明显或不透明，有不甚显著的沉淀或仅有沉淀的痕迹，即 25%的菌体被凝集。

－：液体不透明，管底无凝集。有时管底可呈现一部分沉淀，但振荡后立即散开呈均匀浑浊，即菌体不被凝集。

判定标准：通常以出现 50%凝集(++)以上的血清最大稀释度为该血清的凝集效价。牛、马和骆驼凝集价在 1∶100 以上，猪、山羊、绵羊和犬的凝集价在 1∶50 以上，均判断为阳性；牛、马和骆驼凝集价在 1∶50，猪、羊等凝集价在 1∶25 为可疑。

3. 虎红平板凝集试验

取被检血清和虎红平板抗原各 0.03 mL，滴加于玻板上，混匀，在 4～10 min 内出现任何程度凝集者即为阳性反应。

虎红平板抗原为用虎红(四氯四碘荧光素钠盐)使抗原细菌染色的酸性(pH 3.6～3.8)缓冲平板抗原，能抑制引起非特异性反应的 IgM 和增强特异性 IgG 的活性，其反应敏感、稳定，特异性优于试管凝集试验。

4. 其他形式凝集的凝集试验

主要有乳汁环状试验、乳清凝集试验和精液凝集试验。

乳汁环状试验：此法被作为判定奶牛群是否有布氏杆菌病存在的一种粗筛试验，主要应用于乳牛与乳山羊。其优点是准确性较高，操作简便，易于现场操作，不需要采取动物的血液。

患畜乳中含有凝集素，可用染色抗原(过去常用苏木紫将布氏杆菌抗原染成蓝色，因制备烦琐，现多用三苯基四氮唑将抗原染成红色)作乳汁环状试验检测。方法是取鲜乳 1 mL(可以是 10 头牛以下的混合乳，也可是一牛之乳，亦可是某牛一个乳房的乳，视检验目的而定)置于小试管中，加入染色抗原 2 滴，混匀后置 37 ℃恒温箱中反应 45 min。若乳汁中有相应抗体(主要是 IgG)，则出现凝集，被凝集的有色抗原将随乳脂上浮到乳柱表面，形成红色环(如果用苏木紫则为蓝色)，乳柱为白色；如无相应抗体，则不凝集，乳柱为红色(如果用苏木紫则为蓝色)，上浮的乳脂环为白色。

凡是凝固乳、初乳和患乳腺炎的牛，用本法均不能做出正确诊断。另外，脱脂乳及煮沸过的乳也不能做环状反应。

乳清凝集试验：先离心去乳脂，后以凝乳酶使牛奶凝固析出乳清(商品凝乳酶)，如其效价为 1∶10 000，即 10 mL 鲜乳加 1 mg，实际可加 2～3 mg，在 pH 5.8～6.0、温度 37 ℃条件下作用 40 min，牛乳即凝固。以乳清替代血清，从 1∶5 作试管凝集反应，3 个月以内未经注射疫苗的牛，1∶5 乳清为阳性，可认定为阳性牛；乳清在 1∶40 以上呈阳性者，多能从乳中分离出布氏杆菌。

精液凝集试验：公畜(特别是公猪)患布氏杆菌病时，其精液浆中有凝集素。取精液按常规作试管凝集，凝集价为 1∶5 以上者认为阳性。

5. 补体结合试验

其被认为是准确性最高的一种方法，特别是对慢性病例的检出，具有突出的优越性，被认为是清除布氏杆菌病动物必不可少的一种检疫手段，也是法定的布氏杆菌病的检疫方法之一，操作从常量趋向于微量。

操作程序：用于布氏杆菌病的补体反应抗原可以将凝集反应抗原稀释 60～70 倍，被检血清经 56～58 ℃(驴骡血清为 62 ℃)加热 30 min，稀释 10 倍应用。反应时补体用一个单位，溶血素用两个单位，常量操作可按表 5-7 进行。

表 5-7 布氏杆菌病补体结合试验

加入成分	被检血清试验管	被检血清对照管	抗原对照管	补体对照管	溶血素对照管
抗原	0.5	—	0.5	—	—
生理盐水	—	0.5	0.5	1.0	1.5
1∶10 被检血清	0.5	0.5	—	—	—
补体(1 个单位)	0.5	0.5	0.5	0.5	—
37 ℃水浴 20 min					
溶血素(2 单位)	0.5	0.5	0.5	0.5	0.5
2.5%红细胞	0.5	0.5	0.5	0.5	0.5
37 ℃水浴 20 min 后观察结果					

6. 酶联免疫吸附试验

ELISA 方法既可检测血清中的布氏杆菌抗体，也可检测乳中的布氏杆菌抗体；不仅可用于个体乳的检测,也可用于混合乳样的检测。实际工作中,对正常泌乳期奶牛布氏杆菌病的检疫,可以采用牛乳布氏杆菌抗体 ELISA 检测试剂盒;对多头奶牛的混合乳样进行初筛,发现阳性者,再对混合乳样中的奶牛逐头采样,进行个体乳检测,这样可以降低检疫成本。布氏杆菌抗体竞争 ELISA 试剂盒能区分自然感染和疫苗免疫牛。

(二)变态反应检查

动物感染布氏杆菌后 3~6 周,产生Ⅳ型变态反应。临床上可用布氏杆菌水解素 0.2 mL 注射于羊尾根皱褶处或猪耳部皮内,24 h 及 48 h 各观察一次。若注射部位发红肿胀即判为阳性反应。此法对慢性病例检出率高,并且注射水解素后无特异性抗布氏杆菌的抗体产生,不妨碍以后的血清学检查。

动物感染布氏杆菌后,一般于 7~15 d 后能出现凝集素,补体结合抗体(IgG)比凝集素晚出现 10~15 d,但持续时间长,皮肤变态反应的出现则更晚。因此,将凝集反应、补体结合反应和变态反应结合使用,能使检测结果更加准确。

(三)细菌学检查

诊断布氏杆菌病的最可靠方法是病原体分离,发现有病原体即可确诊。

(1)病料采集:无菌采集流产胎儿的胃内容物、肺、肝和脾,流产胎盘、羊水、阴道分泌物、乳汁、精液、尿液、发热期的血液,放入灭菌离心管,密封后放置冰盒,送二级及以上生物安全实验室进行病原检测。在采集样本时要注意个人防护,穿防护服。

(2)显微镜检查:将脏器组织用无菌剪刀剪一小块,用组织断面涂或触片,自然干燥;分泌液或血液等液态样本可直接用接种环蘸取涂抹载玻片,如含菌量低,可预先进行离心处理,去掉多数上清,根据沉淀多少留少量液体,混悬,接种环或微量移液器取少量涂片。分别做常规革兰染色和鉴别染色(常用柯兹罗夫斯基染色)检查。如果发现革兰染色的为阴性、柯兹罗夫斯基染色呈红色的球状杆菌或短小杆菌,即可做出初步的疑似诊断。或采用改良的齐尔-尼尔森石炭酸复红原液(碱性复红 1 g,溶于 10 mL 纯酒精中,加入 90 mL 5%石炭酸水溶液,混匀即成),1∶10 稀释液染色 10 min,用 0.5%醋酸溶液脱色 20 s,冲洗后,用 1%亚甲蓝复染 20 秒,镜检,布氏杆菌被染成红色,背景为蓝色。布氏杆菌大部分在细胞内,集结成团,少数在细胞外。

(3)分离培养:布氏杆菌培养可选用胰蛋白胨琼脂培养基、肝浸液培养基、5%羊血培养基进行分离培养。绵羊布氏杆菌和流产布氏杆菌在初次分离时,必须在 5%~10%的 CO_2 环境中才能生长,其他种布氏杆菌不需要 CO_2 环境,在需氧环境以及在 CO_2 环境下均可生长,故在用病料分离细菌时应同时接种 2 份,分别置于 5%~10% CO_2 环境和普通大气环境下培养。未污染且含菌多的病料可直接划线接种于适宜培养基中培养,含菌少的可经增菌后再接种平板分离。污染的病料可在培养基中加入 1∶20 万龙胆紫或 1∶50 万结晶紫,也可在每毫升基础培养基中加入放线菌酮 0.1 mg、杆菌肽 25 IU、多黏菌素 B6 IU 以抑制杂菌生长。培养后,每 3 d 观察 1 次,如有细菌生长,可挑取可疑菌落做细菌鉴定;如无细菌生长,可继续培养至 30 d 后,仍无菌生长者方可认定为阴性。注意,该菌培养过程中要保持培养箱的湿度,为防止平板培养基因培养时间过长而失水变干,影响细菌的生长,可在培养箱中放入几个装水的烧杯。确定为疑似菌后进行纯培养,再以布氏杆菌抗血清做玻片凝集试验。根据以上两项试验结果并结合菌落特性，可做出检出布氏杆菌的诊断。

（4）动物试验：应用动物接种分离布氏杆菌比分离培养可靠，因病料内含菌数较少时，分离培养常不能获得病菌生长。常用豚鼠做实验动物。一般以病料组织悬液、阴道洗液或全乳、血液等材料对豚鼠腹腔或皮下接种，剂量一般为 1～2 mL。接种 7～10 d 后可采血做凝集试验检查凝集抗体，证明其是否已被布氏杆菌感染。3～5 周后剖杀豚鼠，用脾、淋巴结等进行细菌检查和分离培养，剖杀前还可做变态反应和凝集反应试验。

（5）分子生物学检测：从临床样本中分离布氏杆菌的难度较大，培养时间长，不利于快速鉴定，同时活菌的培养需要在一定生物安全级别的实验室才能进行。采用分子生物学方法，除可以在几个小时之内就可以得出准确结果外，只要在无活的布氏杆菌条件下，也可在一般的实验室进行操作。由于分子生物学方法仅限于核酸的检测，因此可以先严格灭活材料，再进行分子操作检测。

基因组 DNA 的制备：①对脏器组织先进行匀浆处理，采用细菌基因组提取试剂盒提取基因组 DNA；对于液态样本如血液、羊水、乳汁等可通过 13 200 r/min 离心 10 min，去掉上清液，收集菌体沉淀，再用试剂盒提取基因组 DNA 备用。②对纯化培养的菌，可取液体增菌培养的离心菌体或刮取平板培养的菌体，采用基因组 DNA 提取试剂盒提取基因组 DNA，－20 ℃保存。

16SrRNA 测序鉴定：对纯化的疑似菌可采用细菌 16SrRNA 序列通用引物进行 PCR 扩增，扩增产物送基因公司进行测序，测定序列调入 NCBI BLAST 数据库进行比对分析，可判定种群。

普通 PCR 鉴定：根据布氏杆菌 bcsp31 基因试剂特异性扩增引物（F：5′-TGGCTCGGTT-GCCAATATCAA-3′；R：5′-CGCGCTTGCCTTTCAGGTCTG-3′，理论扩增大小为 223 bp），扩增条件为：95 ℃ 5 min，94 ℃ 30 s，65 ℃ 30 s，72 ℃ 30 s，35 个循环，72 ℃ 5 min，4 ℃保存。如样本中 PCR 扩增大小在 220 bp 左右条带的片段，可判定样本中含有该病原菌。

利用环介导等温扩增技术（loop-mediated isothermal amplification，LAMP）可以更简单快捷获得结果，布氏杆菌 bcsp31 基因长度为 189 bp 的靶序列设计 6 条引物为：F3. 5′-GCTT-TACG CAGTCAGACGT-3′，B3. 5′-GCTCATCCAGCGAAACGC-3′；FIP. 5′-AGGCGCAAATC TTCCAC-CTTGCGCCTATTGGGCCTATAACGG-3′，BIP. 5′-GGCGACGCTTTACCCGGAAATTCAG -GTCT-GCGACCGAT-3′；LF. 5′-CCTTGCCATCATAAAGGCC -3′，LB. 5′-CGTAAGGATGCAAACATCAA -3′。

F3 和 B3 为外引物，FIP 和 BIF 为正反向内引物，LF 和 LB 为环引物。

选定靶基因，也可在网站 http://primerexplorer. jp/e/在线设计 LAMP 引物。

【注意事项】

（1）布氏杆菌是一种重要的人畜共患病病原，在进行活菌试验时，应严格遵守生物安全措施和个人防护规则。

（2）用作本试验的待检血清必须是新鲜的，于采后 24 h 内送实验室，最迟不能超过 3 d。不能按期送达者，需加石炭酸防腐，每 0.9 mL 血清加 0.5%石炭酸 0.1 mL，立即振荡混合。血清应无明显的凝块、无严重溶血和腐败气味。

（3）不能凭某单一试验结果就判定畜群布氏杆菌病阳性，而要进行必要的其他血清学和细菌学检查，再与畜群健康情况及临床检查相结合进行综合判断。

【实验报告】

(一)实验结果

(1)画出镜检时视野中所见布氏杆菌的形态。

(2)记录玻片凝集试验和试管凝集试验的结果,并判定其凝集价。

(二)思考题

(1)分析玻片凝集试验和试管凝集试验用于检测布氏杆菌病的理论依据。

(2)分析有些实验小组试管凝集试验结果出现跳孔现象的原因。

(3)布氏杆菌的培养有何特征?

实验 24 猪丹毒杆菌和李氏杆菌的微生物学检查

(Microbiological Examination of *Erysipelothrix rhusiopathiae* and *Listeria monocytogenes*)

【目的要求】

(1)了解猪丹毒杆菌和李氏杆菌的病原学特性。

(2)熟悉并掌握猪丹毒杆菌和李氏杆菌的形态与培养特性。

(3)熟悉并掌握猪丹毒杆菌和李氏杆菌的微生物学检查方法。

【基本原理】

(一)猪丹毒杆菌(*Erysipelothrix rhusiopathiae*)

亦称猪丹毒丝菌,是猪丹毒的病原菌。猪丹毒是一种猪常见的急性传染病,根据其主要的临床症状可以分为急性(败血症)、亚急性(皮肤疹块)和慢性(疣性心内膜炎与多发性关节炎)。主要使猪发病,牛、羊、犬、马和家禽(火鸡、鸽子等)偶尔也有发生。病猪和带菌猪是主要传染源,35%~50%健康猪的扁桃体、肠黏膜及胆囊内也带有此菌。猪丹毒杆菌也可感染人,引起温和型皮肤感染,称为"类丹毒"。患病动物的粪便、尿液、乳汁、精液以及眼、鼻、生殖道的分泌液都可分离到该菌。

(二)李氏杆菌(*Listeria monocytogenes*)

通常所说的李氏杆菌病是指由产单核细胞李氏杆菌引起的一种人兽共患传染病。李氏杆菌属有 7 个种,其中以产单核细胞李氏杆菌和伊氏李氏杆菌为主要的致病菌。产单核细胞李氏杆菌为李氏杆菌病的主要病原菌,应高度重视。

产单核细胞李氏杆菌对人、家畜、家禽、野生动物均有致病性,也可寄生在蜱、蝇、昆虫、鱼及甲壳动物体内,广泛存在于河水、污泥、屠宰场废弃物、青贮料、奶及其制品、水产品中。世界卫生组织(WHO)已将其列为四大食源性致病菌之一。

【器材准备】

(1)革兰染色液,葡萄糖、麦芽糖、乳糖、蔗糖、MR 及 V-P 等各类微量生化反应管,3% H_2O_2 消毒液等。

(2)血液琼脂培养基、血清琼脂培养基、胰蛋白胨琼脂培养基、肉汤培养基、明胶培养基等。

(3)健康成年肉鸽、18~20 g 的清洁级小白鼠、清洁级豚鼠。

(4)注射器、剪刀、镊子、研钵、试管、载玻片、普通光学显微镜、恒温培养箱等。

【实验步骤】

(一)猪丹毒杆菌

1. 病料采集

急性败血症可无菌采取病死猪肝脏、脾脏、肾脏、心血和淋巴结,慢性型和亚急性疹块型病猪可以无菌采取皮肤疹块、肿胀关节和心内膜上的疣块赘生物作为病料。

2. 形态观察

用接种环挑取病料,在载玻片上涂成直径 0.8～1 cm、厚薄均匀的圆形,干燥固定后进行革兰染色,吸水纸吸干,置于普通光学显微镜油镜头下观察细菌的形态及颜色。猪丹毒杆菌为革兰阳性、平直或稍弯曲、纤细的小杆菌。

3. 细菌的分离培养

操作前首先在平板上做好标记,将病料涂抹于血清或血液琼脂培养基平板上,用灭菌的接种环进行划线分离。对于死亡过久的尸体,可取骨髓作病料。接种后将培养基置于 37 ℃培养 1～2 d,观察并记录结果。猪丹毒杆菌在血清琼脂培养基上可见形成针尖大、露珠样、光滑型小菌落;在血液琼脂培养基上会形成圆形、灰白色、湿润光滑型菌落,其边缘有狭窄的绿色溶血环。也可以在培养基中加入叠氮钠和结晶紫各万分之一,制成选择培养基,只有猪丹毒杆菌能在这种培养基上正常生长繁殖,而其他杂菌的生长会受到抑制。

4. 细菌的生化鉴定

主要包括以下试验:

用猪丹毒杆菌纯培养物进行葡萄糖、乳糖、果糖、蔗糖、麦芽糖、菊糖、棉籽糖、鼠李糖、D-甘露糖、木糖的糖发酵试验,尿素酶、枸橼酸盐利用、靛基质(吲哚)、MR(methyl red)、V-P、H_2S 产生、硝酸盐还原、过氧化氢酶和明胶穿刺试验,具体操作方法详见第二章实验 6 相关内容。

猪丹毒杆菌能发酵葡萄糖、果糖和乳糖,产酸不产气;不发酵蔗糖、麦芽糖、菊糖、D-甘露糖、木糖、鼠李糖、木糖;能产生 H_2S,不产生靛基质,不分解尿素,不能还原硝酸盐为亚硝酸盐,MR 试验及 V-P 试验阴性,过氧化氢酶试验阴性,在明胶高层培养基上沿穿刺线向侧方呈“试管刷状”生长,不能使明胶液化。

5. 血清培养凝集试验

在 3%胰蛋白胨肉膏汤(或肝化汤)中加入 1∶40～80 的猪丹毒高免血清,同时每毫升再加入 400 μg 卡那霉素、50 μg 庆大霉素以及 25 μg 万古霉素,制成猪丹毒血清抗生素诊断液,分装于安瓿管,在 4 ℃冰箱内可保存 2 个月。取病猪耳尖血 1 滴或取死猪少许病料放入安瓿管内,37 ℃下培养 14～24 h 后观察并记录结果。凡是管底出现凝集颗粒或团块即判为阳性。

6. 动物试验

取病料(心血、脾脏、淋巴结)或纯培养物接种鸽子、小鼠和豚鼠。病料先用研钵磨碎后,用灭菌的生理盐水作 1∶10 稀释制成悬液。鸽子采用胸肌肌内注射 0.5～1 mL,小鼠皮下注射 0.2 mL,豚鼠皮下注射或者腹腔注射 0.5～1 mL。若为固体培养基上的菌落,则用灭菌生理盐水清洗,制成菌液进行接种。接种后 1～4 h 鸽子出现腿翅麻痹、精神委顿、头缩羽乱,停食而死亡。小鼠出现精神委顿、弓背、毛乱、停食,3～7 h 死亡。死亡的鸽子和小鼠剖检会出现脾脏肿大、肺脏和肝脏充血,肝脏有时可见小点坏死,并可从其脏器中分离出猪丹毒杆菌。豚鼠对猪丹毒杆菌有很强的抵抗力，接种后不表现任何症状。

（二）李氏杆菌

1. 病料采集

取患畜的血液、脑脊液或脑组织研磨液，加入 50 mL 胰蛋白胨肉汤，经 37 ℃增菌培养 24 h 后，移植到胰蛋白胨琼脂培养基（或加 5%绵羊红细胞）上，再经 37 ℃培养 48 h 后，观察是否有β溶血环或蓝绿光泽的菌落。如无特征菌落，则需再培养，逐日观察，直至第 7 天。严重污染的组织、粪便、青贮料、污水等应该用增菌培养基进行增菌分离。国外一般用商品化的李氏杆菌选择培养基进行培养。冷增菌法可用于本菌的检出，具体方法是取具有神经症状的病畜脑组织，加营养肉汤制成 10%悬液，置 4 ℃条件下保存，每周接种血琼脂平板 1 次，直至 12 周。

2. 细菌形态及染色特性观察

取病料或组织液的离心沉淀物涂片，干燥固定，进行革兰染色。本病菌呈革兰阳性，为两端钝圆、平直或弯曲的小杆菌，大小为（0.4～0.5）μm×（0.5～2.0）μm，没有荚膜和芽孢。在多数情况下呈粗大棒状单独存在，或成“V”字形，或形成短链；有一根鞭毛，能运动；老龄培养物有时可脱色为阴性，常呈两极染色，无抗酸性。

3. 细菌分离培养

操作前，在平皿底面上用记号笔做好标记，如菌种、班级、姓名、接种日期等，用接种环将细菌划线接种到培养基上，将平皿倒置，在 35～37 ℃、10% CO_2 的条件下培养 24 h 以上，形成细小、光滑、透明的菌落，生长在营养琼脂培养基上的菌落于 45°折光观察，呈现特征性的淡蓝色或者是蓝灰色；生长在血液琼脂上的菌落，形成狭窄的溶血环，其范围一般不会超过菌落边缘。

注意，如果初次分离较困难，可先将脑脊液和血液病料接种于胰蛋白胨肉汤中，4 ℃下冷增菌培养，以后每周取 0.2 mL 增菌液于正常条件下扩大培养 48 h，再用血液琼脂平板或李氏杆菌专用选择培养基进行分离培养。李氏杆菌在半固体培养基中穿刺培养时，先将接种针灭菌冷却，挑取菌落，而后垂直穿入半固体培养基中心接近试管底部，注意不可贯穿至管底，然后迅速沿原路退出。37 ℃下培养 24 h，李氏杆菌沿穿刺线呈云雾状生长，随后缓慢扩散，在培养基表面下 3～5 mm 处呈伞状。

4. 细菌生化鉴定

主要包括以下试验：

（1）糖发酵试验：取培养后的分离菌，按照说明书接种于微量糖发酵管，37 ℃下培养 5 d，观察指示剂颜色变化。

（2）V-P 试验：将分离菌接种到葡萄糖蛋白胨水培养基中，置 37 ℃培养 48 h。在培养物中加入等量的奥梅拉氏（O-Meara）试剂甲液和乙液振荡混合，观察结果。结果判定：在 5 min 内反应为阳性；若长时间无反应，则置 37 ℃培养 4 h 或室温过夜，颜色仍不变者为阴性。

（3）甲基红（MR）试验：将分离菌接种在葡萄糖蛋白胨水中，37 ℃下培养 3 d。取少量的培养液至另一小试管中，滴加几滴 MR 试剂，观察颜色变化。若无颜色变化可继续培养 4～5 d 再进行试验。结果判定：培养液呈现红色者为甲基红试验阳性；呈现黄色者为甲基红试验阴性。

(4)吲哚(靛基质)试验:将李氏杆菌接种于蛋白胨水培养基中,置 37 ℃下培养 24～48 h(也可延长至 4～5 d)。培养后按下列方法之一检测并判定结果:加 1～2 mL 乙醚(戊醇或二甲苯)于试管内,摇匀,静置片刻,使乙醚(戊醇或二甲苯)浮到培养基的表面,沿管壁加入欧立希氏试剂数滴。乙醚(戊醇或二甲苯)层出现玫瑰红色为阳性,无色为阴性。向待检培养物试管中加入柯凡克氏试剂约 0.5 mL,轻摇试管,红色者为阳性;向待检培养物试管中加入欧立希氏试剂 0.5～1 mL,使其与培养物重叠,阳性者于两液面交界处呈红色。

(5)马尿酸钠水解试验:将李氏杆菌接种于马尿酸钠肉汤,37 ℃下培养 3 d,取培养物 0.8 mL,加 $FeCl_3$ 溶液 0.2 mL 混匀,静置 15 min,根据产生沉淀情况判断。

(6)亚甲蓝还原试验:取脱脂奶粉配制亚甲蓝牛乳培养基,接种分离菌,37 ℃下培养 4 d,观察颜色变化,再移植于鲜血琼脂平板培养 24 h,检查有无细菌生长。

5. 药敏实验

必要时,选择敏感药物进行药敏实验,有助于指导临床合理用药。

6. 血清学鉴定

将琼脂平板上的培养物用 2 mL PBS(pH 7.2)洗下,水浴煮沸 1 h,再取 1 滴菌体悬液与 1 滴 1∶20 稀释的阳性血清在载玻片上做凝集试验,同时设立阳性、阴性对照,观察并记录实验结果。

7. 动物试验

取 1 滴本菌的 24 h 肉汤培养物,滴入家兔、小鼠或豚鼠的一侧的眼结膜囊内,另一侧作为对照,观察 5 d,在 24～36 h 发生明显的化脓性结膜炎者为李氏杆菌阳性,其中兔的反应较为明显。几天后分泌物减少,结膜炎症和角膜浑浊仍存在,特别是角膜炎可持续数周或数月。也可取本菌的 24 h 肉汤培养物注射于 18～20 g 小鼠腹腔(0.2 mL/只),5 d 内致死小鼠,濒死时剖检,肝脏及脾脏产生坏死病灶者为李氏杆菌阳性,并且能从肝脏、脾脏、心血中再次分离到本菌。

(三)猪丹毒杆菌与产单核细胞李氏杆菌的鉴别要点

猪丹毒杆菌和产单核细胞李氏杆菌的鉴别要点见表 5-8。

表 5-8　猪丹毒杆菌和产单核细胞李氏杆菌的鉴别要点

鉴别实验	猪丹毒杆菌	产单核细胞李氏杆菌
运动性(25 ℃)	−	+
明胶穿刺培养	呈试管刷状	沿穿刺线生长
麦芽糖	−	+
甘露醇	−	+
触酶	−	+
鼠李糖	−	+
蔗糖	+	−
水杨素	−	+
MR	−	+
H_2S	+	−
动物试验		
鸽子	易感	不易感

鉴别实验	猪丹毒杆菌	产单核细胞李氏杆菌
豚鼠	不易感	易感

【注意事项】

(1)实验室诊断过程中必须无菌操作,最好在生物安全柜内进行。

(2)猪丹毒杆菌和李氏杆菌都可以感染人,因此操作人员要做好个人防护,实验结束后,所用物品必须进行严格的无害化处理。

(3)实验过程中要按时观察结果,并做好详细的记录。

【实验报告】

(一)实验结果

(1)绘制猪丹毒杆菌和李氏杆菌在普通光学显微镜下的形态。

(2)简述猪丹毒杆菌和李氏杆菌在培养基中的生长特点。

(3)记录猪丹毒杆菌和李氏杆菌的各项生化试验结果。

(二)思考题

(1)试述猪丹毒杆菌和李氏杆菌的主要生物学特性。

(2)试述猪丹毒杆菌与李氏杆菌的微生物学诊断要点。

(3)试述猪丹毒杆菌与李氏杆菌的区别。

(4)总结李氏杆菌对环境抵抗力的特征。

实验 25　炭疽芽孢杆菌和产气荚膜梭菌的微生物学检查

(Microbiological Examination of *Bacillus anthracis* and *Clostridium perfringens*)

【目的要求】

(1)掌握炭疽芽孢杆菌和产气荚膜梭菌的形态及培养特征。

(2)了解炭疽芽孢杆菌和产气荚膜梭菌的实验室诊断方法。

【基本原理】

炭疽芽孢杆菌(*B. anthracis*)简称炭疽杆菌,是引起人畜共患病炭疽的病原,有特殊的形态和培养特征,能致死豚鼠、小白鼠、仓鼠、家兔等实验动物。炭疽杆菌为致病性杆菌中个体最大的革兰阳性杆菌之一,大小(1～1.2)μm×(3～5)μm,两端平截,呈竹节状排列或链状生长;无鞭毛,不能运动;芽孢呈椭圆形,位于菌体中央或一端,芽孢直径小于菌体横径。炭疽杆菌为需氧芽孢杆菌,营养要求不高。在普通琼脂培养基上,强毒菌株形成灰白色不透明、大而扁平、表面干燥、边缘呈卷发状或总体呈毛玻璃状的粗糙(R)型菌落,无毒或弱毒菌株形成稍小而隆起、表面较为光滑湿润、边缘比较整齐的光滑(S)型菌落。炭疽杆菌在血琼脂培养基上一般不产生溶血现象。在血液、血清琼脂平板上,强毒菌株可形成圆形凸起、光滑湿润、有光泽的黏液(M)型菌落,无毒菌株则形成粗糙型菌落。在动物组织和血液中,此菌单个或呈 2～5 个相连的短链;经液体培养基培养后呈长链状。培养后 18～24 h 后开始形成芽孢。芽孢的形成需要 7～8 h,但在适宜条件下发芽只需要 8 min。有毒力菌株在营养丰富或模拟动物体内环境的情况下,形成抗原性很强的荚膜。荚膜抗腐败能力强,即便菌体腐败消失,荚膜仍残留可见,称作菌影。在明胶穿刺培养中,该菌沿穿刺线形成白色的倒立松树状,延长培养时间,明胶上部可逐渐液化呈漏斗状,具有鉴别意义。在含 0.5 IU/mL 青霉素的液体培养基中,幼龄炭疽杆菌因细胞壁的肽聚糖合成受到抑制,致使原生质体相互连接成串,称为"串珠反应"。总之,依靠该菌的特征形态、培养特性、动物接种试验以及血清学试验可对该菌做出鉴定。

产气荚膜梭菌(*C. perfringens*)旧称魏氏梭菌,是一种厌氧但要求不高的梭状芽孢杆菌,通常引起牛、羊、猪、鸡或兔的肠毒血症,包括兔梭菌性痢疾、绵羊猝狙(struck)、仔猪红痢(red dysentery)等病,还可引起人的气性坏疽、食物中毒或坏死性肠炎。依据其主要致死性毒素的中和试验结果,可将产气荚膜梭菌分为 A～E 共 5 个型。该菌无鞭毛,可形成荚膜和芽孢,在高温(45 ℃)条件下繁殖速度非常快。多数菌株可在血琼脂平板培养基上产生双溶血环,内环完全溶血,外环不完全溶血。产气荚膜梭菌可引起牛乳培养基的暴烈发酵,在动物肠道中可产生肠毒素等多种毒素。产气荚膜梭菌是自然界常在菌,其微生物学诊断需要证明所分离的梭菌能产毒素方可确诊。常用的诊断方法包括形态学检查、细菌分离鉴定、动物感染试验及毒素中和试验。患病动物肠内容物染色镜检可见革兰阳性粗大芽孢杆菌。感染试验以鸽子为实验动物,做胸肌肌内注射纯培养物,应出现隔夜死亡。毒素检查可采用生理盐水稀释肠内容物,取离心后的上清液接种家兔或小鼠,未经加热处理组应在数小时内出现死亡,但加热处理组不出现死亡。必要时可做 ELISA 检测毒素或毒素中和试验，也可通过 PCR 扩增检测毒素基因。

【器材准备】

(1)菌株：Ⅱ号炭疽芽孢苗、产气荚膜梭菌纯培养物或确诊患病动物。

(2)培养基和试剂：普通肉汤培养基、普通琼脂板培养基、血液琼脂平板培养基(或含血清琼脂平板)、明胶培养基、戊胨脒琼脂培养基、碳酸氢钠琼脂培养基、连二亚硫酸钠、焦性没食子酸、10% NaOH 溶液、Shahidi-Ferguson Perfringens(SFP)琼脂、石蕊牛乳培养基(或含铁牛乳培养基)、庖肉培养基等。

(3)芽孢染色液(雪-浮氏染色液)、荚膜染色液(亚甲蓝染色液)、炭疽沉淀阳性血清及炭疽标准抗原、炭疽杆菌噬菌体(AP631)、A～E 型产气荚膜梭菌定型血清。

(4)实验动物：豚鼠(或小白鼠)、家兔、鸽子。

(5)其他：载玻片、沉淀管、注射器、针头、剪刀、镊子、吸管(或滴管)、生理盐水、亚甲蓝(或瑞氏)染液、青霉素、接种环、显微镜、各种生化鉴定管、水浴锅、酒精灯、0.04%碘液(或来苏儿)等。

【实验步骤】

(一)形态学检查

将Ⅱ号炭疽芽孢苗分别接种于普通肉汤(或普通琼脂培养板)和血清琼脂平板(或血琼脂平板)培养基，置 37 ℃下培养 18～24 h。取培养物涂片，然后分别进行革兰染色和亚甲蓝染色，观察炭疽杆菌的个体形态和菌落形态。在 18～24 h 培养物的革兰染色涂片中，炭疽杆菌呈几十或上百个大杆菌排成竹节状长链。部分菌体内能见到无色的椭圆形芽孢，位于菌体的中央或中央附近，直径小于菌体。血清琼脂培养物可形成荚膜，亚甲蓝染色镜检荚膜呈粉红色。

取产气荚膜梭菌纯培养物或患病动物肠道内容物制成涂片，革兰染色镜检，应能看到长的粗大杆菌，但因受生长条件限制，通常只有肠道内容物可以见到芽孢或芽孢体，芽孢通常位于菌体中央。不论是体内培养还是体外培养的产气荚膜梭菌，瑞氏染色镜检中均可见到荚膜。

(二)动物接种试验

(1)取Ⅱ号炭疽芽孢苗肉汤培养物(18 h 左右)，于皮下分别接种小白鼠(每只 0.1～0.2 mL)和家兔(1～2 mL)，置于笼中，观察并记录动物发病及死亡情况。试验动物死亡后应尽快剖检，取心血和肝、脾做分离培养，并做涂片或触片染色镜检。动物尸体应立即焚烧，器械必须严格消毒，谨防造成人为扩散或被不法分子恶意使用。在病料中，该菌菌体粗大、平直，以 2～8 个排成短链，相连菌端平截或稍凹陷，游离菌端钝圆，整个菌链形似竹节状并包裹有一层明显荚膜。在革兰染色时，菌体呈紫色而荚膜不着色。在亚甲蓝染色时，荚膜呈粉红色。

(2)取产气荚膜梭菌液体培养物，经肌内或皮下注射豚鼠(或小白鼠)，或经胸肌肌内注射鸽子，每只 0.1～1 mL，动物常于 12～24 h 内死亡。若接种家兔，也会引起发病死亡，但易感性稍差。取死亡动物观察病变，分离培养病菌，并做局部水肿处的涂片和肝切面触片，瑞氏染色镜检；同时以雪-浮氏染色镜检芽孢位置及大小。若要检查庖肉培养基培养的纯培养物毒素，可取上清液做溶血试验和坏死试验。

①溶血试验：取 0.5%绵羊红细胞悬液 0.5 mL，放入小试管内，加入等体积的上清液，37 ℃水浴条件下，观察溶血情况及溶血时间。

②坏死试验：取上清液 0.2 mL，给小鼠尾静脉做静脉注射，或取 0.5 mL 做腹腔注射，随后 3 d 观察发病死亡的情况。

（三）炭疽杆菌的分离培养

（1）普通琼脂和血琼脂培养基培养：取死亡小鼠的血液或脏器渗出液，分别接种于普通琼脂和血琼脂培养基（或血清琼脂平板）。为抑制杂菌的生长，也可采用戊脘脒琼脂或溶菌酶-正铁血红素琼脂等炭疽杆菌选择性培养基。置 37 ℃培养 24 h，观察菌落形态特征，并对可疑菌落进行纯培养及镜下检查是否有杂菌污染。

（2）明胶穿刺培养：将炭疽杆菌做明胶琼脂穿刺培养，置 37 ℃培养 2～3 d，观察细菌生长情况。在明胶穿刺培养中，细菌除沿穿刺线生长外，四周呈直角放射状生长，整个生长物好似倒立松树的形状，表面逐渐被液化，呈漏斗状。

（四）炭疽杆菌的鉴定

（1）青霉素抑制试验：将炭疽杆菌纯培养物分别接种在含 5 IU/mL、10 IU/mL 和 100 IU/mL 青霉素的普通琼脂平板培养基上，置 37 ℃培养 24 h，炭疽芽孢杆菌在含 5 IU/mL 的青霉素培养基上尚能生长，而在含 10 IU/mL 及 100 IU/mL 的青霉素培养基中受到抑制，完全不能生长。

（2）串珠试验：将炭疽杆菌纯培养物接种于含 0.5 IU/mL 青霉素的肉汤培养基，并设立不含青霉素的培养基为对照，置 37 ℃培养 6 h，镜检可见炭疽杆菌形态发生变化。将培养物用接种环在玻片上涂片，革兰染色，在高倍镜下观察。无青霉素的对照培养基中，细菌为杆菌排列呈链状；在含 0.5 IU/mL 青霉素的液体培养基内，炭疽杆菌生长被抑制，菌体细胞（原生质体）呈圆球体，前后相连排成长链的串珠状。

（3）青霉素和串珠联合试验：取新鲜培养物 0.1 mL，滴在已预热的 2%兔血清琼脂平板培养基上，用 L 形玻棒均匀涂布；然后用含 0.5 IU/mL 青霉素的滤纸片贴在平板上，置 37 ℃培养 2～3 h；打开平板在低倍镜下观察，可见滤纸片周围有一无菌生长的抑菌环。由于抑菌环外周药物浓度低，菌体细胞壁受到损害而呈串珠状。平板可继续培养 8～12 h，然后测量抑菌环的直径，检测该菌对青霉素的敏感程度。

（4）噬菌体裂解试验：用炭疽杆菌的幼龄（4～6 h）培养物均匀涂布在含有 2%血清的琼脂培养基上，加 1 滴炭疽杆菌噬菌体（AP631），置 37 ℃下培养 18～24 h，肉眼观察可见炭疽杆菌被噬菌体裂解后出现的噬菌斑。同时在培养基另一端滴加不含噬菌体的肉汤 1 滴作阴性对照。本方法特异性高，其他类似杆菌无此现象。

（5）$NaHCO_3$ 毒力试验：将炭疽杆菌纯培养物接种于含 0.5% $NaHCO_3$ 和 10%马血清琼脂平板培养基上，置 10% CO_2 环境下 37 ℃培养 24～48 h，观察菌落形态。有毒力的炭疽杆菌均形成荚膜，菌落呈黏液（M）型；无毒力菌株不形成荚膜，菌落呈粗糙（R）型。进一步可用特异性抗荚膜抗体做荚膜肿胀试验，若结果呈阳性，表明该菌有毒力。

（6）植物凝集素试验：近年来有学者根据炭疽芽孢杆菌菌体多糖是植物凝集素（大豆凝集

素)受体的原理,用凝集素测定炭疽杆菌。常用的方法有:①荧光标记试验,即用荧光素标记大豆凝集素,加入炭疽芽孢杆菌,37 ℃条件下孵育,在荧光显微镜下可见炭疽杆菌发出荧光;②酶联凝集素试验,是指用辣根过氧化物酶(HRP)标记大豆凝集素,然后用缓冲液配制成的炭疽芽孢杆菌及芽孢悬液在聚乙烯塑料板上做凝集试验,炭疽芽孢杆菌发生凝集,其他类似杆菌不凝集。

(7)Ascoli 氏沉淀试验:由 Ascoli 创立于 1902 年,是用煮沸加热抽提的待检炭疽杆菌菌体多糖抗原(O 抗原)与已知抗体进行的沉淀试验。该试验适用于回顾性检查各种病料、皮张,甚至严重腐败污染的尸体材料,其方法简便,反应清晰,故应用广泛。但此反应的特异性不高,因为该多糖抗原易与其他芽孢杆菌及肺炎球菌出现交叉反应,且敏感性也差,因而应用价值受到一定影响。

①被检抗原的制备:取少量可疑检样(脾、肝或淋巴结),剪碎或捣烂,加入 5～10 倍体积生理盐水浸泡过夜,再于 100 ℃水浴中煮沸 20 min 或 121 ℃高压灭菌 15 min,然后用滤纸或石棉过滤直至滤液透明,或经离心取其上清液。本试验既可从死亡小鼠脏器中制备沉淀原,也可用冷浸法。如果被检材料为皮张、兽毛等,先将被检材料高压灭菌 30 min,将皮张剪为小块,然后称取皮张小块或兽毛数克,加入 5～10 倍体积的 0.3%～0.5%石炭酸生理盐水,于室温或普通冰箱中保存 18～24 h,用中性石棉(或滤纸)过滤,使呈透明液体,即为被检抗原。

②试验步骤:取试管 3 支,分别标上数字 1、2、3。用 1 mL 吸管吸取炭疽沉淀素血清约 0.5 mL 于第 1、2 管内,用另一吸管吸同量健康未免疫兔血清于第 3 管中。另取一支新吸管吸取上述被检抗原,沿管壁轻轻加于第 1 管及第 3 管内的血清上;另取正常动物的脏器或皮张的煮沸滤液加于第 2 管血清上作为抗原对照。在试管架上静置数分钟后,观察结果。在第 1 管两液面接触面上出现白色沉淀环即为菌体抗原阳性,而第 2、3 管应无此现象。

(五)产气荚膜梭菌的分离培养

取病死动物肠道内容物、组织渗出液或可疑饲料,必要时经 80 ℃加热 20 min 以杀灭不耐热的污染性细菌,接种于含 1%葡萄糖的鲜血琼脂平板或 SFP 琼脂平板培养基上,采用连二亚硫酸钠法或焦性没食子酸法进行厌氧培养,随后观察菌落形态、质地、大小、溶血情况等特征。同时也可接种于庖肉培养基内做液体培养,注意观察液体浑浊度、气体产生、色泽、肉渣分解等变化情况。产气荚膜梭菌在血琼脂平板培养基上会产生溶血现象,在 SFP 琼脂培养基上则形成黑色菌落。取镜检合格的纯培养物接种石蕊牛乳(或含铁牛乳培养基)及各种生化发酵管,37～45 ℃培养 8～10 h,观察发酵情况,应发现培养基由紫色变成红色,牛乳凝固并会被气体冲隔成数段。

(1)连二亚硫酸钠培养法:称取连二亚硫酸钠和无水碳酸钠各 1 g,混匀后置于表面皿中的滤纸上,加少许蒸馏水使之反应产生 CO_2,立即将已划线接种细菌的培养基平板倒置于表面皿上,培养皿四周以融化的石蜡迅速严密封口,再将表面皿放在皿盖上,或放入厌氧培养罐内。

(2)焦性没食子酸培养法:称取焦性没食子酸 0.5 g,置于表面皿中的滤纸之上,加入 10% NaOH 溶液 0.5 mL,立即将已接种细菌的培养基平板倒置于表面皿上,按类似连二亚硫酸钠培养法中的方法封口并培养。

(六)产气荚膜梭菌毒素中和试验

可对来自肠道内容物或细菌纯培养物的毒素进行检测。取动物空肠及回肠内容物,根据需要可用灭菌生理盐水预先做 1～3 倍稀释,以 3 000 r/min 离心 15 min,取上清液,并过滤除菌。将滤液分为加热与不加热处理 2 份,分别通过静脉注射小鼠(0.1～0.3 mL/只)或家兔(1～3 mL/只),观察结果。毒素未经加热处理组动物应在数小时内出现死亡,而毒素经加热(60 ℃ 30 min)处理组动物不出现死亡。

若已证明肠道内容物含有毒素,则可用小鼠进一步做毒素中和试验,以确定产生毒素的产气荚膜梭菌的血清型。取上述含毒素滤液分为 6 份,每份 0.1～0.3 mL(相当于含有 2～5 个小鼠最小致死量的被检毒素),分别加入 0.1 mL 生理盐水(对照)、各型产气荚膜梭菌定型抗毒素血清,混匀后置 37 ℃孵育 40 min,然后分别静脉注射 1 组小鼠(每组 2 只),观察 24 h,记录各组动物发病、死亡及存活情况,最后按表 5-9 判定菌型。

表 5-9　产气荚膜梭菌定型毒素中和试验

动物组别	混合孵育(37 ℃ 40 min)	试验结果				
1	肠道内容物＋生理盐水	－	－	－	－	－
2	肠道内容物＋A 型血清	＋	－	－	－	－
3	肠道内容物＋B 型血清	＋	＋	＋	＋	－
4	肠道内容物＋C 型血清	＋	－	＋	－	－
5	肠道内容物＋D 型血清	＋	－	－	＋	－
6	肠道内容物＋E 型血清	＋	－	－	－	＋
菌型		A	B	C	D	E

注:“＋”表示小鼠存活,“－”表示小鼠死亡。若所有组小鼠均死亡,说明不是产气荚膜梭菌或血清失效。

【注意事项】

(1)炭疽杆菌是重要的人畜共患病病原体。本实验主要以Ⅱ号炭疽芽孢苗为实验菌株。若是操作疑似炭疽病死亡动物的相关病料,因炭疽杆菌有芽孢,抵抗力强,为防止实验室操作人员吸入感染或污染实验室外面环境,在检验时应特别注意以下几点:

①必须按烈性传染病检验守则进行操作,对病死家畜只能自耳根部采血检查,严禁解剖动物尸体,确有必要时可切开肋间采取脾脏。若已误剖畜尸,可取脾或肝进行检验。

②操作室工作台应铺上来苏儿湿布,操作后用来苏儿喷洒地面。来苏儿湿布应立即放入高压灭菌器内消毒。动物尸体和组织应及时焚烧,以免污染环境。

③凡用过的器械,如手术刀片、剪刀和镊子等也应高压消毒。

(2)产气荚膜梭菌的定型是通过毒素中和试验确定的,毒素之间会存在血清学交叉反应。若为经庖肉培养基培养得到的纯培养物来源毒素,可预先加入 1%胰酶于 37 ℃处理 1 h,以激活 ε 毒素和 ι 毒素,同时灭活 β 毒素,再与标准阳性血清进行反应。

【实验报告】

(一)实验结果

(1)画出镜检时视野中所见两种杆菌的形态。

(2)记录动物接种死亡的时间以及剖检变化。

(3)描述所分离细菌的培养特性和血清学反应结果。

(二)思考题

(1)为什么死于炭疽的病畜尸体严禁剖检?

(2)分析串珠试验用于检测炭疽杆菌的理论依据。

(3)炭疽杆菌在什么情况下可分别形成芽孢或荚膜?

(4)产气荚膜梭菌有何独特的培养和生化特性?

(5)如何鉴别炭疽杆菌与产气荚膜梭菌?

(6)实验室常用的厌氧培养方法有哪些?厌氧培养时应注意哪些细节?

附:培养炭疽杆菌和产气荚膜梭菌培养基的制备

(1)明胶培养基(gelatin medium):蛋白胨5 g、牛肉浸膏3 g、明胶120 g、蒸馏水1 000 mL,pH 7.0~7.2。用于细菌的明胶液化试验。

(2)戊脘脒琼脂(pentane amidines polymyxin B agar)培养基:蛋白胨20 g、牛肉浸膏3 g、氯化钠5 g、琼脂15 g、蒸馏水1 000 mL,pH 7.4。灭菌后冷却到45~50 ℃,分别加入脱纤维绵羊血20 mL、1%戊脘脒溶液3 mL及多黏菌素B 3 000 IU,混匀制成平板。用作炭疽芽孢杆菌的选择性培养基。

(3)碳酸氢钠琼脂(sodium bicarbonate agar)培养基:在普通营养琼脂中加入碳酸氢钠,使其最终浓度为0.5%~0.75%,灭菌后冷却至约50 ℃,加入1%无菌马血清,摇匀倾注平皿。用于炭疽芽孢杆菌的培养及毒力试验。

(4)SFP琼脂(shahidi ferguson perfringens agar)培养基:胰蛋白胨15 g、酵母粉5 g、大豆胨5 g、牛肉浸膏5 g、枸橼酸铁铵1 g、亚硫酸氢钠1 g、琼脂13 g、蒸馏水900 mL,pH 7.6。灭菌后再加入50%卵黄液100 mL、多黏菌素B 3 000 IU和硫酸卡那霉素12 mg。用于分离培养产气荚膜梭菌。

(5)石蕊牛乳(litmus milk medium):新鲜脱脂牛乳1 000 mL、石蕊酒精溶液25 mL。新鲜脱脂牛乳也可用脱脂奶粉配成10%浓度溶液替代。石蕊酒精溶液的配制:取石蕊8 g研磨,加入40%酒精15 mL,煮沸1 min,留取上清液,对沉淀再次做相同处理,合并上清液,边摇动边滴加1 mol/L盐酸,调节至溶液呈紫红色。用于检查细菌对牛乳的分解能力。

(6)含铁牛乳培养基(ferrous sulphate milk medium):新鲜全脂牛乳1 000 mL,预先用蒸馏水50 mL溶解的硫酸亚铁1 g。用于检查产气荚膜梭菌对牛奶的发酵试验。

(7)庖肉培养基(chopped meat medium):牛肉浸液1 000 mL、蛋白胨30 g、可溶性淀粉2 g、葡萄糖3 g、酵母浸粉5 g、磷酸二氢钠5 g、半胱氨酸0.5 g,pH 7.5~7.7。取适量肉渣分装于试管,将庖肉培养基加热溶解后加入,使其高出肉渣4 cm,再在液面覆盖液状石蜡0.5 mL,高压灭菌。临用前应加热除氧。庖肉培养基又名熟肉基或肉渣汤,用于厌氧细菌的增菌培养和菌种保存。

实验 26　牛结核杆菌和副结核杆菌的微生物学检查

(Microbiological Examination of *Mycobacterium tuberculosis* and *Mycobacterium paratuberculosis*)

【目的要求】

(1)熟练掌握抗酸染色法。

(2)了解牛结核杆菌和副结核杆菌病料的处理方法,熟悉其分离培养和鉴定过程。

(3)掌握变态反应诊断方法。

(4)了解牛结核杆菌与副结核杆菌的形态、染色、培养特性和抵抗力。

【基本原理】

结核杆菌又称结核分枝杆菌,是引起人、畜、禽结核病的病原体。从目前的分类学而言,引起人结核病的为结核分枝杆菌,引起牛结核病的为牛分枝杆菌,引起禽结核病的为禽分枝杆菌。副结核杆菌是感染牛、羊等反刍动物的病原体。了解其微生物学检查方法有利于保护人类健康和畜禽生产。

分枝杆菌细胞壁不仅有肽聚糖,还有特殊的糖脂。因为糖脂的影响,致使革兰染色不易着染,要经过加热和延长染色时间来促使其着色。分枝杆菌中的分枝菌酸与染料结合后,就很难被酸性脱色剂脱色,故名抗酸染色。萋-尼氏抗酸染色法是在加热条件下使分枝菌酸与石炭酸复红牢固结合成复合物,用盐酸酒精处理亦不脱色。当再加碱性亚甲蓝复染后,分枝杆菌仍然为红色,其他细菌及背景中的物质为蓝色。

结核杆菌对营养要求严格,其培养所需的营养物质有甘油、葡萄糖、氨基酸、脂肪酸、血清和血液、马铃薯、无机盐以及结核杆菌生长促进剂等。在添加特殊营养物质的培养基上才能生长,但生长缓慢,特别是初代培养,一般需要 10～30 d 才能看到菌落。菌落粗糙、隆起、不透明,边缘不整齐,乳白色或米黄色,呈颗粒、结节或花菜状。在液体培养基中最常用的是苏通培养基和朗氏培养基,因菌体含索状因子而使细菌呈长链状缠绕,沿容器壁索状生长,到达培养基表面形成浮于液面有褶皱的菌膜。副结核菌的培养特性与牛结核菌相似,但培养时需要在培养基中添加草分枝杆菌素提取物。

分枝杆菌对 6%硫酸、4%氢氧化钠溶液均有抵抗力,15 min 不受影响。因此,常用酸、碱处理细菌分离材料,以杀灭杂菌,可提高分离培养分枝杆菌的成功率。其对 1∶75 000 的结晶紫或 1∶13 000 的孔雀绿有抵抗力,任选其一加在培养基中都可以抑制杂菌生长;对常用的磺胺类及多种抗生素药物不敏感。

副结核杆菌可引致反刍兽(如牛、绵羊、山羊、骆驼和鹿)的慢性消耗性传染病,牛的主要临床症状为持续性腹泻和进行性消瘦。微生物学检查可采用细菌学诊断和变态反应诊断等方法。细菌学诊断包括细菌学镜检和细菌分离培养两种方法,其中一种呈阳性时,即可判为病畜。副结核分枝杆菌对生长条件有严格的要求,为需氧菌,培养最适温度为 37.5 ℃,最适 pH

为 6.8～7.2，在人工培养基上生长困难并缓慢。以前这种细菌不能进行人工培养，直到发现一种“必需物质”，加到培养基中才获得成功。这种物质后来被称作分枝菌素。分枝菌素中含有铁元素，可促进副结核分枝杆菌的生长。在人工培养基上生长缓慢是鉴定感染动物很困难的原因，粪便培养仍然是最好的诊断方法。尽管培养基和生长促进剂不断改进，从粪便中分离到副结核分枝杆菌仍需 8～16 周。较为常用的副结核分枝杆菌培养基有 Herrold 卵黄培养基、小川氏培养基、Dubos 培养基、贺氏蛋黄培养基、Watson-Reid 培养基等。其中 Herrold 卵黄培养基应用最为广泛。

结核菌素试验所致的变态反应是基于Ⅳ型变态反应原理的一种皮肤试验，用来检测动物体是否感染过牛结核杆菌和副结核杆菌。凡感染过的动物体，会产生相应的致敏淋巴细胞，具有对这些菌的识别能力。当再次遇到少量的结核杆菌、结核菌素或其纯蛋白衍生物(PPD)时，致敏 T 淋巴细胞受相同抗原再次刺激会释放出 IFN-γ 等多种可溶性淋巴因子，导致血管通透性增加，巨噬细胞在局部集聚，发生浸润。在 48～72 h 内，局部出现红、肿、硬节的阳性反应病变。若受试动物未感染过这类菌，则注射局部无变态反应发生。

牛结核病的病原学检查是最确实的方法之一，但所需周期长，阳性率不高，所以常常不被实际工作所采用。目前最可靠、最适用的诊断方法之一就是结核菌素试验，其特异性和敏感性依赖于地域环境、传染病的流行情况和其他因素。

【器材准备】

(1)牛结核分枝杆菌斜面培养物，干酪样、脓样病料，副结核病病料。

(2)抗酸染色液。

(3)结核杆菌和副结核杆菌专用培养基。

(4)待检实验用牛，提纯副结核菌素，游标卡尺，注射器，5%碘酊，75%酒精棉球。

【实验步骤】

(一)牛结核杆菌

1. 病料的采集和处理

用于细菌学检查的材料采自淋巴结及其他组织。当活畜有可疑的呼吸道结核、乳房结核、泌尿生殖道结核、肠结核时，其痰液、乳汁、精液、子宫分泌物、尿和粪便都可作为细菌学检查的材料。

对那些牛结核分枝杆菌 PPD 皮内变态反应呈阳性，但尸检时无病理学病变的动物，可从下颌、咽后、支气管、肺(特别是肺门及肺门淋巴结)、纵隔及一些肠系膜淋巴结采集样品送检。样品应封装在无菌的容器内冷藏运送。

(1)痰液：常用牛的痰液进行细菌学检验。牛咯痰极少，宜在清晨采集。用硬橡胶管自牛口腔伸入至气管内，外端连接注射器吸取痰液。亦可取牛咳出的痰块进行检验。痰样品稀薄时，可加入等量的 4%～6%硫酸处理；痰样品黏稠时，则加入 5 倍量的 4%硫酸处理。充分摇匀后置 37 ℃作用 20 min，以 3 000～4 000 r/min 离心，沉淀物做染色镜检、培养试验和动物试验。也可用 2 倍量 15%～20%安替福民溶液处理痰液，将混合物置于 37 ℃作用 1～2 h 后离心。以灭菌生理盐水冲洗沉淀物几次后，取沉淀物做染色镜检、培养和动物试验。

(2)尿：可疑肾结核时，可采集尿液。一般采集中段尿液，以早晨第一次尿为宜。如果仅做染色镜检,可将尿液以 3 000～4 000 r/min 离心 20 min 后,取沉淀物涂片。如果做培养或动物试验,则应将尿液进行消化浓缩处理,再进行检验,以免杂菌生长,影响检验结果。

(3)粪便:怀疑肠结核时,可采集粪便进行细菌学检查。患肺结核的牛有时在粪便中亦可检出牛结核分枝杆菌。因牛常将痰液吞咽至消化道内而随粪便排出,故应尽量采集混有黏液或脓血的粪便。取粪便 30 g,加 15%～20%安替福民溶液 15 mL 和蒸馏水 55 mL,混合,经 2～3 h 后,以 3 000～4 000 r/min 离心 30 min,倾去上清液,加 10 mL 蒸馏水于沉淀物中。将此液用纱布过滤后接种于豚鼠皮下,经 1.5～2 月后剖检。或将粪便加 2 倍量灭菌蒸馏水磨碎,然后加氯化钠至饱和,当液体中残渣沉淀后(液体完全澄清),浮起的薄膜内含有大量的牛结核分枝杆菌。取出薄膜,用等量的 4%氢氧化钠溶液充分混合,置 37 ℃作用 3 h,离心,取沉淀物用 8%盐酸中和后即可做染色镜检、培养试验和动物试验。粪便中如有黏液或脓血,可挑取黏液、脓血选用任何一种消化液处理后检验。如系纯粪便,可取 5～10 g,加生理盐水 3～4 倍混合后,用细铜纱网过滤,取滤液置室温中自然沉淀;然后取上层悬液置于另一大离心管或烧杯内,加消化液 3～4 倍量;置 37 ℃恒温箱 1～2 h,同上法处理后检验。

(4)组织器官:尽量采集有结节病灶的部位。病变组织需先研磨,制成乳剂。通常取组织乳剂或其他液状病料 2～4 mL,加入等量的 5%氢氧化钠溶液,充分振摇 5～10 min,或摇至发生液化为止,再以 3 000～4 000 r/min 离心 15～30 min,沉淀物加 1 滴酚红作指示剂,以 2 mol/L 盐酸中和至淡红色后,做染色镜检、培养试验和动物试验。如果病料为脓状或干酪状或钙化的结节病灶组织,则可直接做染色镜检,往往可以检出众多的牛结核分枝杆菌。但得到阴性结果时,应浓缩处理后检验。

2. 直接涂片法

挑取牛结核杆菌培养物或用竹签挑取干酪样、脓样标本 0.05～0.1 g,放在玻片中央,涂成 20 mm×25 mm 椭圆形,一片只涂一个标本。微火固定后,用萋-尼氏法做抗酸染色。结核杆菌被染成红色,菌体细长,直或微弯,呈单个散在排列,少数成对、成丛。非分枝杆菌被染成蓝色。

3. 分离培养及菌型鉴定

第一步,病料处理。有酸、碱两种处理方法。处理病料的时间不宜过长,以防牛结核杆菌死亡,达不到分离的目的。①酸处理法:取痰液或其他标本(剪碎后研磨),加 2～4 倍量 4%硫酸溶液,室温处理 20 min,其间振荡 1～3 次,促其液化。此法适用改良罗氏培养基和丙酮酸培养基。②碱处理法:病料中加入 2～4 倍量的 2%氢氧化钠溶液,37 ℃处理 30 min。用碱处理的病料可接种于酸性改良罗氏培养基和小川培养基。

第二步,接种。取经上述方法之一处理的病料,以 3 000 r/min 离心 30 min,将少许沉淀物均匀地涂布于培养基斜面上,每份标本至少接种 2 管,接种后将试管斜放 1 d,再竖立于试管架上。

第三步,结果判定。接种后置 37 ℃培养,每周观察 1 次,阳性者随时报告,阴性者在 8 周后报告。阳性者报告抗酸菌培养阳性或以菌落数报告。菌落数占据培养基面 1/4 以下者为"+",菌落数占据培养基面 1/4 以上、1/2 以下者为"++",菌落数占据培养基面 1/2 以上、3/4 以下者为"+++",菌落数占据全斜面者为"++++"。阴性者报告抗酸菌培养阴性"-"。

第四步,菌型鉴定。分离培养出抗酸菌后,为了确定是哪一个型的分枝杆菌,需进一步进行菌型鉴定。

鉴别培养基鉴定：将阳性菌株制成悬液，按湿菌 10 g 量分别接种于改良罗氏培养基(L-J)、对氨基苯甲酸培养基(PNB)和噻吩二羧酸酰肼培养基(T_2H)，置 37 ℃培养并观察结果。不同型结核杆菌在 3 种培养基上的生长情况见表 5-10。

表 5-10　不同型结核杆菌在 3 种培养基上的生长情况

菌　名	L-J	PNB	T_2H
结核分枝杆菌	+	−	+
牛分枝杆菌	+	−	−
其他分枝杆菌	+	+	+

4. 结核分枝杆菌 PPD 皮内变态反应试验

出生后 20 d 的牛即可用本试验进行检疫。

第一步，注射部位及术前处理。将牛编号后在颈侧中部的上 1/3 处剪毛(或提前一天剃毛)，直径约 10 cm。3 个月以内的犊牛，也可在肩胛部进行。用卡尺测量术部中央皮皱厚度，做好记录。术部应无明显的病变。

第二步，注射。①注射剂量：不论牛的大小，均皮内注射 0.1 mL(含 2 000 IU)。即将牛型结核分枝杆菌 PPD 稀释成每毫升含 2 万 IU 后，皮内注射 0.1 mL。冻干 PPD 稀释后当天用完。②注射方法：先以 75%酒精消毒术部，然后皮内注射定量的牛型结核分枝杆菌 PPD，注射后局部应出现小包。如果对注射有疑问，应另选 15 cm 以外的部位或对侧重做。

第三步，注射次数和观察反应。皮内注射后经 72 h 判定，仔细观察局部有无热痛、肿胀等炎性反应，并以卡尺测量皮皱厚度，做好详细记录。对疑似反应牛应立即在另一侧以同一批 PPD 同一剂量进行第二次皮内注射，再经 72 h 观察反应结果。对阴性牛和疑似反应牛，于注射后 96 h 和 120 h 再分别观察一次，以防个别牛出现较晚的迟发型变态反应。

第四步，结果判定。①阳性反应“+”：局部有明显的炎性反应，皮厚差大于或等于 4.0 mm。②疑似反应“±”：局部炎性反应不明显，皮厚差大于或等于 2.0 mm、小于 4.0 mm。③阴性反应“−”：无炎性反应，皮厚差在 2.0 mm 以下。凡判定为疑似反应的牛只，于第一次检疫 60 d 后进行复检；其结果仍为疑似反应时，经 60 d 再复检；如仍为疑似反应，则应判为阳性。

5. 动物实验

本试验是确诊结核病的重要依据，如能与涂片镜检和培养同时进行，则结果更为可靠。试验动物在进行试验前，应进行牛型结核分枝杆菌 PPD 和禽型结核分枝杆菌 PPD 皮内变态反应试验。将病科研磨并制成 1∶5 乳剂，取 0.5～1.0 mL 皮内注射于试验动物。病料接种于豚鼠腹股沟皮下。注射后每天观察一次，豚鼠在 1 周内死亡的不是结核病。豚鼠应在 1～2 周内出现食欲下降，体重减轻；腹股沟淋巴结肿大，随后出现软化、溃疡、流脓，经久不愈。此时可采脓汁制成涂片，进行抗酸染色，如有抗酸菌，则可诊断为阳性。豚鼠通常于 1～2 个月内死亡。

(二)副结核分枝杆菌

1. 染色镜检

对有持续性下痢和进行性消瘦症状的病牛，应多次采取直肠刮取物或粪便黏液进行涂片、染色、镜检。因副结核杆菌的排出量少，且呈周期性，所以应在不同时间，反复进行几次检查。粪便事先应经集菌处理，再涂片，并用萋-尼氏抗酸法染色后镜检。

(1)沉淀法：取粪样 15～20 g，加 3 倍量的 0.5%氢氧化钠溶液混匀，在 55 ℃水浴中乳化 30 min，用 4 层纱布滤过。取滤液，以 1 000 r/min 离心 5 min，去沉淀；上清液以 3 000 r/min 离心 30 min，弃上清液，取沉淀物用于涂片。

(2)浮集法：取沉淀法的第一次离心上清液，以无菌纱布过滤，在滤液中加入蒸馏水 100 mL 和汽油(或二甲苯)3 mL，充分振荡 5 min。倒入细口的三角锥瓶内，补加蒸馏水至瓶口，30 ℃放置 20～30 min；用毛细管吸取油水交界的白环处乳剂，滴 3～4 滴于载片上。为提高检出率，可待干燥后反复滴加 2～3 次，再制成涂片，进行萋-尼氏抗酸染色。

一张染色合格的病料涂片，由于被亚甲蓝染色而呈蓝色，将染色后的玻片放置在报纸上，如果报纸上的文字透过病料涂膜不能被看清楚，则表明该玻片涂抹过厚。如果镜检发现有成丛排列的抗酸菌，即可判为阳性。在两张玻片中仅检出少量的抗酸菌，记为“＋”；每 10 个视野可检出抗酸菌，记为“＋＋”；每 3～5 个视野可检出抗酸菌，记为“＋＋＋”；几乎每个视野都可检出抗酸菌，记为“＋＋＋＋”；在两张玻片中查不到抗酸菌，记为“－”。未发现典型抗酸菌时，每张标本至少要查 200 个视野。阳性结果有诊断意义，阴性结果尚不能立即否定。

2. 分离培养

为提高细菌的分离率，对不同病料应采取不同的处理方法。

(1)粪便：取粪便 1～2 g，加入生理盐水 40 mL，充分混匀，用 4 层纱布过滤，在滤液中加入等体积的含 10%草酸和 0.02%孔雀绿的水溶液，混匀，37 ℃水浴 30 min；以 3 500～5 000 r/min 离心 30 min 后，弃上清液，将沉淀物接种到马铃薯汤培养基或 Dubos 培养基上。

(2)病肠段：将肠段剪开，用自来水冲洗肠内容物，然后刮取肠黏膜 10～30 g，放入无菌的带有铜网的乳钵中研磨，边研磨边加 0.5%胰蛋白酶水溶液 40 mL，制成悬液；再用 1 mol/L 氢氧化钠溶液调至 pH 9.0，放入烧杯中，置磁力搅拌器上室温搅拌 1 h，以 500 r/min 离心 30 min，弃上清液；将沉淀重新悬浮于 20 mL 灭菌盐水中，加入等量的 10%草酸和 0.02%孔雀绿水溶液，充分搅匀，37 ℃水浴 30 min，并不时振摇，再以 500 r/min 离心 30 min，弃上清液，取沉淀接种于培养基斜面上。

(3)肠淋巴结：取 10～20 g 淋巴结，去除外膜和脂肪后，剪碎，放入灭菌的带铜网的乳钵中研磨，其他操作同肠段。每份病料接种 3～5 管培养基，将露在试管外的棉塞剪去，用蜡封口，37 ℃培养。一般在 1～2 个月可出现针尖大小、灰白色、隆起、不透明、边缘不整齐的小菌落，抗酸染色呈阳性。未长菌落者继续培养 6 个月，若仍不长菌，方可弃去。

将分离出的细菌培养物分别接种一管加有草分枝杆菌素和一管不加草分枝杆菌素的改良 Dubos 培养基，37 ℃培养 20～30 d。若是副结核分枝杆菌，则在加有草分枝杆菌素的培养基上生长，而在后一种培养基上不生长。若需获得大量的副结核杆菌，则需将细菌转移到 W-R 马铃薯基上培养 1～2 个月。

副结核杆菌为需氧菌，最适温度为 37.5 ℃，属于慢生长菌种，一般需 6～8 周，长者可达 6 个月，才能发现小菌落。粪便分离率较低，病变肠段及淋巴结分离率较高。

以上各种病料处理并接种固体培养基培养后，发现有菌落生长时进行抗酸染色、镜检。

3. PPD 试验(皮内变态反应)

同牛结核皮内变态反应试验。

【注意事项】

(1)用酸碱处理病料时,不宜时间过长,以免影响细菌分离的成功率。

(2)进行抗酸染色时,接种环在未进行火焰灭菌前,可以在 70%酒精或沸腾水浴中灭菌,以防火焰灭菌时细菌飞溅,污染衣物或环境。

(3)感染结核杆菌和副结核杆菌的动物常周期性排菌,需要多次检查。

(4)由于动物结核杆菌和副结核杆菌生长缓慢,故临床上常不进行细菌的分离培养,而常常采用变态反应和血清学方法检疫、淘汰病畜。

(5)在进行副结核分枝杆菌接种前,对培养基进行灭菌处理后,需在 37.5 ℃的条件下培养 48 h,无细菌生长者才可用于副结核分枝杆菌的培养,以确保培养基未被其他细菌污染。在接种前病料可置于装有 0.75%氯化十六烷基吡啶(hexadecyl pyridinium chloride,HPC)液的塑料管中,于室温下竖立 48 h 以去除污染。用滴管吸取沉淀物上层液体,预处理,从而去除其他细菌的污染。副结核杆菌为专性需氧菌,加 6%~8% CO_2 可促进生长。在培养的过程中,可在接种 1 周后,每隔 2~3 d 打开试管,在无菌条件下通入空气。副结核分枝杆菌生长缓慢,接种后培养 25~30 d 才出现肉眼可见的菌落,形成菜花样菌落至少需 35 d。因此,在培养过程中防止污染特别重要。在培养过程中可用橡胶塞子堵塞试管口,目的有两个:一是防止污染;二是由于培养时间较长,培养期间水分容易蒸发,用橡胶塞子可以减少水分损失,保持潮湿的环境,利于副结核分枝杆菌的生长。

(6)副结核分枝杆菌是一种细长杆菌,大小为 0.5~1.5 μm,抗酸染色呈红色,染色均匀,但偶尔较长的类型表现染色和不染色的节段相交替。

(7)皮内变态反应是国际兽医局(OIE)推荐和我国现行《牛副结核病检疫规程》规定的方法,也是净化牛副结核病的主要手段,其优势是检出率高、快捷、易掌握。不足之处是干扰副结核病检疫的因素很多,易出现假阳性结果。其干扰因素既有物理性的也有化学性的,但更多的则是非典型分枝杆菌的干扰,因为各分枝杆菌均表现出相互交叉的变态反应。此外,提纯牛型副结核菌素的质量、剂量、判定标准及操作等因素的影响也易产生误差。

【实验报告】

(一)实验结果

(1)绘制牛结核杆菌和副结核杆菌抗酸染色镜下图。

(2)描述牛结核杆菌和副结核杆菌固体培养基上菌落特征。

(3)记录皮内变态反应的检测及判定结果。

(二)思考题

(1)用分枝杆菌细胞壁结构特征解释牛结核杆菌和副结核杆菌抗酸染色染成红色,以及其他杂菌染成蓝色的原因。

(2)分析牛结核杆菌和副结核杆菌生长缓慢的原因。

(3)试述牛结核杆菌与副结核杆菌的形态各自特征。

(4)试述牛结核病和副结核病微生物学诊断的应用价值及优缺点。

附:样品的消化浓缩方法

痰液和乳汁等样品,由于含菌量较少,若直接涂片镜检往往呈阴性结果。此外,在培养或做动物实验时,常因污染的杂菌生长较快,使病原结核分枝杆菌被抑制。下列几种消化浓缩方法可使检验标本中蛋白质溶解,并杀灭污染杂菌,而牛结核分枝杆菌因有蜡质外膜而不死亡,并得到浓缩。

(一)硫酸消化法

用4%~6%硫酸溶液将痰、尿、粪或病灶组织等按1∶5的比例加入混合,然后置37 ℃作用1~2 h,以3 000~4 000 r/min离心30 min,弃上清液,取沉淀物涂片镜检、培养和接种动物。也可用硫酸消化浓缩后,在沉淀物中加入3%氢氧化钠溶液中和,然后涂片镜检、培养和接种动物。

(二)氢氧化钠消化法

取氢氧化钠35~40 g、钾明矾2 g、溴麝香草酚蓝20 mg(预先用60%酒精配制成0.4%浓度,应用时按比例加入),蒸馏水1 000 mL混合,即为氢氧化钠消化液。

将被检的痰、尿、粪便或病灶组织按1∶5的比例加入氢氧化钠消化液中,混匀后,37 ℃作用2~3 h,然后无菌滴加5%~10%盐酸溶液进行中和,使标本的pH调到6.8左右(此时显淡黄绿色),以3 000~4 000 r/min离心15~20 min,弃上清液,取沉淀物涂片镜检、培养和接种动物。

在病料中加入等量1%氢氧化钠溶液,充分摇荡5~10 min,然后以3 000 r/min离心15~20 min,弃上清液,加1滴酚红指示剂于沉淀物中,用2 mol/L盐酸中和至淡红色,然后取沉淀物涂片镜检、培养和接种动物。

在痰液或小脓块中加入等量1%氢氧化钠溶液,充分振摇15 min,然后以3 000 r/min离心30 min,取沉淀物涂片镜检、培养和接种动物。

对痰液的消化浓缩也可采用较温和处理方法:取1 mol/L(或4%)氢氧化钠水溶液50 mL、0.1 mol/L柠檬酸钠50 mL、N-乙酰-*L*-半胱氨酸0.5 g混合。取痰液1份,加上述溶液2份,作用24~48 h,以3 000 r/min离心15 min,取沉淀物涂片镜检、培养和接种动物。

(三)安替福民沉淀浓缩法

溶液A:碳酸钠12 g、漂白粉8 g、蒸馏水80 mL。

溶液B:氢氧化钠15 g、蒸馏水85 mL。

应用时将A、B两液等量混合,再用蒸馏水稀释成15%~20%后使用。该溶液必须存放于棕色瓶内。

将被检样品置于试管中,加入3~4倍量的15%~20%安替福民溶液,充分摇匀后37 ℃作用1 h,加1~2倍量的灭菌蒸馏水,摇匀,以3 000~4 000 r/min离心20~30 min,弃上清液,沉淀物加蒸馏水恢复原量后再离心一次,再取沉淀物涂片镜检、培养和接种动物。

第六章　重要动物病毒的微生物学检查

(Microbiological Examination of Important Pathogenic Bacteria)

实验 27　非洲猪瘟病毒的微生物学检查

(Microbiological Examination of *African Swine Fever Virus*)

【目的要求】

(1)熟悉检测非洲猪瘟病毒方法的原理及适用范围。

(2)掌握非洲猪瘟实验室诊断技术。

【基本原理】

非洲猪瘟(African swine fever,ASF)是由非洲猪瘟病毒(*African swine fever virus*,ASFV)感染家猪和各种野猪(非洲野猪、欧洲野猪等)引起的一种急性、出血性、烈性传染病,所有品种和年龄的猪均可感染,发病率和死亡率高,可达 100%。世界动物卫生组织(OIE)将其列为法定报告动物疫病,也是我国重点防范的一类动物疫病。非洲猪瘟病毒早在 1921 年在非洲肯尼亚首次报道,至今有约 100 年的历史。非洲、欧洲、美洲和亚洲的许多国家都受到该疾病的影响。近一个世纪以来,有 37 个国家向世界动物卫生组织报告了 ASF 发病率,此后有 13 个国家宣布消灭 ASF。2018 年 8 月 ASF 传播至中国。蒙古、越南、柬埔寨、老挝、朝鲜、菲律宾、缅甸、韩国、印度尼西亚等亚洲国家也先后暴发本病。

非洲猪瘟特征包括发病过程短,最急性和急性感染死亡率高达 100%等,临床表现为发热(达 40～42 ℃),心跳加快,呼吸困难,咳嗽,眼、鼻有浆液性或黏液性脓性分泌物,皮肤发绀,淋巴结、肾、胃肠黏膜明显出血。非洲猪瘟临床症状与猪瘟症状相似,只能依靠实验室检测确诊。

实验室检测包括病毒分离鉴定、免疫学检测和抗原检测。病毒分离鉴定依然是最基本最经典的方法。ASFV 的初始分离株仅在猪单核细胞和巨噬细胞中复制,经适应后可在猪肾细胞系(PK15)、Vero 细胞或其他猴肾细胞上生长。病毒分离物可用 PCR 等方法进行鉴定。

在免疫学检测方面,较为常用且准确的方法有免疫荧光法、ELISA 和免疫层析试纸条法。免疫荧光法是 OIE 推荐的 ASF 诊断方法之一。免疫荧光法是鉴别不产生红细胞吸附反应(hemadsorption,HAD)的 ASFV 毒株感染,以及区分 ASFV 与其他病毒(如伪狂犬病病毒)产生 CPE 的重要手段。免疫荧光法对于急性 ASF 感染高度敏感,但在亚急性和慢性感染中,敏感性显著下降,可能与感染组织中已形成抗原抗体复合物,阻断了 ASFV 抗原与检测用抗体的结合有关。

ELISA 与荧光定量 PCR 相比,具有设备要求低、成本低、操作方便等优势,但敏感性和特异性有待提高。与免疫荧光法相似,在亚急性和慢性感染中,ELISA 的检测敏感性显著降低。

世界粮农组织(FAO)建议ELISA用于群体样本大规模筛查,并需辅助以其他检测方法。

免疫层析试纸条法在临床应用比较方便,不需要昂贵的设备,可用于临床辅助诊断。

在分子生物学检测方面,较为常用且准确的方法有PCR、荧光定量PCR和恒温扩增法。采集猪血液、脾脏、淋巴结等组织样本,接种猪肺泡巨噬细胞(porcine alveolar macrophages, PAM)等原代细胞,在细胞培养中加入猪红细胞后,多数ASFV毒株会产生HAD,即在感染的白细胞周围吸附猪红细胞形成"玫瑰花环"。由于部分ASFV毒株并不产生HAD,若分离培养物中出现CPE而没有出现HAD,则需采用免疫荧光或PCR等方法确认细胞中是否存在ASFV;如果未出现CPE,免疫荧光和PCR检测也为阴性,需传代3～5次,方可确认为阴性。在首次暴发ASF的地区,经PCR、免疫荧光等方法检测为阳性的样品,建议采用HAD方法进行病毒鉴定。

基于凝胶电泳的常规PCR检测方法,其ASFV最低检出限多为几十到上百拷贝的DNA。荧光定量PCR检测法与常规PCR相比,扩增的基因片段更短,通常更加快速、敏感,最低检出限可达几个到几十拷贝的DNA模板,是目前生产实践中ASFV检测应用最多的一类方法。

恒温扩增检测技术具有两方面优点:一是可以使用水浴设备在单一温度下进行等温反应,无须昂贵的热循环设备,且反应时间短;二是可通过在体系中添加的颜料色彩变化或是在试纸条上形成检测线,直接肉眼判别结果,适合现场检测。但该方法比较常见假阳性,要注意加入阴性和阳性对照,尽量避免污染。

【器材准备】

(一)试剂

(1)病毒分离:胎牛血清、RPMI 1640培养液、无菌1×PBS、70 μm孔径的无菌滤膜、链霉素、青霉素、6孔板。

(2)核酸检测:DNA提取试剂盒、PCR预混液(2×):Taq DNA聚合酶(0.05 U/μL),反应缓冲液,4 mmol/L $MgCl_2$以及0.4 mmol/L dNTP、无核酸酶水、TAE缓冲液、2%琼脂糖凝胶、6×上样缓冲液。

(3)HAD血球吸附实验:0.9%氢化钠,0.01 mol/L pH 7.4 PBS,青霉素、链霉素、庆大霉素和制霉菌素(使用前宜用上述PBS分别配成10 000 IU/mL、10 mg/mL,500 IU/mL和500 IU/mL的溶液),肝素(使用前用0.9%氯化钠配成1 000 IU/mL),细胞基础培养液(如MEM等),1%猪红细胞,非洲猪瘟标准毒株。

(4)免疫印迹试验:按照制备抗原的方法制备胞浆可溶性蛋白、封闭缓冲液、转移缓冲液、氯萘酚底物溶液。

(5)间接荧光抗体试验:非洲猪瘟标准毒株、非洲猪瘟标准阴性血清与标准阳性血清、抗猪荧光抗体、PK 15细胞或Vero细胞、胎牛血清、被检血清(56 ℃灭活30 min)、蒸馏水(用盐酸或氢氧化钠调整蒸馏水的pH至7.4)、含10%胎牛血清的细胞生长培养液、含5%胎牛血清的细胞维持液、0.01 mol/L pH 7.4 PBS、缓冲甘油(9 mL中性无自发荧光的分析纯甘油加1 mL0.01 mol/L pH 7.4 PBS配制)、丙酮(使用前冰箱−20 ℃预冷)。

(6)恒温扩增快速检测方法:样品处理剂、ASFV-R-Mix、Bst enzyme、D-I矿物油、阳性对照、阴性对照。

(7)夹心ELISA抗原检测:包被抗体为ASFV P30蛋白单克隆抗体,酶标抗体是辣根过氧化物酶标记的 P30 蛋白单抗(针对 P30 蛋白的不同表位),以纯化的杆状病毒表达 ASFV P30 蛋白为阳性对照,SPF 猪血清为阴性对照,包被缓冲液、封闭缓冲液、稀释缓冲液、洗涤缓冲液、TMD 底物溶液、终止液。

(8)病毒荧光抗体试验(FAT):非洲猪瘟标准毒株、异硫氰酸荧光素标记的非洲猪瘟抗体、pH 7.4 蒸馏水、0.01 mol/L pH 7.4 的 PBS、丙酮(使用前置冰箱预冷)、待检样品(无菌采取可疑病猪的脾脏、扁桃体、淋巴结,置于尽可能低温但不冷冻的容器内运送和保存;也可以用已经接种 ASFV 的白细胞培养物)。

(二)仪器设备

PCR 扩增仪、台式低温高速离心机(最大离心力 12 000 g 以上)、稳压稳流电泳仪和水平电泳槽、凝胶成像仪(或紫外透射仪)、微量可调移液器(2.5 μL、10 μL、100 μL、200 μL、1 000 μL 等不同规格)、无核酸酶离心管与吸头、PCR 扩增管、荧光定量 PCR 仪、恒温 LAMP 扩增仪、酶标仪、恒温孵育箱、洗板机或洗涤瓶、96 孔酶标板、荧光显微镜、冷冻切片机。

(三)病料采集、保存及处理

(1)血清学检测样品:无菌采集 5 mL 血液样品,室温放置 12~24 h,收集血清,冷藏运输。到达检测实验室后,立即进行非洲猪瘟抗体检测或冷冻储存备用。

(2)病原学检测样品:无菌采集 5 mL 乙二胺四乙酸抗凝血,冷藏运输。

组织样品首选脾脏,其次为扁桃体、淋巴结、肾脏、骨髓等。脾脏、肾脏采集约 3 cm×3 cm 大小,扁桃体整体采集,淋巴结选取出血严重的整体采集,骨髓采集长度约 3 cm。样品应保存于 50%甘油生理盐水中,然后取样约 1 g,用手术剪剪碎,于研钵中加入生理盐水继续研磨,混匀,后转移至 1.5 mL 的灭菌离心管中,离心待用。如果是血液或全血样品,则使用离心机离心析出血清后,取血清置于 1.5 mL 灭菌离心管中待用。

环境样品保存于病毒收集管中,离心后取上清液置于 1.5 mL 灭菌离心管中待用。无论何种样品,实验开始前都要在水浴锅中进行 60 ℃至少 30 min 的病毒灭活。

【实验步骤】

(一)病毒的分离培养

利用猪原代巨噬细胞来培养与分离 ASFV。选用 3 周左右猪龄的 SPF 猪,屠宰后,将其肺部包括气管完整的取出,转移至生物安全柜中,随后进行肺部灌洗操作。

(1)首先用无菌 1×PBS 在生物安全柜中冲洗肺部,洗去血液等杂质,用 20 mL 移液管向肺中缓慢灌入无血清 RPMI 1640 培养液。灌液过程中缓慢揉捏肺部,使得培养液充分进入肺泡,大概加入 200 mL 左右的培养液后,缓慢地将含 PAM 细胞的培养液倒出。在此过程中,要注意不要将其他液体倒入细胞液中,可以在下部多垫几层吸水纸,随时吸掉废液。

(2)将收集到的 PAM 细胞液先以 2 000 r/min 离心 10 min 沉淀细胞,然后用无血清 1640 培养基缓慢重悬清洗,如此重复一次。

(3)用 70 μm 孔径的无菌滤膜过滤上述重悬后的 PAM 细胞液,去除黏液(气管及肺部组织分泌)。

(4)2 000 r/min 离心 10 min,在细胞沉淀中加入含 10%胎牛血清的 1640 培养基重悬

PAM 细胞(培养基中含有 200 mg/mL 链霉素以及 200 IU/mL 青霉素)。

(5)随后进行常规的细胞计数,并在显微镜下检查 PAM 细胞的状态,选择细胞圆润饱满的接种病理处理液。

(6)将 PAM 细胞液铺板(6 孔板),每个孔加 2 mL 左右,过夜待充分贴壁。

(7)用定量 PCR(qPCR)和血球吸附法(HAD)检测病毒阳性的猪脾标本匀浆接种 PAMs,进行病毒分离。在 37 ℃、5% CO_2 孵箱培养 3 d 后收毒。使用 qPCR 检测上清液中的病毒基因拷贝,并使用血球吸附实验(HAD)来检测感染性病毒颗粒。整个培养过程均在 P3 级别实验室操作。

(二)病毒滴度测定

详见本书第三章实验 12 中 $TCID_{50}$的测定。

(三)病原学鉴定

1. 原代白细胞血球吸附试验

(1)组织悬液制备:用组织研磨器或捣碎器将被检组织磨碎,加入 0.01 mol/L pH 7.4 PBS 和抗生素,配制成 20%组织悬液(每毫升组织悬液含青霉素 1 000 IU,链霉素 1 mg,庆大霉素 50 IU,制霉菌素 50 IU),备用。

(2)白细胞制备:采取健康猪血,用玻璃珠脱纤或用肝素抗凝(每毫升猪血含肝素 100 IU),700 *g* 离心 30 min,使血细胞下沉压紧,上层浅黄色的液体为血浆,下层是深红色不透明的红细胞,中间是一薄层白色不透明的白细胞和血小板,吸出血清或血浆备用。轻轻吸取白细胞,并用细胞基础培养液洗涤 3 次,备用。

(3)细胞培养液配制:将上述血清或血浆加入细胞基础培养液内配制成细胞培养液,血清或血浆的终浓度为 10%～30%,同时加入抗生素。

(4)白细胞培养:将白细胞悬浮于细胞培养液中,使细胞含量为 1×10^7 个/mL,分装于 160 mm×16 mm 的 leigton 管中,每管 1.5 mL。将试管与水平面呈 5°～10°倾斜放置,置于 5%二氧化碳环境中,37 ℃培养 2～4 d;或将白细胞分装于细胞培养板,每孔 0.1 mL,置于 5%二氧化碳环境中,37 ℃培养 2～4 d。

(5)接种:每份组织悬液接种 3 管或 4 孔白细胞培养物,每管接种 0.2 mL 或每孔接种 25μL。用工作浓度的非洲猪瘟标准毒株接种 1 管或 1 孔白细胞培养物,作阳性对照。另留 1 管或 1 孔白细胞培养物不接种病毒,作阴性对照。

(6)加红细胞:37 ℃培养 3 d 后,每管加入 0.2 mL 或每孔加入 25 μL 1%猪红细胞,继续培养于 37 ℃。每天用显微镜或倒置显微镜检查细胞病变和红细胞吸附情况,连续检查 7～10 d。

(7)结果判定:将培养物轻轻摇动,置于低倍镜(10×)下观察。阳性对照的白细胞表面有大量猪红细胞附着,形成玫瑰花状或桑葚体状,阴性对照的白细胞无红细胞附着,则对照成立,可进行结果判定。以第 10 天的检查结果为终判结果。1 管或 1 孔以上白细胞表面吸附有大量猪红细胞的被检材料,判为阳性,否则判为阴性。如为阴性,宜将培养物的上清液再传代或用直接免疫荧光试验检测白细胞沉淀物。

2. 外周白细胞"自动玫瑰花环"血球吸附试验

(1)抗凝血制备:用装有 2 mL 0.9%氯化钠含 2 000 IU 肝素的注射器,取 18 mL 被检猪全血,混匀后转移到试管或小瓶中。

(2)细胞沉淀:将试管或小瓶垂直放入 37 ℃培养箱或水浴箱中,静置,使细胞沉淀。

(3)镜检:6~8 h 后,每隔 2~3 h 取出少量富含白细胞并带有一些红细胞的上清液,滴到载玻片上,用显微镜检查红细胞吸附情况。

(4)结果判定:白细胞表面出现大量红细胞附着的判为阳性,否则判为阴性。

注:外周白细胞"自动玫瑰花环"血球吸附试验从可疑感染猪采集抗凝血,直接检测白细胞血球吸附,较原代白细胞血球吸附试验快速,适于没有装备常规病毒检测仪器的实验室使用。

3. 普通 PCR

采用 DNA 提取试剂盒提取各类样本中的病毒核酸,或用自动化核酸提取仪提取各类样本中的病毒核酸。如在 2 h 内检测可将提取的核酸置于冰上保存,否则应置于 −20 ℃冰箱保存。

每次抽提核酸,应至少包括一个阳性对照和一个阴性对照。阳性对照样品应为 ASFV 核酸阳性样本(血清、全血、10%组织匀浆或细胞培养上清液),阴性对照样品应为无核酸酶水或者 ASFV 核酸阴性样本(血清、全血、10%组织匀浆或细胞培养上清液)。

PCR 反应扩增:针对 ASFV B646L 基因的保守区域设计引物。上游引物 PPA-1:5′-AGTTATGGGAAACCCGACCC-3′;下游引物 PPA-2:5′-CCCTGAATCGGAGCATCCT-3′,扩增产物大小为 257 bp。每个样品配制 PCR 反应混合液,组分为:无核酸酶水 7.5 μL、PCR 预混液(2×)12.5 μL、PPA-1(10 μmoL/L)1 μL、PPA-2(10 μmol/L)1 μL。将 PCR 反应混合液加入每个 0.2 mL PCR 扩增管,再加入 3 μLDNA 模板。每次进行 PCR 扩增时,均应设立阳性、阴性及空白对照。阳性对照用阳性对照样品所提取核酸作为模板,阴性对照用阴性对照样品所提取核酸作为模板,空白对照用无核酸酶水作为模板。加入模板后,密封反应管,瞬时离心。将所有 PCR 扩增管放在 PCR 仪中。按 95 ℃预变性 10 min;95 ℃变性 15 s,62 ℃退火 30 s,72 ℃延伸 30 s,40 个循环;72 ℃终延伸 7 min 的条件运行扩增程序。

4. 荧光定量 PCR

(1)引物和探针:针对 ASFV B646L 基因的保守序列设计。上游引物 VP72-F1:5′-GCTTTCAGGATAGAGATACAGCTCT-3′;下游引物 VP72-R1:5′-CCGTAGTGGAAGGGTATG-TAAGAG-3′;TaqMan 探针 VP72-T1:FAM-CCGTAACTGCTCATGGTATCAATCTTAT-CG-BHQ1。

(2)每个样品配制 18 μL 荧光 PCR 反应混合液,组成为:无核酸酶水 5.9 μL、荧光 PCR 预混液(2×)10 μL、VP72-F1(10 μmol/L)0.8 μL、VP72-R1(10 μmol/L)0.8 μL、VP72-T1(10 μmol/L)0.5 μL。将荧光 PCR 反应混合液加入 PCR 扩增管,将 2 μL DNA 模板加入每个 PCR 扩增管。扩增时均应设阳性、阴性及空白对照。阳性对照用阳性对照样品所提取核酸作模板,阴性对照用阴性对照样品所提取核酸作为模板,空白对照用无核酸酶水作为模板。加入模板后,密封 PCR 扩增管,瞬时离心。将所有 PCR 扩增管放入荧光 PCR 仪中。按 50 ℃孵育 2 min,95 ℃预变性 5 min;95 ℃变性 15 s,58 ℃退火延伸 1 min,45 个循环。在每一循环的 58 ℃时收集 FAM 荧光信号。

(3)试验成立条件:阳性对照的 Ct 值<30 且出现特异性扩增曲线,阴性对照无 Ct 值或阴

性对照 Ct 值≥40 且无特异性扩增曲线，试验结果成立，否则应重新进行试验。

（4）荧光 PCR 结果判定：符合以上的条件，被检样品 Ct 值≤38 且出现特异性扩增曲线，则判为 ASFV 核酸阳性；当无 Ct 值或 Ct 值≥40，则判为 ASFV 核酸阴性；当 38＜Ct 值＜40 且出现特异性扩增曲线，则判为疑似。对疑似样品，模板量加倍（4 μL DNA 模板）进行 1 次复检，做 3 个重复：有 2 个重复 Ct 值＜40 且出现特异性扩增曲线，即判为 ASFV 核酸阳性，否则判为 ASFV 核酸阴性。

5. 等温扩增快速检测方法

（1）样品 DNA 的提取：取 10 μL 前处理过的样本，加入无菌 1.5 mL 离心管，加入 10 μL 样品处理剂，混匀，94 ℃裂解 2 min，瞬时离心，上清即为扩增模板。

（2）核酸扩增：吸取 22 μL ASFV-R-Mix 和 1 μL Bstenzyme，加入同一个 PCR 管，吸取 2 μL 上一步处理的核酸扩增模板加至 PCR 管，混匀；设置阴性、阳性对照；吸取 10 μL D-I 矿物油轻轻加至 PCR 管液面，切勿振荡混匀；插入到恒温扩增仪反应槽中，65 ℃反应 12 min，荧光采集周期 20 s。

（3）试验成立条件：使用前用阴性、阳性对照评价该检测方法。若阳性对照 CT 值≤40，阴性对照 CT 值＞40，则检测结果有效。

（4）结果判定：符合以上的条件，被检样品 Ct 值≤40，判为 ASFV 核酸阳性；当无 Ct 值或 Ct 值＞40，则判为 ASFV 核酸阴性。

（四）血清学鉴定

常用于病毒抗体检测的血清学方法主要有 4 种，分别是免疫荧光抗体试验（IFA）、酶联免疫吸附试验（ELISA）、免疫印迹试验（WB）和病毒荧光抗体试验（FAT）。

1. 夹心 ELISA 抗原检测方法

（1）酶标板包被：用包被缓冲液将 P30 蛋白单克隆抗体做 1∶200 倍稀释后，每孔 100 μL 包被 96 孔酶标板，37 ℃饱和湿度下孵育 2 h，用洗涤缓冲液洗板 4 次后拍干；加入封闭缓冲液，300 μL/孔，37 ℃饱和湿度下孵育 2 h，用洗涤缓冲液洗板 4 次后拍干。

（2）操作步骤：在所有孔中加入稀释液，25 μL/孔，2 孔中加入阳性对照，25 μL/孔；2 孔中加入阴性对照，25 μL/孔；其余孔加入待检样品，25 μL/孔，37 ℃孵育 60 min。弃去反应孔中的液体，每孔用洗涤缓冲液清洗 4 次，洗涤缓冲液 300 μL/孔。每孔加入酶标抗体（1×），50 μL/孔，37 ℃孵育 30 min。弃去反应孔中的液体，每孔用洗涤缓冲液清洗 4 次，洗涤缓冲液 300 μL/孔。每孔加入底物溶液 50 μL/孔，室温避光作用 10 min。每孔中加入 50 μL 终止液终止反应。用酶标仪在 450 nm 波长下测定各孔 OD 值。

（3）成立条件：阳性对照 OD_{450} 值＞0.5，且阴性对照 OD_{450} 值＜0.09，试验结果有效，否则应重新进行试验。

（4）结果判定：在试验成立的前提下，待检样品 OD_{450} 值＞0.12，则判定该待检样品为 ASFV 抗原阳性；OD_{450} 值≤0.12，则判定为 ASFV 抗原阴性。

2. 间接免疫荧光抗体试验

（1）病毒培养：利用细胞生长液培养 PK 15 细胞或 Vero 细胞，待细胞长成单层后，弃去培养液，加入非洲猪瘟标准毒株，使病毒液刚好完全覆盖细胞。置于 37 ℃、5%二氧化碳培养箱中吸附 0.5～2 h，弃去病毒液，换以新鲜的细胞维持液，置于 37 ℃、5%二氧化碳培养箱内培养。逐日观察，待50%以上细胞出现CPE时收获。同时培养未感染病毒的细胞，供对照使用。

(2)制备抗原片：将收获的ASFV感染细胞配制成浓度为5×10^5个/mL的细胞悬液，滴2～3滴于载玻片上，涂成均匀薄片，室温下自然风干，用预冷丙酮固定10 min后，制成抗原片。置−20 ℃冰箱保存。

(3)细胞对照片制备：将长成细胞单层的PK15细胞或Vero细胞按步骤(2)的方法制备细胞对照片。

(4)加样：用PBS将被检血清做适当稀释后，取适量加于抗原片和细胞对照片上，放入湿盒内，置于37 ℃恒温培养箱内温育1 h。各取1块抗原片和细胞对照片，滴加工作浓度的ASFV标准阳性血清，制成阳性对照标本。另取抗原片和细胞对照片各1片，滴加工作浓度的ASFV标准阴性血清，制成阴性对照标本。

(5)漂洗：用PBS分别漂洗3次，每次5 min。最后用蒸馏水漂洗3 min。

(6)加抗猪荧光抗体：取出标本，沥干水分，分别滴加工作浓度的抗猪免疫球蛋白/异硫氰酸荧光素(FITC)。将标本放入湿盒，置于37 ℃恒温培养箱内温育1 h。

(7)漂洗：重复步骤(5)操作，自然风干。

(8)镜检：在标本上分别滴加缓冲甘油1滴，在带有适当光栅和滤光片的紫外光显微镜下观察。

(9)结果判定：当抗原片阳性对照标本的细胞浆出现荧光，而抗原片阴性对照和细胞对照标本的细胞浆无荧光时，对照成立，可进行结果判定。细胞浆出现荧光的判为阳性；细胞浆无荧光的判为阴性。

3. 免疫印迹试验

(1)制备的ELISA可溶性蛋白与合适的蛋白分子量标准一起，在17%丙烯胺/N,N'-丙烯酒石二酰胺(TDED)凝胶上电泳。电泳时间根据电泳设备不同可适当调整。

(2)在转移缓冲液中，通过用5 mA/cm的恒定电流电泳，将蛋白转移到14 cm×14 cm的硝酸纤维素膜上。

(3)干燥纤维素膜，标记有电泳蛋白的一面。

(4)与平行电泳的蛋白分子量标准比较，找到含23～35 kDa(制备的蛋白的大小)蛋白的区段，沿边缘剪成0.5 cm宽的条，即抗原条。

(5)将抗原条放入封闭缓冲液中，37 ℃不断搅动作用30 min。

(6)用封闭缓冲液将被检测血清、阳性和阴性对照血清做40倍稀释。

(7)将抗原条放入上述稀释好的血清中，37 ℃作用45 min，不断搅动。在阳性和阴性对照血清中各放入一个抗原条作为对照。在封闭缓冲液中洗涤4次，最后一次持续振荡洗涤5 min。

(8)将用封闭缓冲液配制指定的或事先定量的A蛋白辣根过氧化物酶结合物，加到所有抗原条上，37 ℃持续振荡作用45 min。用封闭缓冲液洗涤4次，最后一次洗涤5 min，不停搅动。

(9)将刚制备的底物溶液加至抗原条上，室温下持续振荡5～15 min。

(10)当蛋白带略呈黑色的时候，用蒸馏水终止反应。

阳性对照血清与病毒的多个蛋白发生反应，出现一定的蛋白图谱；而阴性对照血清与病毒不发生特异性反应，无蛋白图谱。如果样品出现与阳性对照相似的蛋白图谱和相同的颜色强度，判定为阳性；无特异性反应和蛋白图谱，判定为阴性。

4. 病毒荧光抗体试验(FAT)

(1)组织切片、印片或涂片：将待检组织制成厚度为4～7 μm的冰冻切片，也可制成印片或涂片。

(2)白细胞培养物涂片：用已接种待检组织的白细胞培养物涂片，制成待检标本。用阳性对照管的细胞培养物涂片，制成阳性对照标本。用阴性对照管的细胞培养物涂片，制成阴性对照标本。

(3)固定：分别将上述标本在室温下自然风干，用预冷丙酮固定10 min。

(4)加荧光抗体：在标本上滴加预先滴定浓度、异硫氰酸荧光素标记的ASFV抗体染色，然后将标本放入湿盒内，置于37 ℃恒温培养箱内着染1 h。阳性和阴性对照样品同时进行固定和染色。

(5)漂洗：PBS浸入洗涤4次。

(6)镜检：标本上滴加1滴缓冲甘油，在带有适当光栅和滤光片的紫外光显微镜下观察。

(7)结果判定：阴性对照的细胞无荧光产生，阳性对照出现特异性的粒状胞浆荧光，则对照成立，可进行结果判定。在淋巴组织的副皮质或其他组织固定的巨噬细胞内出现荧光的，判定为阳性；细胞质内无荧光出现的，判定为阴性。

【注意事项】

(1)非洲猪瘟属于一类传染病，试验过程中应严格注意生物安全。做核酸检测前，将检测样品进行灭活。试验结束后病料及处理物应进行无害化处理。非洲猪瘟病毒的整个培养过程均在P3及以上级别实验室操作。

(2)在检测中，对非洲猪瘟疑似样品，应将模板量加倍进行1次复检，做3个重复。

(3)在HAD实验中，若无红细胞吸附，则发生的贴壁细胞数量减少的CPE是由于接种物的细胞毒性引起。伪狂犬病病毒或无血细胞吸附作用的ASFV，可用细胞沉淀物做FAT或用PCR检测。如果没有观察到变化，或FAT和PCR试验阴性，宜将上清液接种新鲜培养物再传3代。所有的分离培养物都应该用PCR试验和测序鉴定。

【实验报告】

(一)实验结果

(1)描述各种检测非洲猪瘟病毒方法的原理及适用范围。

(2)描述核酸检测(包括普通PCR和荧光定量PCR)的详细步骤。

(二)思考题

(1)在疑似非洲猪瘟病料中，为何采用猪单核细胞或巨噬细胞分离ASFV?

(2)分析比较采用免疫荧光法、ELISA和免疫层析试纸条法检测ASFV的优缺点。

(3)简述ASFV恒温扩增检测技术的原理。

实验 28　猪瘟病毒的微生物学检查

(Microbiological Examination of *Classical Swine Fever Virus*)

【目的要求】

(1)熟悉常用检测猪瘟病毒方法的原理及适用范围。

(2)掌握猪瘟实验室诊断技术。

【基本原理】

猪瘟病毒(CSFV)属黄病毒科、瘟病毒属,所引起的猪瘟(CSF)是猪的一种急性、热性和高度接触性传染病。CSF 的临床特征取决于 CSFV 毒株的毒力,CSF 依据病毒毒力和感染时期(出生前或出生后)的不同可分为急性、亚急性、慢性、温和型或无临床症状型。由于 CSF 临床表现呈多样性,单纯根据临床症状和病理特征难以诊断,因此实验室对 CSF 的确诊十分重要。CSF 的传统诊断方法包括病毒的分离与鉴定、动物接种试验和血清学诊断。随着分子生物学技术的发展,目前也建立了 RT-PCR 检测 CSFV 核酸的方法。

【器材准备】

(1)病毒:猪瘟兔化弱毒疫苗 C 株、猪瘟病毒、鸡新城疫病毒。

(2)病料:疑似 CSF 阳性病料。

(3)细胞:猪肾细胞传代细胞系(PK-15)。

(4)抗体:荧光素标记的 CSFV 抗体、CSFV 抗体(一抗)和 HRP 标记的二抗。

(5)细胞培养试剂:DMEM 培养基、胎牛血清、青链霉素(双抗)、胰酶等。

(6)反转录试剂:dNTP、AMV 反转录酶、RRI、随机引物等。

(7)PCR 试剂:10×PCR 缓冲液、引物、dNTP、ETaq DNA 聚合酶等。

(8)凝胶电泳试剂:琼脂糖粉、电泳液、上样缓冲液、EB 显色液等。

(9)聚丙烯酰胺凝胶电泳试剂:磷酸盐缓冲液(PBS)、丙烯酰胺母液、10%十二烷基硫酸钠(SDS)、1.5 mol/L Tris-HCl(pH 8.8)、0.5 mol/L Tris-HCl(pH 6.8)、样品缓冲液、10×电泳缓冲液、10%过硫酸铵(APS)、PBST、10×电转移缓冲液、封闭液、抗体稀释液和 DAB 显色剂等。

(10)其他试剂:丙酮溶液、PBS、碳酸甘油缓冲液。

(11)动物:健康家兔。

(12)仪器:荧光显微镜、恒温培养箱、PCR 仪、电泳仪、凝胶成像系统、电转仪、5% CO_2 培养箱、倒置显微镜、水浴锅等。

(13)其他:移液器、硝酸纤维素膜(NC 膜)、滤纸、剪刀、镊子、吸管(或滴管)、体温计、盖玻片、载玻片等。

【实验步骤】

(一)CSFV的细胞培养

病毒的细胞培养是病毒检测中的重要一环,CSFV可通过体外细胞培养获得。常用于CSFV培养的细胞有猪原代睾丸细胞、牛原代睾丸细胞、羊肾细胞、猪肾传代细胞系等,其中以PK-15细胞最为常用。CSFV感染细胞后不引起细胞病变(CPE),故对分离得到的CSFV仍需借助其他方法检测。具体步骤如下:

(1)用DMEM细胞培养液稀释CSF病料组织液,使其终浓度为20%,加入青霉素和链霉素(终浓度分别为500 IU/mL和500 mg/mL),备用。

(2)PK-15细胞的复苏、培养:超净工作台经紫外线照射30 min,水浴锅预热至37 ℃,将冻存在液氮中装有PK-15细胞的冻存管放入37 ℃恒温水浴锅中快速融化,向细胞培养瓶中加入10 mL完全培养基,并在超净台中将冻存管中的PK-15细胞移入细胞培养瓶,然后放入37 ℃、5% CO_2培养箱中培养,12 h后更换细胞培养液,继续培养。

(3)待PK-15细胞单层生长到80%~90%融合时,用无血清、无抗生素的DMEM培养液洗2次,然后接种准备好的CSFV病料组织液,使病料组织液完全覆盖细胞,37 ℃吸附1 h,期间每20 min轻摇培养瓶,使上清液均匀平铺于细胞单层表面。吸附结束后,用无血清、无抗生素的DMEM培养液洗2次,加入细胞维持液,于37 ℃、5% CO_2培养箱中培养,72 h后收获细胞培养液。

(二)鸡新城疫病毒强化实验(END)

CSFV感染猪睾丸细胞后,不能使细胞发生CPE,但将鸡新城疫病毒(NDV)接种于该感染细胞,则细胞会发生CPE变化。根据CSFV的这一特性可以对CSFV进行检测和鉴定,即称为鸡新城疫病毒强化试验(exaltation of NDV,END)。此方法的不足之处是直接将被检CSF病料处理后接种于培养细胞,敏感性较低。若改用两步法,即先将被检CSF病料接种于培养的细胞,传代适应之后,再做END试验,则可明显提高敏感性,但这样检测所需时间较长。该方法适用于检测那些易在猪源细胞中生长的CSF野毒,但对大部分CSF兔化弱毒无效,其原因是有些CSFV往往不能在猪睾丸细胞内繁殖。该方法具有较高的敏感性和重复性,不足之处是特异性差。具体操作方法如下:

(1)将CSF阳性病料液按照CSFV细胞分离培养的方法接种于长满单层的PK-15细胞,同时设立不接种CSFV的细胞对照。

(2)将鸡新城疫病毒接种于已接种CSF阳性病料液3 d后的PK-15细胞和未接种CSF病料的PK-15细胞对照。

(3)继续培养上述细胞,倒置显微镜下观察细胞病变情况,并检测新城疫病毒滴度。

(4)结果判定:若新城疫病毒滴度达$1\times10^{7.5}$ PFU/mL,并产生明显的细胞病变,即可判定检测CSFV感染结果为阳性;若新城疫病毒滴度为1×10^{5} PFU/mL以下,不产生细胞病变,即可判定检测CSFV感染结果为阴性。

注意,此强化现象可被CSFV的抗血清抑制,同时也可用于CSFV的中和试验。

（三）荧光抗体检测试验

猪瘟荧光抗体检测 CSFV 抗原是一种敏感、特异的方法，具有检出率高、耗时短等优点。该方法可用于 CSF 疑似病料、CSFV 组织培养物或细胞培养物中 CSFV 抗原的检测。该试验需借助荧光显微镜观察样品中的荧光情况，对 CSFV 特异的抗原-抗体复合物进行检测，结果是以特异性荧光信号作为 CSFV 抗原阳性的判定标准。

（1）样品处理：CSF 阳性病料组织或 CSFV 细胞培养物经 PBS 洗 2 遍后，加入丙酮溶液，室温固定 10 min。同时设阴性对照样品。

（2）抗体孵育：弃去固定液，用 PBS 清洗 3 遍，加入荧光素标记的猪瘟特异性抗体，37 ℃孵育 1 h。

（3）制片：弃去荧光素标记的猪瘟特异性抗体，用 PBS 清洗 3 遍，吸干样品表面液体，滴加少量碳酸甘油缓冲液，封片。

（4）结果观察与判定：荧光显微镜下观察，被检组织若出现特异性荧光信号，则判定为 CSF 阳性。同时阴性对照结果成立。

（四）家兔交互免疫试验

CSFV 强毒具有不引起家兔体温变化但能使其产生免疫力的特点，CSFV 兔化弱毒具有使家兔发生体温变化且产生定型热反应的特点，但对已产生免疫力的家兔不会引起体温变化。利用此原理，先将疑似 CSFV 强毒注射兔体，再注射 CSFV 兔化弱毒。若先注射的 CSFV 为强毒，则家兔就不出现体温反应。利用此现象就可证明病料中是否存在 CSFV，并可鉴定 CSFV 是否为强毒。

（1）选择健康家兔（1.5kg 左右）4 只，试验条件下饲养 2～3 d。每天测量体温 2 次，并做好记录。在接种疑似 CSFV 病料前将家兔分为试验组和对照组，每组 2 只，分笼饲养。

（2）接种病料：取疑似 CSF 阳性病料（脾脏）5～10 g，磨碎，用生理盐水稀释 10 倍，再用纱布过滤。每毫升滤液中加青霉素 200～500U、链霉素 200～500 mg，低温（15 ℃）处放置 30～60 min 后，给每只试验组家兔肌内注射 6 mL，对照组家兔每只注射相同体积的生理盐水。分别观察 3 d，每天测体温 3 次，做好记录。

（3）疫苗接种：取一瓶保存完好的 CSFV 兔化弱毒或冻干 CSFV 兔化弱毒疫苗，用生理盐水稀释 50 倍。试验组与对照组家兔每只静脉注射 1 mL，继续观察 3～5 d，测量体温并做好记录。将所测体温绘制成曲线图，在体温变化曲线图上分别注明接种病料和疫苗接种日期，并根据曲线图观察两组家兔体温的异同。

（4）结果判定。①阳性（＋），即病料中有 CSFV：在注射 CSFV 兔化弱毒疫苗后 24～72 h，试验组家兔体温正常；对照组家兔体温上升 0.5 ℃以上，并稽留 12～36 h。②阴性（－），即病料中无 CSFV：在注射 CSFV 兔化弱毒疫苗后 24～72 h，试验组与对照组家兔的体温均上升 0.5 ℃以上，并稽留 12～36 h，且有定型反应。

（五）RT-PCR 方法检测 CSFV 核酸

RT-PCR 方法既可以用于疑似 CSF 的诊断，也可以用于分离病毒的鉴定。

（1）引物设计：根据 GenBank 公布的 CSFV 的基因组序列，在 CSFV 的 E2 基因高度保守区设计一对特异引物。引物序列如下：

P1:5′-CCGCTCGAGATGCGGCTAGCCTGCAAGGAAGA-3′，

P2:5′-CCGGAATTCGACCAGCGGCGAGTTGTTCT-3′。

该对引物预期扩增基因大小为 1 140 bp。

(2)样品准备：CSF 阳性病料充分研磨后，按 1∶10 的比例加入灭菌的 PBS 或细胞培养液，充分混匀后，反复冻融 3 次，以 12 000 r/min 离心 5 min，取上清液备用。细胞培养物可直接进行冻融，按相同方法操作。

(3)核酸分离：取 250 μL 上述处理的病料上清液，放入 1.5 mL 离心管中，加入 750 μL 预冷的 RNAiso Reagent，剧烈混合后，室温放置 5 min。加入 200 μL 氯仿，颠倒离心管，并剧烈振荡混合，使液体呈乳白状(无分相现象)后，在室温静置 5 min。4 ℃条件下 12 000 r/min 离心 15 min。将上层水相转移到一个新的 1.5 mL 离心管中，加入等体积的异丙醇并振荡混匀，4 ℃放置 10 min 以上。4 ℃条件下 12 000 r/min 离心 15 min 后，尽可能地去除全部上清液。用 75%酒精洗涤管底沉淀和管壁，室温静置 5 min，4 ℃条件下 12 000 r/min 离心 8 min。弃上清液，沉淀干燥(不能完全干燥)处理后，用 10 μL 无 RNase 污染的水将沉淀溶解，用于反转录或−20 ℃保存备用。亦可以按照商品 RNA 提取试剂盒说明书提取核酸。

(4)反转录(RT)：在 0.2 mL EP 管中按照如下体系依次加入下列试剂，产物即为反转录产物。

5×缓冲液	4 μL
dNTPs	6 μL
引物 P1	1 μL
反转录酶(AMV)	1 μL
RNA 酶抑制剂(RRI)	1 μL
RNA	7 μL
终体积	20 μL

(5)PCR 反应：按以下次序将如下各成分加入 0.2 mL 灭菌 PCR 反应管中，同时设阳性模板和空白对照。

10×PCR 缓冲液	2.5 μL
dNTPs	2 μL
引物 P1	21 μL
引物 P2	1 μL
Taq DNA 聚合酶	0.25 μL
CSFVcDNA	2 μL
ddH_2O	16.25 μL
终体积	25 μL

混匀后，在 PCR 扩增仪内执行反应程序：94 ℃ 2 min 后进入循环，94 ℃ 30 s、50 ℃ 45 s、72 ℃ 1 min，35 个循环，最后 72 ℃延伸 10 min。

(6)PCR 产物的检测(琼脂糖凝胶电泳)：取 5 μL PCR 产物与 1 μL 上样缓冲液混合，加入琼脂糖凝胶点样孔中，同时在样品孔相邻空中加入 5 μL DNA Marker，以 100V 电压、50 mA 电流进行电泳，约 20 min 后用凝胶成像系统观察结果。

(7)结果判定：如果被检病料中扩增的基因片段大小与阳性对照一致，且与预期扩增基因片段大小相符，则该样品判定为 CSFV 核酸阳性，否则判定为阴性。

【注意事项】

(1)试验过程中必须做好无菌操作，防止污染，避免样品间交叉污染。

(2)所有的试验需设立阳性对照、阴性对照、空白对照，以保证实验结果的准确性。

(3)实验中使用的生物有害物质(如病料及处理物)应进行无害化处理。

(4)有毒化学试剂的使用一定要规范操作，避免有毒试剂危害人身安全。

【实验报告】

(一)实验结果

(1)绘图描述鸡新城疫病毒强化实验细胞病变。

(2)图表描述 CSFV 家兔交互免疫试验结果。

(3)绘图描述 CSFV 核酸 RT-PCR 产物电泳检测结果。

(二)思考题

(1)阐述 CSFV 鸡新城疫病毒强化实验的原理及意义。

(2)荧光抗体检测 CSFV 过程中出现非特异性荧光的原因有哪些？有何处理办法？

(3)试述 CSFV 家兔交互免疫试验的应用范围。

(4)RT-PCR 方法检测 CSFV 核酸有哪些优点与不足？

实验 29　猪繁殖与呼吸综合征病毒的微生物学检查

(Microbiological Examination of *Porcine Reproductive* and *Respiratory Syndrome Virus*)

【目的要求】

熟悉猪繁殖与呼吸综合征病毒(*Porcine reproductive* and *respiratory syndrome virus*, PRRSV)的实验室常用检测方法,并能利用相关检测方法诊断猪繁殖与呼吸综合征。

【基本原理】

PRRSV 属于动脉炎病毒科动脉炎病毒属的单股 RNA 病毒,分为美洲和欧洲两个基因型。该病毒是引起猪繁殖与呼吸综合征(俗称"蓝耳病")的重要病原。了解和掌握该病毒的检测方法,有助于该病的防控和净化,促进养猪业的发展。

PRRSV 的实验室常用检测方法包括病毒的分离鉴定、血清学和分子生物学检测方法。其中病毒分离鉴定是检测 PRRSV 最精确的方法。病毒分离是将疑有病毒而待分离的标本(动物的体液、器官、粪便等)经处理后,接种于敏感细胞,如猪肺泡巨噬细胞(PAM)和非洲绿猴肾上皮细胞克隆株 Marc-145 细胞等。血清学检测则是用已知特异性抗体检测感染细胞或组织中的病毒蛋白,也可检测宿主体内因病毒感染产生的特异性抗体。分子生物学检测则通过检测感染细胞或组织中的具有特定序列的病毒核酸片段进行判断。

【器材准备】

(1)20 mL 注射器、无菌旋盖管、剪刀、镊子、0.45 μm 微孔滤器、0.22 μm 微孔滤器、离心管、离心机、光学显微镜、毛细管、碳膜铜网、滤纸、透射电镜、96 孔细胞培养板、荧光显微镜、100 目不锈钢筛、湿盒、紫外分光光度计。

(2)双抗、胎牛血清、细胞培养液、聚二乙醇-6000、PBS、2%磷钨酸负染液、75%酒精、抗 PRRSV N 蛋白单克隆抗体、FITC 标记羊抗鼠 IgG 荧光二抗、丙酮、胰蛋白酶。DNA 回收试剂盒、pMD-18T 载体、大肠杆菌 DH5α、LB 培养基、质粒提取试剂盒、RNA 提取试剂盒。

【实验步骤】

(一)病料采集、保存及处理

(1)血清样品:用 20 mL 注射器无菌操作从前腔静脉采血。血标本在室温(22～25 ℃)放置 30～60 min,血清可从全血中分离出来。一般应于采血后 2 h 内分离出血清。用 0.22 μm 孔径的滤器过滤除菌后,−70 ℃保存备用。

(2)每一采集部位分别使用不同消毒器械,以防交叉污染。每种组织应多部位取材,各部位应取 20～50 g,淋巴结取 2 个,分别置于 50 mL 无菌旋盖管中,−70 ℃保存备用。

(3)大块组织,每块剪成 5～10 g,分装于 50 mL 无菌旋盖管。小块组织(<5 g)放于装有 1～2 mL 采样液的采样管内,−70 ℃保存备用。

(4)无菌采集的发病猪血液、脾脏、肺脏、淋巴结应及时处理。血液离心后收集血清,无菌分装成至少3等份,每份不少于0.5 mL,标记后于−70 ℃保存备用;实质脏器剪碎研磨后,用PBS稀释。取1 mL研磨液,用5 mL无血清培养基稀释成1∶5的悬液,加入0.5%双抗,以3 000 r/min离心10 min。取上清液用0.45 μm微孔滤器除菌,分装,标记后于−70 ℃保存备用。

(二)病毒的分离鉴定

(1)病毒感染的细胞病变观察:将处理后的病料上清液接种于Marc-145细胞,倒置显微镜观察4~5 d,每天观察2~3次,注意有无细胞病变产生。若细胞出现皱缩、聚集、融合、脱落等现象,可判定为细胞病变。将有病变的毒株传3~6代后,出现典型CPE达80%时收毒,待后续试验进一步鉴定。未出现CPE的盲传5代,仍无CPE则判为病毒分离结果阴性。

(2)病毒颗粒的电镜负染观察:收取细胞病变达80%的细胞培养物,冻融3次,4 ℃条件下3 000 r/min离心30 min,取上清液备用。上清液按照10%浓度加入聚二乙醇−6000,经摇晃振动后4 ℃过夜浓缩。隔日以5 000 r/min离心30 min,弃上清液;沉淀物加入3~5滴PBS制成悬液,再将悬液3 000 r/min离心10 min;用毛细管吸出,滴于碳膜铜网上,用滤纸吸干多余液体后,经2%磷钨酸负染液负染;干燥后,透射电镜观察病毒粒子大小及有无囊膜。

(3)病毒的感染性检测:择生长良好的Marc-145细胞,常规方法消化,制成细胞悬液,加入96孔细胞培养板内,0.1 mL/孔。将病毒进行10^{-1}~10^{-8}系列稀释,分别加入含有细胞的培养板孔内。每个稀释度11孔,每孔0.1 mL,并设不接毒细胞对照。置37 ℃、5% CO_2恒温箱中培养,逐日观察并记录出现CPE的细胞孔数。按Reed-Muench方法计算$TCID_{50}$。

(三)病毒的血清学检测

常用于病毒抗体检测的血清学方法主要有4种,分别是免疫荧光抗体试验(IFA)、酶联免疫吸附试验(ELISA)、血清中和试验(SN)和免疫过氧化物酶单层试验(IPMA)。

(1)免疫荧光抗体试验(IFA):主要是对细胞培养物、肺脏巨噬细胞及组织中的PRRSV抗原进行检测。

细胞培养物中的PRRSV抗原检测:将Marc-145细胞培养于96孔细胞板,至细胞长成单层后,接种分离的病毒,接种量为100$TCID_{50}$,37 ℃、5% CO_2恒温箱中培养24 h;PBS洗涤3次,每孔加入100 μL预冷的75%酒精,4 ℃固定30 min,甩干,PBS洗涤3次,吹干;在细胞板中加入抗PRRSV N蛋白单克隆抗体,37 ℃感作1 h,甩干,PBS洗涤3次;加FITC标记的羊抗鼠IgG荧光二抗,37 ℃感作1 h,甩干,PBS洗涤3次,蒸馏水洗涤1次,吹干,于荧光显微镜下观察。结果判定:若分离病毒为PRRSV,则能被抗PRRSV N蛋白单克隆抗体识别,并出现特异性荧光;否则,无特异性荧光。

肺脏巨噬细胞(PAM)中的PRRSV抗原检测:对发病猪采取心脏放血致死,剖开胸腔,结扎气管后连同心脏取出完整的肺脏;用0.01 mol/L pH 7.4的PBS充分漂洗肺脏表面,清除血块、污物;从气管往肺脏注入0.01 mol/L pH 7.4的PBS 50~100 mL,轻轻拍打肺表面,1~2 min后回收灌洗液;同以上方法重复灌洗2~3次,直到共回收100~200 mL灌洗液;将回收的支气管肺泡灌洗液用吸管轻轻吹吐,使细胞团及黏液块分散,用单层无菌100目不锈钢筛过滤,收集全部灌洗液,以1 500 r/min离心5 min,留沉淀;用0.01 mol/L pH 7.4的PBS重悬细胞,以1 500 r/min离心5 min,留沉淀;重复洗涤1次。将得到的PAM细胞制成涂片,自然干燥，再用丙酮、酒精溶液室温固定 5～10 min。用 0.01 mol/L pH 7.4 的 PBS 洗涤 3 次，自然晾干。加入一抗孵育，洗涤；加入荧光标记二抗孵育，洗涤，吹干后进行免疫荧光检测。具体方法步骤及结果判定同细胞培养物中的 PRRSV 抗原检测。

组织中的 PRRSV 抗原检测：采集疑似 PRRS 病猪的肺、脾、扁桃体和腹股沟淋巴结，制作组织切面触片和石蜡切片。用各组织器官的新鲜切面在洁净的盖玻片上触片，自然干燥后，用固定液($V_{丙酮}:V_{酒精}=3:2$)固定 6 min，干燥后于 4 ℃备用。将石蜡切片脱蜡后，与组织切面触片同时用胰蛋白酶进行抗原修复。滴加抗 PRRSV N 蛋白单克隆抗体，于 37 ℃湿盒中孵育 1 h；再加入 FITC 标记的羊抗鼠 IgG 荧光二抗，于 37 ℃避光孵育 1 h。用 50% PBS 甘油封片后置于荧光显微镜下观察。结果判定同细胞培养物中的 PRRSV 抗原检测。

(2)酶联免疫吸附试验(ELISA)：主要包括间接 ELISA 法检测 PRRSV 抗体和双抗夹心法检测病毒抗原。

间接 ELISA 法检测 PRRSV 抗体：采用灭活的已知病毒作为抗原包被微孔板。用样品稀释液将待检血清做 40 倍稀释后加入板孔中，每孔加 100 μL。阴、阳性对照各设 2 孔，每孔 100 μL。另设一空白对照孔，空白对照孔加 100 μL 稀释液。轻轻振匀孔中样品(勿溢出)，置 37 ℃孵育 30 min。甩掉板孔中的溶液，用洗涤液洗板 3 次，300 μL/孔，每次静置 3 min 后倒掉，最后一次在不掉屑的干净吸水纸上拍干。每孔加酶标二抗(抗猪 IgG-HRP 结合物) 100 μL，置 37 ℃孵育 30 min 后，洗涤 3 次，方法同上。每孔加底物 A 液、B 液各 1 滴(50 μL)，混匀，室温(20～25 ℃)避光显色 10 min。加终止液 1 滴(50 μL)，10 min 内测定结果。结果判定：将空白孔调零，在酶标仪上测各孔 OD_{630} 值。试验成立的条件是阳性对照孔平均 OD_{630} 值大于或等于 0.4，阴性对照孔平均 OD_{630} 值必须小于 0.2。样品 OD_{630} 值大于 0.4，判为阳性；样品 OD_{630} 值在 0.2～0.4 之间，判为可疑；样品 OD_{630} 值小于 0.2，判为阴性。

双抗夹心法检测病毒抗原：将待测抗原的特异性抗体包被在载体表面，然后将含有抗原的标本与已经包被抗体的载体孵育，洗去过多的抗原液；加入酶标抗体，酶标抗体即与载体表面的抗原-抗体复合物结合；最后加入底物，酶分解底物后显色，可用肉眼观察结果或用光电比色法作定量测定。

(3)血清中和试验：该法检测 PRRSV 抗体特异性好，可用于检测不同的毒株。但中和抗体出现比较晚，往往在感染后 4～5 周才能第一次检测到中和抗体。因此，该法不适用于作早期诊断，多用于检测细胞培养物中能与 PRRSV 中和的一定数量的抗体。此外，该法不能在 PAM 细胞上进行，只能在传代细胞如 MARC-145 细胞上进行。

将 PRRSV 的两种阳性血清经 56 ℃灭活 30 min，再分别用维持液对阳性血清作系列稀释(1∶2，1∶4，1∶8，1∶16，1∶32，1∶64)。加入 96 孔细胞培养板内，每孔 0.05 mL，每个稀释度 4 孔。将分离毒株病毒液用维持液稀释成 200 $TCID_{50}$ 后，每孔加入 0.05 mL(200 $TCID_{50}$ 与等量血清混合后即为 100 $TCID_{50}$)。充分混匀后，置 37 ℃培养箱作用 1 h。按常规方法处理、消化后制备各细胞悬液。于上述作用后的培养板内加入细胞悬液，每孔 0.1 mL。设病毒对照孔(0.05 mL 病毒＋0.15 mL 维持液)、血清对照孔(0.05 mL 2 倍稀释血清＋0.15 mL 维持液)和细胞对照孔(0.2 mL 维持液)。混合后置 37 ℃、5% CO_2 培养箱培养，逐日观察细胞病变，第 7 天判定最终结果。按 Reed-Muench 方法计算 50%血清中和终点。能抑制 50%细胞病变出现的，则待检血清最高稀释度即为该血清中和抗体效价。

(4)免疫过氧化物酶单层试验：欧美国家规定采用此种检测方法。该法利用过氧化物酶标记的抗体与抗原结合后，使酶催化底物产生有色产物，从而显示抗原所在部位。该法在敏感性和特异性上与 IFA 非常相似，能从感染后 6 d 的动物体内检测到 PRRSV 抗体，适用于检测 PAM、MARC-145 细胞中增殖的病毒抗原。

（四）免疫组织化学技术（immunohistochemistry，IHC）

免疫组织化学技术是应用免疫学抗原与抗体反应的原理。用显色剂（酶、荧光素、同位素、金属离子）对抗体/抗原进行标记，通过其在组织细胞中的显色对抗原/抗体进行定量、定性及定位的研究。该技术适用于组织及细胞切片，其中石蜡切片是免疫组织化学中首选的组织标本制作方法。它可以通过制作肺、淋巴结、心、脑、胸腺、脾、肾组织的石蜡切片，将 IHC 和组织病理技术结合起来。可用显微镜观察到细胞质中微观病变内部或邻近部位的 PRRSV 抗原。免疫组织化学技术的优越之处在于能从甲醛固定的组织中检测到病原体，从而避免因组织久置而无法检测。

（五）病毒核酸的检测

PRRSV 核酸检测方法常用 RT-PCR 法，其特异性及灵敏性较高，且用时短，是目前诊断的金标准。建立病毒 PCR 检测方法的原则是扩增病毒特异而保守的基因片段。该方法检测样品种类多，可用于组织匀浆液、血清、精液、口咽刮取物、肺部灌洗液和细胞培养物等样品的检测。常规 RT-PCR 和荧光定量 PCR 法检测 PRRSV 核酸的具体方法见本书第三章实验 17。

（六）经典 PRRSV 与高致病性 PRRSV（HP-PRRSV）的鉴别诊断

高致病性 PRRS 是临床上以高热（41 ℃以上）、皮肤发红、厌食、嗜睡、眼分泌物增多、咳嗽、气喘、腹式呼吸和神经症状为主要特征的猪的高热综合征。该病具有高致病率（50%～100%）和高致死率（20%～100%）。高致病性 PRRSV 属于北美洲型，其基因组结构与经典 PRRSV 有所不同，NSP2 蛋白有两处不连续的氨基酸（共计 30 个氨基酸）缺失。该种变异毒株对猪有较强的致病性。PRRSV 的变异给该病的诊断带来很大的困难。因此快速鉴别 PRRSV 高致病性毒株和经典毒株对该病的诊断和预防有重大的现实意义。

鉴别 PRRSV 高致病性毒株和经典毒株主要采用 RT-PCR 方法。根据 PRRSV VR-2332（GenBank No. AY150564）、CH-1a（GenBank No. AY-032626）以及高致病性 PRRSV HUN4（GenBank No. EF635006）的 NSP2 基因序列设计引物并合成。该引物跨越 NSP2 基因缺失区，引物序列为：

P1：ATCCGATTGCGGCAGCCCGGTTTTG；

P2：CTTGCCCCCCCGCCTCCAGGATGCC。

预期扩增出经典毒株和高致病性毒株的长度分别为 329 bp（扩增区域为 2 721～3 049 nt）和 239 bp。分别对高致病性毒株和经典毒株的基因片段进行特异性扩增，通过扩增目的基因片段长度的不同可将二者区分开。

【注意事项】

（1）病料采集应注意根据不同年龄发病猪，选取病毒含量较多的部位。

（2）血清学方法应结合实际检测目的，选取最合适方法及最佳采血时间。

（3）免疫荧光抗体检测应注意非特异性荧光干扰。

【实验报告】

(1)临床上常用检测 PRRSV 的方法有哪些?

(2)疑似 PRRS 发病猪检测时,应如何选择合适病料进行采集?

(3)描述免疫荧光抗体试验检测 PRRSV 的步骤和注意事项。

(4)阐述临床鉴别诊断经典 PRRSV 与高致病性 PRRSV 的方法及依据。

实验 30　猪流行性腹泻病毒与猪传染性胃肠炎病毒的微生物学检查

(Microbiological Examination of *Epidemic Diarrhea Virus* and *Transmissible Gastroenteritis Virus* of Porcine)

【目的要求】

(1)掌握猪流行性腹泻病毒和猪传染性胃肠炎病毒的微生物学检查方法。

(2)掌握猪流行性腹泻病毒和猪传染性胃肠炎病毒的生物学特性及主要的鉴别要点。

【基本原理】

猪流行性腹泻病毒(*Porcine epidemic diarrhea virus*,PEDV)和猪传染性胃肠炎病毒(*Porcine transmissible gastroenteritis virus*,TGEV)同属于套式病毒目、冠状病毒科、冠状病毒属,有囊膜,核酸类型为单股正链 RNA。两者的病毒粒子形态无区别,引起疾病的临床症状类似,均可引起仔猪呕吐、腹泻和脱水。不同年龄和品种的猪均易感,对哺乳仔猪的危害最严重。两者无抗原交叉,病毒分离培养所用细胞不同,PEDV 的培养多用 Vero 细胞,TGEV 常用猪睾丸细胞、猪肾细胞株 IBRS-2 和 PK-15 细胞系。

由于猪流行性腹泻(porcine epidemic diarrhea,PED)与猪传染性胃肠炎(porcine transmissible gastroenteritis,TGE)在流行病学、临床症状和剖检变化上都非常相似,因此临床上很难鉴别,需进行实验室检查才能确诊。目前常用的实验室诊断方法除病毒分离培养外,还有 RT-PCR、免疫电镜法(IEM)、免疫荧光法(IFA)、微量血清中和试验和双抗体夹心 ELISA 等方法。

【器材准备】

(1)仪器:倒置显微镜、冷冻离心机、微孔滤膜滤器、二氧化碳培养箱、微量移液器、96 孔聚乙烯微量平底反应板、恒温水浴锅、微量振荡器、PCR 扩增仪、紫外凝胶成像系统、电泳仪、电泳槽等。

(2)主要试剂:PBS、细胞培养液、病毒细胞培养物、病毒抗原、标准阴性及阳性血清(抗原使用剂量为 500～1 000 $TCID_{50}$,－70 ℃保存)、Trizol 试剂、PCR 试剂(包括禽源 AMV 逆转录酶、5×RT 缓冲液、10×PCR 缓冲液、25 mmol/L $MgCl_2$、10 mmol/L dNTPs 和 Taq DNA 聚合酶)、DNA 分子量标准(DL 2000 Marker)。

(3)引物:

PEDV 上游引物(P1):5′-TATGTCTAACGGTCTATTCCC-3′;

PEDV 下游引物(P2):5′-CCTTATAGCCCTCTACAAGCA-3′;

TGEV 上游引物(T1):5′-TGTGGTTTTGGTCGTAATGC-3′;

TGEV 下游引物(T2):5′-AACACTGTGGCACCCTTACCT-3′。

(4)细胞:Vero 细胞、乳猪肾原代细胞或 PK-15、ST 细胞。

(5)毒株:TGEV、PEDV 细胞培养物、腹泻仔猪粪便、死亡仔猪肠内容物。

【实验步骤】

(一)病原学检测

(1)病料的采集和处理:取腹泻仔猪粪便或死亡仔猪肠内容物,用含有 1 000 IU/mL 青霉素和 1 000 μg/mL 链霉素的 PBS 作 5 倍稀释制成悬液。−70 ℃冻融 1 次,4 ℃条件下以 3 000 r/min 离心 30 min。取上清液,经 0.22 μm 微孔滤膜过滤,分装,−70 ℃保存。

(2)病毒的检查:分为以下三步。

第一步,细胞接种及鉴定。常规方法培养单层细胞(PEDV 用 Vero 细胞,TGEV 用 ST 细胞或 PK-15 细胞),倾去培养液,PBS 洗涤 2 次,以 1/5～1/10 细胞瓶体积的量接种病毒过滤液。于 37 ℃吸附 1 h 后补加病毒培养液。PEDV 培养时要再补加 5～10 μg/mL 的胰蛋白酶,逐日观察 3～4 d。根据细胞病变情况可盲传 2～3 代。

TGEV 的 CPE 变化特点为细胞颗粒增多,圆缩,呈小堆状或葡萄串样均匀分布,细胞脱落,形成网眼状。PEDV 的 CPE 变化特征是细胞面粗糙,颗粒增多,有多核细胞(7～8 个甚至更多)。并可见空斑样小区,细胞逐渐脱落,可与 TGEV 的 CPE 相区别。

第二步,病毒的电镜检查。取新鲜病猪粪便 10 mL,以 PBS 稀释 5 倍,−70 ℃冻融 2 次。4 ℃条件下以 3 000 r/min 离心 30 min,取上清液再以 10 000 r/min 离心 30 min。取上清液 1 滴置于铜网上,用 2%磷钨酸负染,电子显微镜下观察,可见典型冠状病毒粒子。

第三步,动物回归试验。取急性发病并具有典型症状的病猪空肠(包括肠内容物)及肠系膜淋巴结,加 5 倍体积的 PBS。用高速组织捣碎机捣碎制成悬液,以 2 000 r/min 离心 20 min,取上清液加入 1 000 IU/mL 青霉素和 1 000 μg/mL 链霉素,4 ℃感作 4～6 h。经口服感染 2～3 日龄健康未吃初乳的仔猪,10 mL/头,人工喂食消毒鲜牛奶。设对照接种等量生理盐水,饲养方法同试验组。接种后观察仔猪是否出现腹泻症状,如有症状则进一步剖检,检查病理变化。

(二)血清学检测

(1)血清中和试验:分为常量法和微量法两种。用于检测 TGEV 和 PEDV 的抗体,特异性好。但中和抗体不适于早期诊断,一般在感染 1～2 周后出现。

常量法:倍比稀释血清,与工作浓度的抗原等量混合,移入青霉素小瓶中,37 ℃感作 1 h(中间摇动数次)。接种单层细胞,每份样品接种 4 瓶细胞(20 mL 培养瓶),每瓶加上述处理液 0.8 mL,置 37 ℃吸附 1 h(中间摇动数次)。取出后加病毒培养液 3.2 mL,置 37 ℃、5% CO_2 培养箱中培养,逐日观察 CPE,72～96 h 判定结果。同时设标准阴性和阳性血清、抗原对照(均加工作浓度抗原)和正常细胞对照各 2 瓶。

微量法:倍比稀释血清,每个稀释度作 4 个孔,每孔 50 μL;然后每孔加入 50 μL 工作浓度抗原,经微量振荡器振荡 1～2 min,37 ℃感作 1 h。每孔加入细胞悬液 100 μL(10 万～15 万个细胞/mL),置 37 ℃、5% CO_2 培养箱中培养,逐日观察 CPE,72～96 h 最终判定。同时设正常细胞对照、抗原对照和标准阴性、阳性血清对照。

结果判定:病毒抗原与阴性血清对照组均应出现 CPE,阳性血清与细胞对照组均无 CPE。以能保护半数接种细胞不出现细胞病变的血清稀释度为终点,以抑制细胞病变的最高血清稀释度的倒数表示中和抗体的滴度。发病后 3 周以上的康复血清抗体滴度是健康（或病初）抗体滴度的 4 倍，或单份血清的中和抗体滴度达 1∶8 及以上，则判为阳性。

（2）间接免疫荧光法：以乳猪肾原代细胞接种培养 TGEV 为例。

在 24 孔反应板内加入爬片，培养单层的乳猪肾原代细胞，接种分离培养（或传代）的 TGEV。24 h 后将培养液弃掉，加入 PBS(pH 7.2)洗涤 1 次。用 4%多聚甲醛固定 30 min 后弃去，加入 PBS 洗涤 3 次，每次 5 min；加入 0.2% Triton X-100 作用 10 min，PBS 洗涤 3 次；加入 0.3% BSA 37 ℃封闭 30 min，PBS 洗涤 3 次；每孔加入 1 mL 抗 TGEV 单克隆抗体，37 ℃作用 1 h，PBS 洗涤 3 次；每孔加入用 3% BSA 稀释的 FITC 标记山羊抗小鼠 IgG 100 μL，37 ℃避光作用 30 min，PBS 洗涤 3 次；将爬片取出倒扣在滴有丙三醇的载玻片上，放置荧光显微镜观察，同时以同样处理的未接病毒的细胞作为对照。

结果判定：对照组细胞未出现荧光，而接种 TGEV 的细胞出现绿色荧光，表明细胞内感染 TGEV，待测样本的病毒检测为阳性。

（3）双重 RT-PCR 检测 PEDV 和 TGEV 核酸：由于 PEDV 和 TGEV 两种病毒有时会发生混合感染，因此，利用双重 RT-PCR 方法同时检测两种病毒进行鉴别诊断在临床上经常应用。操作步骤如下：

第一步，被检样品的处理。①组织样品：取 1 g 组织样品，用 PBS (pH 7.4)反复洗涤 3 次；剪碎，加入 1 mL PBS(pH 7.4)，研磨并收集混合液；将混合液反复冻融 3 次，以 10 000 r/min 离心 10 min，重复 2 次，上清液－20 ℃冻存备用。②仔猪腹泻粪便标本：将仔猪腹泻粪便用 PBS(pH 7.4)稀释成 20%悬液，以 5 000 r/min 离心 10 min，取上清液－20 ℃冻存备用。

第二步，模板的制备。取上述处理好的被检样品上清液 250 μL，加入 Trizol 试剂 750 μL，振荡混匀，室温下作用 5 min。加入 200 μL 氯仿，连续剧烈振荡 15 s，2 min 后于 4 ℃以 8 000 r/min 离心 15 min。取上清液加入另一含 500 μL 异丙醇的离心管中，于－20 ℃或－70 ℃ 沉淀 30 min 以上。于 4 ℃以 118 000 r/min 离心 10 min，弃上清液，取沉淀。用 1 mL 75%无 RNA 酶的酒精洗涤沉淀，以 118 000 r/min 离心 5 min，弃上清液。沉淀用适量无菌 DEPC 水溶解备用。

第三步，RT-PCR 检测。包括逆转录(RT)反应、PCR 扩增和 PCR 产物检测三步。①RT 反应：依次向 0.2 mL 离心管内加入 4 μL 5×缓冲液、2 μL 10 mmol/L dNTPs、PEDV 和 TGEV 下游引物各 1 μL、0.5 μL RNA 酶抑制剂、10.5 μL RNA 模板，混匀，60 ℃反应 10 min 后冰浴，加 1 μL AMV 反转录酶，42 ℃孵育 1 h。95 ℃作用 5 min，4 ℃保存备用。②PCR 扩增：依次向 0.2 mL 离心管内加入 4 μL RT 反应产物，2.5 μL 10×缓冲液，1.5 μL 25 mmol/L $MgCl_2$，0.5 μL Taq EX 酶，2 μL 2.5 mmol/L dNTPs，PEDV 上，下游引物各 2.0 μL，TGEV 上、下游引物各 0.3 μL，双蒸水 11.5 μL。PCR 循环参数：93 ℃预变性 3 min；94 ℃ 45 s，52 ℃ 45 s 和 72 ℃ 60 s，共 30 个循环；最后 72 ℃延伸 5 min，4 ℃保存 PCR 产物。③PCR 产物检测：采用常规琼脂糖凝胶电泳，凝胶浓度为 1%。

结果判定：TGEV 标准毒株可扩增出 1 067 bp 目的基因片段，PEDV 标准毒株可扩增出 467 bp 目的基因片段。被检样品如果仅扩增出 1 067 bp 目的条带，则判定为 TGEV 阳性；如果仅扩增出 467 bp 目的条带，则判定为 PEDV 阳性；如果同时扩增出 1 067 bp 和 467 bp 目的条带，则判定为 TGEV 和 PEDV 混合感染。没有扩增出目的条带时，判为 TGEV 和 PEDV 感染阴性。

【注意事项】

(1)病原学检测时,要对每代次收集的病毒液都进行鉴定,尤其在没有出现病变或病变不明显时,以防止病毒在传代时丢失。

(2)做血清中和试验时,将有标准的阳性和阴性血清进行对照,对照成立时,才可判定结果。

(3)间接免疫荧光实验还应设置阴性对照。在阴性对照成立的条件下,结果更准确。

(4)双重 RT-PCR 实验用单一病料的核酸模板同时检测两种病毒。由于 PCR 的敏感性高,易污染,实验时必须设立以水为模板的阴性对照,以避免出现假阳性结果。

【实验报告】

(一)实验结果

(1)血清中和试验测得的血清抗体效价是多少?如何判定动物血清的抗体水平为阳性?

(2)以图说明双重 RT-PCR 检测 PEDV 和 TGEV 核酸产物电泳的检测结果。

(二)思考题

(1)本实验利用双重 PCR 检测了两种病原,可否用来同时检测更多种病原,如三种、四种、五种?病原需要满足什么样的条件?实验扩增的 DNA 片段大小需注意什么?

(2)病原检测的动物回归实验,在选择动物时有哪些注意事项?

实验 31 新城疫病毒的微生物学检查

(Microbiological Examination of *Newcastle Disease Virus*)

【目的要求】

(1)了解 NDV 鸡胚接种方法。

(2)掌握 NDV HA、HI 试验的操作技术、结果判定及记录方法。

(3)了解 NDV 血清中和试验、空斑中和试验原理和方法。

(4)掌握 NDV 毒力测定方法和结果判定。

【基本原理】

新城疫病毒(NDV)是副黏病毒科成员,该病毒颗粒具多形性,可呈丝状,直径 150~300 nm。基因组为单分子负链单股 RNA,核衣壳螺旋对称,衣壳外被囊膜,囊膜上有纤突。纤突分两种,一种为血凝素神经氨酸酶(HN),另一种为融合蛋白(F)。HN 具有血凝性,具有凝集鸡、小鼠等动物和人红细胞的能力,利用该特性进行的试验称病毒血凝(HA)试验。

NDV 可以在鸡胚中生长繁殖,以尿囊腔接种于 9~11 日龄 SPF 鸡胚或无免疫抗体鸡胚,接种强毒株的鸡胚在 30~60 h 内死亡。死亡的鸡胚尿囊液中含毒量最高,胚胎全身出血。NDV 能在多种培养细胞上生长,可引起细胞病变(CPE)。在单层细胞上培养能形成蚀斑,且毒力越强,蚀斑越大。弱毒株必须在培养液中加镁离子+乙二胺四乙酸二钠或镁离子+胰酶才能出现蚀斑。

血凝性是 NDV 等病毒的一种生物学特性。根据这种特性所进行的血凝试验不是特异的血清学反应。但病毒的这种血凝现象可被相应的特异性抗体抑制,称为病毒血凝抑制(HI)试验,这一过程是血清学反应。HA 和 HI 的敏感性虽然不是很高,但是操作简便、快速、经济,故应用范围很广,可用于 NDV 的检测和鉴定、抗体的检测。

NDV 常用鸡胚接种方法分离,采用 HA 和 HI 试验、中和试验、琼脂凝胶沉淀试验及荧光抗体检查等方法鉴定。不同的 NDV 毒株,致病性差异很大,有强毒型、中等毒力型和弱毒型之分。为确定其病原性,有必要进行毒力测定。测定方法主要有鸡胚平均致死时间(MDT)、脑内致病指数(ICPI)和静脉致病指数(IVPI)。

【器材准备】

(一)HA 和 HI 试验

(1)待检病毒(新鲜的 NDV 鸡胚尿囊液)、生理盐水、阳性血清(NDV 抗体)、被检血清、1%鸡红细胞。

(2)离心机、中号试管、5 mL 玻璃移液器、1 mL 玻璃移液器、吸耳球、96 孔 V 形微量血凝板、微量移液器及吸头等。

(二)鸡胚平均致死时间(MDT)、脑内致病指数(ICPI)、静脉致病指数(IVPI)测定

(1)待检病毒(新鲜的 NDV 鸡胚尿囊液)、生理盐水。

(2)9～10 日龄 SPF 鸡胚、1 日龄 SPF 雏鸡。

(3)玻璃试管及试管架、小型电热恒温孵化箱、照蛋器、1 mL 注射器。

【实验步骤】

(一)样品的采集与处理

(1)样品采集:无菌条件下取病死鸡的脑、脾、肺、肝、心或骨髓,活鸡可采取呼吸道分泌物(气管拭子)和粪便材料(泄殖腔拭子)。上述样品视临床症状不同可单独采集或混合采集。

(2)样品处理:最好是将采集的样品分别处理,但实际工作中,常将器官和组织混合,而对气管和泄殖腔拭子则分别处理。将样品置于含抗生素的 PBS(pH 7.0～7.4)中,抗生素种类、剂量视具体样品而定。对组织和气管拭子应加入青霉素 2 000 IU/mL、链霉素 2 mg/mL 中。

(二)病毒分离

NDV 可在鸡胚内以及多种动物细胞上生长并产生病变。若用细胞培养 NDV 强毒,则加胰酶(0.01 mg/mL)以促进其复制。因鸡胚培养方法简单、敏感,且可获得高滴度病毒,故被广泛采用。方法是取经处理的病料接种于 9～11 日龄 SPF 鸡胚或 NDV 抗体阴性鸡胚尿囊腔,每胚接种 0.1～0.3 mL。接种后置 37 ℃孵育,定时照蛋,剔除 24 h 内的死亡胚,将 24 h 后死亡胚或弱胚置 4 ℃冷藏。5～7 d 后,将所有鸡胚取出置 4 ℃冷却过夜,收集尿囊液进行 HA 试验。检测病毒滴度可用 HI 试验或中和试验鉴定 NDV。

(三)血清学鉴定

血清学鉴定方法有 HA 试验和 HI 试验。HA 试验又分全量法和微量法。HI 试验又分微量 α 法和微量 β 法。中和试验有血清中和试验和空斑中和试验。

(1)全量法 HA 试验:①取圆底小试管 10 支置于试管架上,第 1 管加生理盐水(或 PBS)0.9 mL,其余 9 管各加 0.5 mL。②第 1 管加病毒待检液(含新城疫病毒的鸡胚尿囊液)0.1 mL,用移液管或微量加样器吸吹 3～5 次充分混匀后,再吸出 0.5 mL 加入第 2 管;在第 2 管内稀释混匀后,再吸出 0.5 mL 加入第 3 管……依此稀释至第 9 管,由第 9 管吸出 0.5 mL 弃掉。第 10 管不加病毒,只加生理盐水。这样病毒的稀释倍数分别为 1∶10,1∶20,1∶40,1∶80……1∶2 560。③1～10 管各加入 1%鸡红细胞悬液 0.5 mL,充分振荡混匀后,置 20～30 ℃恒温箱中,15～30 min 后开始观察反应,至反应充分出现时(对照孔完全沉淀)为止。也可于室温静置,待反应充分出现时,判定并记录结果。具体操作方法见表 6-1。

表 6-1　全量法 HA 试验操作术式表

试管号	1	2	3	4	5	6	7	8	9	10
病毒稀释倍数	1∶10	1∶20	1∶40	1∶80	1∶160	1∶320	1∶640	1∶1 280	1∶2 560	对照
生理盐水/mL	0.9	0.5	0.5	0.5	0.5	0.5	0.5	0.5	0.5	0.5
病毒/mL	0.1	0.5	0.5	0.5	0.5	0.5	0.5	0.5	0.5	弃去 0.5
1%鸡红细胞/mL	0.5	0.5	0.5	0.5	0.5	0.5	0.5	0.5	0.5	0.5
混匀,置 20～30 ℃恒温箱中反应 15～30 min 观察反应结果										
结果举例	#	#	#	#	#	#	+++	++	－	－

结果判定:血凝试验结果以++++(#)、+++、++、+、－表示。

++++(#):为 100%凝集,红细胞均匀铺于管底。

+++:为 75%凝集,基本同上,但边缘不整齐,有下垂取向。

++:为 50%凝集,红细胞沉于管底形成一个环状,四周有明显的小凝集块。

+:为 25%凝集,红细胞沉于管底形成一个小团,四周有少量的小凝块。

－:不凝集,红细胞沉于管底,呈圆点状,边缘整齐光滑。

能使红细胞完全凝集的病毒最高稀释倍数,即为病毒血凝价。表 6-1 中的举例病毒血凝价为 1∶320,即将病毒原液稀释 320 倍,含有 1 个血凝单位。

(2)微量法 HA 试验:①取洁净 96 孔 V 形微量滴定板,用微量移液器从第 1 孔至第 12 孔各加生理盐水 50 μL。②用微量移液器吸取 NDV 液 50 μL,加入第 1 孔并吸吹 3～5 次,使其与生理盐水充分混匀后,依次倍比稀释至第 11 孔,弃去 50 μL;第 12 孔不加病毒液作为对照。③用移液器向 1～12 孔各加 1%鸡红细胞悬液 50 μL。④将滴定板放在微量振荡器混匀(或用手工旋转),置于 20～30 ℃恒温箱中或室温静置 15～30 min,待对照孔完全沉淀后判定并记录结果。具体方法见表 6-2。

表 6-2　微量法 HA 试验操作术式表

项　目	孔　号											
	1	2	3	4	5	6	7	8	9	10	11	12
病毒稀释倍数	$1:2^1$	$1:2^2$	$1:2^3$	$1:2^4$	$1:2^5$	$1:2^6$	$1:2^7$	$1:2^8$	$1:2^9$	$1:2^{10}$	$1:2^{11}$	对照
生理盐水/μL	50	50	50	50	50	50	50	50	50	50	50	50
病毒/μL	50	50	50	50	50	50	50	50	50	50	50	弃 50
1%鸡红细胞/μL	50	50	50	50	50	50	50	50	50	50	50	50
混匀,置 20～30℃恒温箱中反应 15～30 min 观察反应结果												
结果举例	#	#	#	#	#	#	#	#	#	+	－	－

结果判定:血凝试验结果同样以++++(#)、+++、++、+、－表示,血凝价的判定同全量法 HA 试验。表 6-2 中的举例病毒血凝价为 $1:2^9$,即将原病毒液稀释 512 倍,含有 1 个血凝单位。

++++(#):红细胞均匀平铺于 V 形孔底。

＋＋＋：红细胞平铺孔底，但孔中心稍有红细胞集聚。

＋＋：孔周边有凝集，孔中央红细胞集聚。

＋：孔中央红细胞集聚形成小团，但边缘不光滑，四周有小凝块。

－：孔中央红细胞集聚形成小团，边缘光滑。

(3)微量 α 法 HI 试验：①取洁净 96 孔 V 形微量滴定板，待检病毒(NDV)稀释同上，做相同的 2 排。②用微量移液器在第 1 排每孔各加生理盐水 50 μL，第 2 排每孔各加一定稀释度的 NDV 阳性血清 50 μL，混匀后，于室温或 37 ℃静置 15～30 min。③在第 1 排和第 2 排每孔各加入 1%鸡红细胞悬液 50 μL，混匀后，于 20～30 ℃恒温箱中或室温静置 15～30 min，待对照孔完全沉淀后判定并记录结果。具体方法见表 6-3。

结果判定：HA(第 1 排)和 α 法 HI 试验(第 2 排)两排孔的血凝价相差 2 个滴度以上判为阳性，即判定待检病毒为 NDV(如表 6-3 中，加 NDV 抗体后，血凝价为 $1:2^4$，相差 2^5，可判断为 NDV 阳性)；如果两排孔的血凝价相等或差异小于 2 个滴度，则为非特异性凝集，或由其他病毒引起，应判为阴性。

表 6-3　微量 α 法 HI 试验操作术式表

项目		孔号 1	2	3	4	5	6	7	8	9	10	11	12
第一排孔	病毒稀释倍数	$1:2^1$	$1:2^2$	$1:2^3$	$1:2^4$	$1:2^5$	$1:2^6$	$1:2^7$	$1:2^8$	$1:2^9$	$1:2^{10}$	$1:2^{11}$	对照
	生理盐水/μL	50	50	50	50	50	50	50	50	50	50	50	50
	病毒/μL	50	50	50	50	50	50	50	50	50	50	50	弃 50
	生理盐水/μL	50	50	50	50	50	50	50	50	50	50	50	50
第二排孔	生理盐水/μL	50	50	50	50	50	50	50	50	50	50	50	50
	病毒/μL	50	50	50	50	50	50	50	50	50	50	50	弃 50
	NDV 抗体/μL	50	50	50	50	50	50	50	50	50	50	50	50
混匀，置 20～30℃温箱静置 15～30 min													
2 排各加 1%红细胞		50	50	50	50	50	50	50	50	50	50	50	50
混匀，置 20～30℃恒温箱中反应 15～30 min 观察反应结果													
结果举例	第一排孔	＃	＃	＃	＃	＃	＃	＃	＃	＃	＋	－	－
	第二排孔	＃	＃	＃	＃	－	－	－	－	－	－	－	－

(4)微量 β 法 HI 试验。①配制 4 个血凝单位病毒。假设 NDV 血凝价为 1∶320，则 1∶80 即为 4 个血凝单位病毒，将病毒用生理盐水稀释 80 倍即可用于试验。②取洁净 96 孔 V 形微量滴定板，用微量移液器从第 1 孔至第 12 孔各加生理盐水 50 μL。③用微量移液器吸取待检血清 50 μL，加入第 1 孔并吸吹 3～5 次，充分混匀后，依次倍比稀释至第 10 孔，弃去 50 μL。④在第 1～11 孔，每孔各加 4 个血凝单位病毒 50 μL，第 12 孔加生理盐水 50 μL。混匀后，于室温或 20～30 ℃恒温箱中静置 15～30 min。第 11 孔为 4 个血凝单位病毒对照，第 12 孔为生理盐水对照。⑤每孔各加入 1%鸡红细胞悬液 50 μL，混匀后，于 20～30 ℃恒温箱中或室温静置 15～30 min，待生理盐水对照孔完全沉淀后判定并记录结果。具体方法见表 6-4。

结果判定：能完全抑制红细胞凝集的血清最高稀释倍数为该血清的血凝抑制效价。第 11 孔病毒对照完全凝集，第 12 孔生理盐水对照完全不凝集时，则表示对照成立，反之则不成立。

在对照成立时，才可判定结果。表 6-4 中的举例，待检血清 NDV 抗体血凝抑制价为 1∶2^6。

（5）血清中和（SN）试验：既可用已知抗 NDV 的血清鉴定可疑病毒，也可用已知 NDV 测定血清中是否含有特异性抗体，以确定鸡群是否感染过 NDV 或接种过疫苗。①取无菌小试管 2 支，各加 0.5 mL 待检病毒。其中一试管加等量阳性血清，另一管加等量阴性血清，37 ℃水浴作用 60 min。②取两排小试管，用细胞维持液将上述两管材料分别做 10 倍系列稀释。③将稀释后的材料接种 3～5 枚鸡胚或单层细胞，连续观察 24～48 h。记录鸡胚或细胞的感染数，按 Karber 法计算鸡胚半数感染量（EID_{50}）或细胞半数感染量（$TCID_{50}$）。如果经阳性血清处理组的 EID_{50} 或 $TCID_{50}$ 较阴性血清低，且其差超过 2log2 时，则可定为 NDV 阳性。

表 6-4　微量β法 HI 试验操作术式表

项目	孔号											
	1	2	3	4	5	6	7	8	9	10	11	12
病毒稀释倍数	1∶2^1	1∶2^2	1∶2^3	1∶2^4	1∶2^5	1∶2^6	1∶2^7	1∶2^8	1∶2^9	1∶2^{10}	病毒对照	空白对照
生理盐水/μL	50	50	50	50	50	50	50	50	50	50	50	100
待检血清/μL	50	50	50	50	50	50	50	50	50	50	弃 50	
4 单位病毒/μL	50	50	50	50	50	50	50	50	50	50	50	
混匀，置 20～30℃恒温中箱静置 15～30 min												
1%鸡红细胞/μL	50	50	50	50	50	50	50	50	50	50	50	50
混匀，置 20～30℃恒温箱中反应 15～30 min 观察反应结果												
结果举例	—	—	—	—	—	—	♯	♯	♯	♯	♯	—

（6）空斑中和（PN）试验：①无菌采集疑似感染新城疫的鸡群血液并分离血清。②将血清进行系列稀释，并分别与 50～100 个空斑形成单位（PFU）的病毒混合，37 ℃作用 1～2 h。③将混合液接种于鸡胚成纤维细胞单层，覆盖一层琼脂层，37 ℃培养 72 h。④再覆盖一层含有中性红的琼脂糖，培养 24～48 h，然后在适宜的灯光下计算空斑数。⑤将一定稀释度的血清使空斑数目减少的情况，与对照病毒所形成的空斑数目相比较，即可测出血清的中和能力。

（四）毒力测定

不同 NDV 分离株的毒力差异很大，而且由于新城疫活疫苗的广泛使用，即使分离到了 NDV 也不能说明其具有致病性，还应进行毒力测定。NDV 毒力测定常用方法有鸡胚平均致死时间（MDT）、脑内致病指数（ICPI）、静脉致病指数（IVPI）。具体操作方法见本书第三章实验 13。

【注意事项】

（1）HA 试验、HI 试验所用红细胞的来源：实际操作过程中，应根据病毒血凝特性选用适当红细胞。采血需加抗凝剂，试验前用生理盐水或 PBS 洗涤 3 次，每次经 2 000 r/min 离心 10 min，至上清液透明无色。最后一次离心后，取压积红细胞配成 1%鸡红细胞悬液。无菌采集的抗凝血在 4 ℃贮存不能超过 1 周，否则会引起溶血或反应能力减弱。如需贮存较久，则抗凝剂必须改用 Alsever 氏液（配制方法：取葡萄糖 2.05 g、枸橼酸钠 0.80 g、枸橼酸 0.055 g、氯化钠 0.42 g，溶解于 100 mL 蒸馏水中，115 ℃高压灭菌 10 min)，与血液以 4∶1(4 份 Alsever 加 1 份血液)混匀后，于 4 ℃可贮存 4 周。

(2)HA 试验反应温度：各种病毒对血凝反应的温度要求并非一致，如 NDV 的适宜血凝温度为 20～30 ℃，而犬细小病毒血凝要求在 4 ℃下进行，有些病毒则适宜在 37 ℃下进行。为了方便起见，HA 试验一般在室温下进行。温度高时，需要的时间较短；温度低时，判定的时间可适当延长。

(3)HA 试验、HI 试验中，加样和稀释过程应尽量做到精确，以避免试验结果出现跳孔现象。

(4)HA 试验、HI 试验判定结果时，应首先检查对照管(孔)是否成立。如果成立，则证明操作无误，否则试验应判定为失败。

(5)试验中所用的器皿必须清洁干燥，要避免残留酸碱性物质影响结果。

(6)MDT、ICPI、IVPI 测定标准并不总是完全一致的。

【实验报告】

(一)实验结果

(1)记录 NDV 的 HA 试验和 NDV 抗血清的 HI 试验结果。

(2)记录 NDV 的 MDT、ICPI、IVPI 试验结果。

(二)思考题

(1)具有血凝特性的畜禽病毒有哪些？

(2)α 法 HI 试验和 β 法 HI 试验有何不同？

(3)如何配制 4 个血凝单位的病毒液？

(4)分析试验结果出现跳孔现象的原因。

实验 32　禽传染性支气管炎病毒的微生物学检查

(Microbiological Examination of *Avian Infectious Bronchitis Virus*)

【目的要求】

(1)掌握鸡胚接种、分离禽传染性支气管炎病毒的方法及鸡胚病变的特点。

(2)掌握气管环培养法测定禽传染性支气管炎病毒毒力和中和试验的方法。

(3)学会禽传染性支气管炎病毒分离与鉴定的方法。

【基本原理】

传染性支气管炎(infectious bronchitis, IB)简称传支,是由传染性支气管炎病毒(*Infectious bronchitis virus*, IBV)引起的鸡的一种急性、高度接触传染性疾病。IBV 是冠状病毒科的代表毒株,其基因组为不分节段的正链单股 RNA,具有感染性。

IB 的诊断与其他疾病相比有一定的难度。一是由于血清型和突变型毒株较多,不同毒株之间的抗原交叉关系非常复杂;二是诊断抗原制作比较复杂,且用不同的毒株制备的抗原诊断结果差异较大;三是 IB 的免疫应答机理也比较复杂,限制了各种诊断方法的实际应用。同时又由于本病与其他多种引起鸡呼吸道症状的疾病存在非常类似的临床症状,更增加了临床诊断本病的难度。在临床诊断中,应注意与鸡新城疫、传染性鼻炎、传染性喉气管炎、鸡慢性呼吸道病、禽曲霉菌病等疾病相区别。目前实验室主要用鸡胚、鸡胚肾细胞及气管环法培养 IBV。常用的实验室诊断方法包括血凝试验、气管环培养的中和试验及 RT-PCR 方法等。此外,IBV 干扰 NDV(新城疫病毒)增殖试验也可用于该病毒的鉴定。

【器材准备】

(一)鸡胚与毒株

9～11 日龄 SPF 鸡胚,17～20 日龄 SPF 鸡胚,呼吸型毒株 IBV-M41 株,IBV 野毒株,具有 IB 典型临床症状病鸡的肺、气管和肾脏等病料。

(二)主要试剂与药品

RPMI 1640 干粉、犊牛血清、胰蛋白酶、IBV 阳性血清、RT-PCR 反应试剂盒、DEPC、总 RNA 提取试剂盒、DNA Marker 2000、琼脂糖、青霉素、链霉素、葡萄糖、NaCl、KCl、氯仿、异丙醇、Tris、冰乙酸、EDTA、$NaHCO_3$、DMSO 等。上述试剂均为分析纯。

(三)主要仪器

二氧化碳培养箱、倒置显微镜、超净工作台、高速台式冷冻离心机、PCR 仪、电泳仪、微波炉、凝胶成像仪等。

(四)主要溶液配制

(1)RPMI 1640 营养液:将 10.4 g RPMI 1640 干粉逐渐溶解于高压灭菌的去离子水中,加入 1.6 g $NaHCO_3$,轻微搅拌溶解,再用去离子水定容至 1 000 mL,0.22 μm 微孔滤膜过滤除菌,分装于干热灭菌的试剂瓶中,−20 ℃保存备用。

(2)细胞生长液:RPMI 1640 营养液中加入犊牛血清至终浓度为 8%,每 100 mL 营养液加入双抗 1 mL,并用 7.5% $NaHCO_3$ 溶液调节 pH 为 7.2,4 ℃保存备用。

(3)细胞维持液:RPMI 1640 营养液中加入犊牛血清至终浓度为 2%,每 100 mL 营养液加入双抗 1 mL,并用 7.5% $NaHCO_3$ 溶液调节 pH 为 7.4,4 ℃保存备用。

双抗溶液、0.25%胰酶消化溶液、D-Hank's 溶液(无钙镁 Hank's 液,pH 7.2)和 50×TAE(Tris-乙酸)等溶液的配制见本书相关实验。

【实验步骤】

(一)病料的处理

无菌采取具有典型临床症状病鸡的肺、气管和肾脏,反复冻融 3 次,剪碎。用 5 倍生理盐水稀释并加入抗生素(终浓度 2 000 IU/mL 青霉素和 2 000 μg/L 链霉素,环丙沙星占总体积的 1%),用组织研磨器研磨后,置于 4 ℃冰箱中过夜。以 4 000 r/min 离心 30 min,取上清液。用 0.22 μm 的微孔滤膜过滤,于−20 ℃保存备用。

(二)鸡胚接种、分离 IBV 及传代

取上述处理好的病料,经尿囊腔接种 9~11 日龄 SPF 鸡胚 5 枚,0.2 mL/枚;另外接种灭菌 PBS 液 2 枚作阴性对照,0.2 mL/枚。用固体石蜡封孔。37 ℃继续孵化 24~144 h,每日照蛋 2 次。弃去 24 h 内死去的鸡胚,无菌收获尿囊液,盲传 5 代。对每一代收获的尿囊液做常规 RT-PCR 检测,并观察鸡胚的病变情况。分离毒在鸡胚上盲传,随着传代次数的增加,胚胎死亡逐渐趋向规律。同时胚体蜷缩越发明显,羊膜增厚或紧包胎儿,卵黄囊缩小,尿囊液增多。至 5 代时出现明显的侏儒胚,胚体蜷曲成丸状。

(三)鸡胚肾细胞的制备与病毒接种

(1)鸡胚肾(chicken embryo kidney,CEK)细胞的制备:取 17~20 日龄的鸡胚 2 枚。气室朝上置于蛋座上,碘酊消毒后,再用乙醇脱碘,晾干。用无菌镊子击破蛋壳,然后轻轻夹住鸡胚的颈部,托出鸡胚,放到无菌平皿内。呈仰卧姿势剪开腹腔,小心移出内脏。用镊子仔细分离肾脏的包膜,取出肾脏,置于另一事先加入 20 mL D-Hank's 液的无菌平皿内。以 D-Hank's 液洗涤 3 次,并仔细剔除脂肪、结缔组织、血液等杂物。用手术剪再将其剪成小块(约 1 mm^3),转移至 50 mL 三角锥瓶中,加入适量 0.25%胰酶(组织块量的 5~6 倍)。37 ℃水浴消化至肾组织疏松透明,呈絮状(约 20 min)。每隔 5 min 振荡 1 次,使细胞分离。吸弃胰酶,加入适量细胞生长液,经大口径吸管吹吸分散(约 2 min)。注意吹吸时吸管中液体不要全部吹出,以免产生气泡。将细胞悬液经装有 200 目铜网或 8 层纱布的漏斗过滤,对收集的细胞计数后,调整细胞浓度至 3×10^6 个/mL,混匀,分装于细胞培养瓶中。置于 5% CO_2 培养箱中 37 ℃培养,每天在倒置显微镜下观察。

(2)接毒:待细胞生长至覆盖75%～80%细胞培养瓶培养平面时,倒掉细胞生长液。用细胞维持液冲洗细胞表面,重复3次,接种IBV鸡胚尿囊液毒或CEK细胞毒1 mL(对照组加入正常尿囊液或细胞维持液)。37 ℃吸附1 h,期间每隔5 min轻轻摇动1次。吸附完毕后,加入8 mL细胞维持液。接种72 h后收获,反复冻融3次继续盲传,直至出现细胞病变。

(四)气管环培养物的制备与病毒接种

(1)气管环培养物(tracheal organ cultures,TOC)的制备:用17～20日龄的鸡胚,无菌取出气管,仔细除去气管周围的结缔组织和脂肪。将气管在含双抗(青霉素、链霉素各300 IU/mL)的培养液中轻轻洗涤。用锐利的手术刀片将气管切成1 mm宽的气管环,将2个气管环置于24孔细胞培养板单孔内(含2 mL培养液),37 ℃中培养24 h。在倒置显微镜下观察,若见气管纤毛运动活泼,即可供试验用。

(2)接毒:用细胞维持液将IBV稀释成10^{-1}～10^{-9}不同稀释度。将每个稀释度接种3孔气管环。接种前,吸出原培养液,加入稀释病毒液,每孔0.2 mL。同时设培养液空白对照。37 ℃培养6 d,以气管环纤毛停止运动作为感染的判定指标。

(五)分离病毒的鉴定

(1)形态学观察:将IBV鸡胚尿囊液毒以10 000 r/min离心30 min,取上清液。再以25 000 r/min离心1.5 h,取沉淀。用少量灭菌水悬浮,按常规做锇酸负染,电镜观察。分离株接种SPF鸡胚尿囊液电镜下可见到典型的冠状病毒,直径60～120 nm。病毒粒子略呈圆形,表面有呈松散、均匀排列的冠状突起。

(2)IBV干扰NDV增殖试验:将IBV分离毒的第5代病毒分离物,经尿囊腔接种9～11日龄SPF鸡胚。每个分离毒接种鸡胚10枚,0.2 mL/枚。37 ℃培养10 h后,接种NDV,0.2 mL/枚。继续孵化48 h,取出,于4 ℃过夜致死。无菌收集尿囊液。同时设生理盐水、NDV阴、阳性对照组,按常规方法检测尿囊液的血凝价。IBV分离株能对NDV的繁殖产生明显的干扰作用。

(3)病毒的血凝特性鉴定:取IBV分离毒的第5代病毒分离物,经4 000 r/min离心30 min后,将上清液分为2份。其中一份经1%胰蛋白酶处理,37 ℃水浴作用4 h;另一份不做任何处理,作为对照。按常规方法测定红细胞凝集价,每个样品重复5次。未经胰酶处理的,对鸡红细胞无凝集作用;经1%胰酶处理的,能凝集1%的鸡红细胞。

(4)气管环的组织培养测定IBV毒力:用细胞维持液将IBV毒株稀释成10^{-1}～10^{-9}不同稀释度。每个稀释度病毒液接种4个已培养24 h的气管环,并设对照孔。37 ℃培养,每天观察1次,记录气管环纤毛运动停止和上皮细胞脱落的情况,直至第6天结束。据Reed-Muench法计算IBV半数感染量($TOC\text{-}ID_{50}$)。

(5)气管环培养的中和试验:用细胞维持液将IBV血清用2%牛血清培养液倍比稀释,每个稀释度的血清与相同量的病毒(200个$TOC\text{-}ID_{50}$)混合,于37 ℃恒温箱中反应1 h。将每个稀释度的混合液分别接种已培养24 h的气管环,设空白对照各4份。37 ℃培养,每天用倒置显微镜观察1次,直到第6天停止观察。记录气管环纤毛运动与上皮细胞脱落的情况。然后计算每个血清的终点滴度。以能使病毒与血清混合作用后,气管环纤毛运动停止或纤毛上皮细胞变性脱落的血清最高稀释倍数为该血清的终点滴度。

(6)RT-PCR 鉴定:分为以下几步。

第一步,引物设计。通过分析 GenBank 中已发表的 IBV 核苷酸序列,选 IBV 保守 N 基因作为 IBV 特异性引物设计序列,引物序列为:

上游引物:5′-CGATCATCAAACTAGGAGGACC-3′;

下游引物:5′-CTACTTCCAAAAAGACAAGCATGGC-3′。

扩增的目的基因大小为 813 bp。

第二步,总 RNA 的提取和 cDNA 第一条链的合成。无菌收集 IBV 尿囊液,取 600 μL,加入等量裂解液,室温下静置 5 min,加入 120 μL 氯仿,剧烈振荡 1~2 s,室温下静置 5 min,以 12 000 r/min 于 4 ℃离心 15 min;吸取上清液至另一 EP 管中,加入与上清液等体积的异丙醇,温和混匀,室温下静置 10 min,以 12 000 r/min 于 4 ℃离心 10 min;弃上清液,沉淀用 1 mL 75%酒精清洗 2 次,以 12 000 r/min 于 4 ℃离心 5 min,弃上清液保留沉淀。室温干燥,溶解于适量的 0.01% DEPC 溶液。使用反转录试剂盒(Prime Script TM RT Master Mix)进行反转录合成 cDNA,反转录体系和反应条件为:5×Prime Script RT Master Mix 2 μL,Total RNA 50 μg,补足 RNase Free dH2O 至 10 μL,37 ℃反应 15 min,85 ℃ 5 s 灭活反转录酶,即得到 cDNA,置 4 ℃保存。

第三步,PCR 扩增。使用试剂盒(Premix TaqTM)进行 PCR。50 μL PCR 反应体系为:25 μL PrimeSTAR Max Premix(2×),2 μL P1(10 pmol/μL),2 μL P2(10 pmol/μL),2 μL cDNA 模板,补足 ddH2O 至 50 μL。PCR 扩增程序为:94 ℃预变性 180 s、94 ℃变性 30 s、55 ℃退火 50 s、72 ℃延伸 100 s,30 个循环,72 ℃延伸 10 min。以 1%琼脂糖凝胶电泳分析扩增产物。

【注意事项】

(1)不管是呼吸型、肾型、嗜肠型,还是变异的中间型,在最初感染时均首先侵害呼吸道,因此采集病料以气管、肺脏为首选部位;在感染 10 d 后,则应根据 IBV 表现的不同组织嗜性进行采样,主要以肺脏、肾脏、输卵管、盲肠扁桃体及泄殖腔为主。病料采集后可通过鸡胚培养、细胞培养、气管组织培养等技术进行病毒增殖并观察细胞病变的发生情况。IBV 初次分离时可能不出现症状或病变不明显,可进行带毒盲传。

(2)鸡胚肾细胞(CEK)的培养与鸡胚成纤维细胞相比更为复杂,CEK 适宜偏酸的环境,培养基 pH 一般调到 6.8 左右;CEK 制作 36 h 后应及时更换培养液,比 48 h 更换效果好;当维持液中血清浓度为 2%时,CEK 维持完整状态的时间最长,但需要 4~5 d 才能长成单层,其间需换液 1~2 次;当维持液中血清浓度为 5%时,3~4 d 即可长成单层;当维持液中血清浓度为 10%时,48 h 即可长成单层。

(3)病料处理、接种和收获等过程,都应进行严格的无菌操作。

(4)分离毒株鉴定实验中的病毒稀释操作必须准确。

【实验报告】

(一)实验结果

(1)描述 IBV 分离毒株接种 9~11 日龄鸡胚后,鸡胚的病变情况。

(2)给出气管环测定分离毒株的毒价测定结果。

(二)思考题

(1)如何对IBV分离毒株进行鉴定?

(2)鸡胚肾细胞(CEK)的培养应注意些什么?

实验 33　犬瘟热病毒的微生物学检查

(Microbiological Examination of *Canine Distemper Virus*)

【目的要求】

(1)掌握用培养细胞分离犬瘟热病毒的方法及细胞病变的特征。

(2)掌握犬瘟热病毒的鉴定方法。

【基本原理】

犬瘟热(canine distemper,CD)是由犬瘟热病毒(*Canine distemper virus*,CDV)感染动物所引起的是一种急性、高度接触性传染病。CDV 属于副黏病毒科麻疹病毒属成员,自然条件下可感染犬科(如犬)和鼬科(如水貂、雪貂等)等多种动物,猫科动物(如狮、虎、豹等)也发现了犬瘟热病毒的感染。

CD 诊断比较困难,因为经常存在混合感染(如与犬传染性肝炎等)和细菌性继发感染,从而使临床症状表现复杂。根据流行病学资料和临床症状,可以做出初步诊断。包涵体检查是诊断 CD 的辅助方法,但若要确诊,还需通过病毒分离、病毒特异性抗原及特异性核酸检测。病料采集的部位和时间、样品的处理方法、发病动物的病程、抗体水平等因素都会影响病毒的分离。一般急性病例取血淋巴细胞,亚急性病例取内脏,慢性病例取脑组织。

原代细胞及传代细胞常用于 CDV 分离。原代细胞包括犬或貂的肺和腹腔巨噬细胞、肾细胞、胚胎细胞、外周血淋巴细胞及 T 淋巴细胞和犬脑细胞(DB),此外,犊牛的肾细胞和 T 淋巴细胞,牛胚胎肺细胞和鸡胚成纤维细胞(CEF)也可用于病毒分离。传代细胞系种类也较多,如犬肾细胞系(MDCK)、猫胚胎细胞系(FE)、猫肾细胞系(CRFK)、Vero 细胞系等均可用于该病毒培养。其中最合适的细胞是肺巨噬细胞,尤其是没有母源抗体易感犬的肺巨噬细胞对该病毒最易感,可形成典型的 CPE。强、弱毒株都能使肺巨噬细胞培养物发生细胞融合而形成巨细胞,用苏木精-伊红染色的合胞体巨细胞的胞浆内含有嗜酸性包涵体,通过免疫荧光(IF)技术可检查到包涵体内存在病毒抗原。雪貂对 CDV 特别敏感,也可以用雪貂作为中介动物载体,可提高病毒的分离率。

分离到 CDV 后,可结合电镜检查、动物回归试验、病毒特异性抗原及核酸的检测等进一步鉴定;若从病料中分离不到 CDV,也可通过对发病动物血清中特异性抗体的检测做出诊断,但前提是发病动物无疫苗接种史。病毒特异性抗原或抗体的检测方法包括荧光抗体技术、ELISA、中和试验等。CDV 特异性核酸检测,包括 RT-PCR、核酸探针、原位杂交以及基因序列分析等方法。

【器材准备】

(1)细胞与病毒:Vero 细胞,原代鸡胚成纤维细胞(CEF),犬瘟热病毒 Snyder Hill 株或 Onderstepoort 株,犬瘟热病毒野毒株,临床 CDV 检测阳性犬肺、肝、脾、肾组织。

(2)主要试剂与药品:兔抗犬瘟热阳性血清,其他试剂和药品同本章实验 32。

(3)主要仪器:同本章实验 32。

(4)主要溶液配制:同本章实验 32。

【实验步骤】

(一)病毒分离样品的处理

取疑似犬瘟热的病犬肝脏,剪碎后放入无菌玻璃研磨器中研磨,随后加入 10 倍量含双抗的 1640 营养液,制成乳剂后移入灭菌青瓶中;迅速冷冻,并速置 37 ℃温水中融化,使细胞内的病毒充分释出。以 2 000 r/min 离心 10 min,取上清液,再以 0.22 μm 的滤膜过滤除菌,滤液留作接种物。

(二)病毒接种与收获

取已长成良好单层的 CEF 细胞和长满单层的 Vero 传代细胞各 1 瓶,弃生长液,用 D-Hank's 液清洗 2 遍,按细胞培养瓶体积的 1%接种处理好的病料,37 ℃感作 1 h;弃去病料处理液,加入细胞维持液,于 37 ℃培养,逐日观察细胞病变情况。若在初次分离时不出现 CPE 或 CPE 不明显,可将细胞带毒传至第 3 代,−80 ℃冻融 1 次,再将收获的细胞培养物接种于 Vero 传代细胞继续带毒传代。同时设置 CDV 参考病毒对照组和正常细胞对照组。待 75%的细胞出现 CPE 时可收获细胞,反复冻融 3 次。

CDV 分离毒在原代 CEF 细胞和 Vero 细胞上进行分离培养,在 Vero 细胞上从第 3 代开始出现 CPE,第 6 代开始稳定出现特征性 CPE。细胞质中开始出现空泡变性,初期细胞内可见小的空泡,而后空泡逐渐融合,形成许多大的空泡,细胞圆缩逐渐脱落,最后形成拉网状 CPE;CDV 分离毒接种在原代 CEF 细胞上盲传至 10 代未出现 CPE,但 CDV 分离毒 10 代以上 Vero 细胞培养液,接种在原代 CEF 细胞上传至第 3 代可逐渐出现 CPE,细胞融合形成合胞体,折光性增加,有的细胞形成大的空斑,空斑内多细胞核颗粒物质聚集,外观似蜂窝状。

(三)分离病毒的鉴定

(1)包涵体检查:刮取接种病料后出现 CPE 的 Vero 细胞,涂片,HE 染色。在光学显微镜下可见到细胞核为淡蓝紫色,细胞浆为玫瑰色,其中有呈红色、圆形或椭圆形的包涵体。

(2)病毒中和试验:采用固定血清稀释病毒的方法,具体操作方法见本书第三章实验 16。

(3)间接免疫荧光试验(IFA):将分离病毒接种于基本长成单层的 BHK-21 细胞,培养 1 h 后,用预冷的丙酮固定 5 min,PBS 洗涤 3 次,每次 3 min;用兔抗 CDV 阳性血清作为一抗,于 37 ℃感作 1 h,PBS 洗涤 3 次,每次 4 min;再用 FITC 标记的山羊抗兔 IgG 作为二抗,于 37 ℃感作 1 h,PBS 洗涤 3 次,每次 4 min,然后于荧光显微镜下观察。同时设未接毒的正常 BHK-21 细胞作对照。接种分离病毒的 BHK-21 细胞出现特异性的亮绿色荧光,而正常细胞则未见绿色荧光。

(4)RT-PCR 鉴定:分为以下几步。

第一步,引物的设计。通过分析 GenBank 中发表的 CDV 核苷酸序列,选取 CDV N 基因的一对引物,引物序列如下:上游引物为(Nfp1)5′-GGTACCAGGGTTCAGACCTACCAATATGG;下游引物为(Nrp2)5′-CTCGAGGGTCTTGAATATTTAATTGAGTAGCTC。扩增基因产物大小为 1 572 bp。

第二步，病毒细胞培养物总 RNA 的提取和 cDNA 第一条链的合成。按 RNA 提取试剂盒说明进行，从感染 CDV 的 Vero 细胞培养液中直接提取 CDV 的总 RNA，具体操作为：按培养瓶培养细胞的面积加 Trizol（1 mL/10 cm^2），于 15～30 ℃温育 5 min。加入氯仿（Trizol 体积的 1/5），剧烈摇匀，15～30 ℃温育 3 min，于 4 ℃以 13 000 r/min 离心 15 min，取上层溶液。将上层溶液移至新的离心管中，加入异丙醇（Trizol 体积的 1/2），于 15～30 ℃温育 10 min，于 4 ℃以 13 000 r/min 离心 10 min。加入与 Trizol 等体积的 75%酒精洗涤沉淀，于 4 ℃以 12 000 r/min 离心 5 min。弃上清液，除去管壁上的酒精液滴，用 DEPC 水溶解沉淀，55～60 ℃温育 10 min，－20 ℃保存。使用反转录试剂盒（Prime Script TM RT Master Mix）进行反转录合成 cDNA，反转录体系和反应条件为：5×Prime Script RT Master Mix 2 μL，Total RNA 50 μg，补足 RNase Free dH_2O 至 10 μL，37 ℃反应 15 min，85 ℃ 5 s 灭活反转录酶，即得到 cDNA，置 4 ℃保存。

第三步，PCR 扩增。使用 PCR 试剂盒（Premix TaqTM）进行，50 μL PCR 反应体系为：25 μL Prime STAR Max Premix（2×），2 μL Nfp1（10 pmol/μL），2 μL Nrp2（10 pmol/μL），2 μL cDNA 模板，补足 ddH_2O 至 50 μL。PCR 反应参数设置为：94 ℃变性 40 s、60 ℃退火 50 s、72 ℃延伸 120 s，30 个循环，72 ℃延伸 10 min，以 1%琼脂糖凝胶电泳分析扩增结果。

【注意事项】

（1）分离毒株 $TCID_{50}$ 测定、中和试验等过程中对病毒稀释时必须准确。

（2）CDV 初次分离时可能不出现 CPE 或 CPE 不明显，可将细胞带毒盲传、收获，再将收获的细胞培养物接种于 Vero 传代细胞继续带毒传代。

【实验报告】

（一）实验结果

（1）绘制正常 Vero 细胞图及其感染 CDV 后的细胞病变图。

（2）给出分离毒株 $TCID_{50}$ 的测定结果。

（3）列表说明分离 CDV 毒株理化特性、包涵体检查、间接免疫荧光试验和 RT-PCR 鉴定结果。

（二）思考题

（1）初次分离犬瘟热病毒时应注意哪些事项？

（2）分析 CDV 初代分离比较困难的原因。

附　录

附录一　常用染色液的配制

(Confection of Liquid Dyestuff in Common Use)

一、饱和染料酒精溶液的配制

配制染色液常先将染料配成可长期保存的饱和酒精溶液，用时再予以稀释配制。配制饱和酒精溶液，先取染料及少量95%酒精在研钵中徐徐研磨，使染料充分溶解，再按其溶解度加于95%酒精之中，贮存于棕色瓶中即可。附表1-1列出几种常用染料26 ℃在95%酒精中的溶解度。

附表1-1　几种常用染料在95%酒精中的溶解度(26 ℃)　　(克/100 mL)

染料名称	亚甲蓝	结晶紫	龙胆紫	碱性复红	沙黄
溶解度	1.48	13.87	10.00	3.20	3.41

二、常规染色液的配制

1. 碱性亚甲蓝染色液(basic methyleneblue stain)

配方：

A溶液：	亚甲蓝(含染料90%)	0.30 g
	95%酒精	30.00 mL
B溶液：	0.01% KOH溶液(质量体积百分比)	100.00 mL

配制：取亚甲蓝(亚甲蓝、次甲基蓝或亚甲基蓝)0.30 g溶于30 mL 95%酒精中，配制成饱和亚甲蓝酒精溶液(A液)，然后加入0.01% KOH水溶液(B液)100 mL，混合后即成0.3%碱性亚甲蓝染色液。

备注：亦称骆氏或吕氏亚甲蓝染色液(Loeffler's methylene blue stain)。此染色液在密闭条件下可保存多年。若以透气棉塞封闭瓶口，逐日振荡数分钟并不断补足水分，则1年后即成为多色亚甲蓝染色液。它可将细菌的荚膜、异染颗粒染成淡红色，而菌体呈蓝色。

2. 革兰染色液(Gram stain)

(1)草酸铵结晶紫溶液

配方：

A溶液：	结晶紫(含染料90%以上)	2.00 g
	95%酒精	20.00 mL
B溶液：	草酸铵	0.80 g
	蒸馏水	80.00 mL

配制：将结晶紫（赫克结晶紫）2 g 溶于 20 mL 95%酒精中，配制结晶紫酒精溶液（A 液），再加入 1%草酸铵水溶液 80 mL（B 液），混合静置 24 h，过滤使用。

（2）15%卢戈碘液

配方：

碘	1 g
碘化钾	2 g
蒸馏水	20 mL

配制：先将碘化钾 2 g 置于干净的乳钵中，加蒸馏水少许（约 5 mL），等碘化钾完全溶解后，再加入碘片 1 g，进行研磨，并徐徐加水，至完全溶解，注入瓶中，补加蒸馏水至总量为 20 mL，静置 24 h，过滤即成。此液可在棕色瓶内保存半年以上，当产生沉淀或褪色时则不能再用。

（3）沙黄溶液

配方：

番红（沙黄）	3.41 g
95%酒精	100 mL

配制：将番红（番红花红）溶于 95%酒精溶液中，即成酒精饱和贮存溶液。应用时，将番红的酒精饱和溶液以蒸馏水稀释 10 倍即成工作液。此溶液保存期以不超过 4 个月为宜。复染时，也可用 0.1%碱性复红水溶液或经蒸馏水 10 倍稀释的石炭酸复红溶液。

3. 抗酸染色液（acid-faststain）

（1）石炭酸复红溶液

配方：

饱和碱性复红溶液	10 mL
5%石炭酸（结晶酚）水溶液	90 mL
蒸馏水	900 mL

配制：取饱和碱性复红酒精溶液 10 mL，与 5%石炭酸水溶液 90 mL 混合而成。用时以蒸馏水做 10 倍稀释。

（2）酸性脱色液

配方：

浓盐酸	3 mL
95%酒精	97 mL

配制：常用 3%盐酸酒精溶液（用于结核杆菌），即 3 mL 浓盐酸与 97 mL 95%酒精的混合液。也可用其他脱色较弱的酸性脱色液，如 0.5%醋酸（用于布氏杆菌）、1%硫酸（用于诺卡菌）或 5%硫酸（用于麻风杆菌）。

（3）1%碱性亚甲蓝溶液

备注：也称萋-尼染色液（Ziehl-Neelsen stain），适用于分枝杆菌、诺卡菌等抗酸染色菌染色，将其在微热条件下染成红色，非抗酸染色菌及背景则为蓝色。采用轻度脱色（20～30 s）及轻度复染（20 s）的改良萋-尼染色法，可用于染色布氏杆菌（部分抗酸染色菌）。金永染色液（Kinyoun stain）与常规抗酸染色液相比，提高了石炭酸（化学纯）与碱性复红的工作浓度，分别为 7%(V/V)与 3%(V/V),因此不需要加热即可着色。

4. 瑞氏染色液(wright's stain)

配方:

瑞氏染料	0.1 g
甘油	1 mL
中性甲醇	60 mL

配制:取瑞氏染料(由伊红 Y 与亚甲蓝组成的中性染料)0.1 g 置于干净乳钵中,加甘油后研磨至完全呈细末状,再徐徐加入中性甲醇,研磨以促溶解。将溶液倾入有色(如棕色)中性瓶中,并以甲醇洗涤乳钵,亦倾入瓶内,最后定容到 60 mL 即可(pH 6.8 最佳)。将此瓶置暗处过夜,次日滤过即成;或经一周后,过滤,装于中性的棕色瓶中,保存于暗处。该染色剂保存时间越久,染色的效果越好,即色泽越鲜艳。适于巴氏杆菌、里氏杆菌、鼠疫杆菌及血涂片染色。

5. 吉姆萨染色液(giemsa stain)

配方:

吉姆萨染料	0.6 g
60 ℃甘油	50 mL
60 ℃无水甲醇	50 mL

配制:称取吉姆萨染料(由伊红 Y 与天青Ⅱ组成的中性染料)粉末 0.6 g,加入甘油 50 mL,置于 55~60 ℃水浴中,感作 1.5~2 h 后,加入 60 ℃无水甲醇 50 mL,静置 1 d 以上,过滤后即成吉姆萨染色原液。临染色前,于每毫升中性或微碱性蒸馏水中加入上述原液 1 滴,即成吉姆萨染色工作液。

备注:所用蒸馏水必须为中性或微碱性,若蒸馏水偏酸,可于每 10 mL 左右加入 1%碳酸钾溶液 1 滴,使其变成微碱性。

6. 方吞那染色液(fontana stain)

(1)媒染液:鞣酸 5 g,石炭酸 1 g,溶于 100 mL 蒸馏水。

(2)银染液:取 5%硝酸银溶液 3~5 mL,缓缓滴加 10%氨水,至生成的黑色沉淀在振荡后又基本消失为止。

用法:适用于螺旋体染色。取材料媒染 30 s,水洗 30 s,滴加银染液,微热染色 30 s,水洗,晾干。镜检:螺旋体呈棕黑色,背景为浅棕色。

7. 乳酸石炭酸棉蓝染色液(lacticacid phenol cotton blue stain)

配方:

棉蓝	0.05 g
蒸馏水	20 mL
石炭酸(结晶酚)	20 g
乳酸	20 mL
甘油	40 mL

配制：取棉蓝 0.05 g 溶于蒸馏水 20 mL，然后再依次加入石炭酸 20 g、乳酸 20 mL、甘油 40 mL，略微加热溶解，冷却备用。

备注：也称乳酸酚棉蓝染色液，常用于固定、染色及制作真菌标本。霉菌菌丝与孢子呈蓝色。

三、特殊染色液的配制

1. 雪-浮(schaeffer-fulton)芽孢染色液

配方：

A 溶液：5%孔雀绿水溶液

B 溶液：0.5%沙黄水溶液

用法：于细菌涂片上滴加 5%孔雀绿水溶液，加热(30～60 s)染色，水洗，再用 0.5%沙黄水溶液复染 30 s。镜检：菌体呈红色，芽孢呈绿色。

2. 鞭毛染色液

(1)莱氏(leifson)鞭毛染色液

配方：

钾明矾或明矾饱和水溶液	20 mL
20%鞣酸水溶液	10 mL
蒸馏水	10 mL
95%酒精	15 mL
碱性复红饱和酒精溶液	3 mL

配制：依上列次序将各溶液混合，置于紧塞玻瓶中，保存期为 1 周。

复染剂配方：

含染料 90%的亚甲蓝	0.1 g
硼砂(borax)	1 g
蒸馏水	100 mL

(2)刘荣标鞭毛染色液

配方：

A 溶液：

5%石炭酸溶液	10 mL
鞣酸粉末	2 g
饱和钾明矾水溶液	10 mL

B 溶液：饱和结晶紫或龙胆紫酒精溶液

配制：取 A 溶液 10 份和 B 溶液 1 份，此混合液能在冰箱中保存 7 个月以上。

(3)卡-吉二氏(casares-cill)鞭毛染色液

媒染剂配方：

鞣酸	10 g
氯化铝($AlCl_3 \cdot 6H_2O$)	18 g

氯化锌($ZnCl_2$)	10 g
盐酸玫瑰色素(rosanilline hydrochloride)或碱性复红	1.5 g
60%酒精	40 mL

配制:先置60%酒精10 mL于乳钵中,再以上列次序将各物置乳钵中研磨以加速溶解,然后徐徐加入剩余的酒精。此染色液可在室温中保存数年,用于假单胞菌染色效果更好。

(4)银染法

配方:

A溶液:

单宁酸	5 g
15%福尔马林	2 mL
氯化铁($FeCl_3$)	1.5 g
1%氢氧化钠(NaOH)	1 mL
蒸馏水	100 mL

B溶液:

硝酸银($AgNO_3$)	2 g
蒸馏水	100 mL

配制:硝酸银溶解后,取出10 mL,向90 mL硝酸银溶液中滴加浓氨水溶液,形成浓厚的沉淀,再继续滴加氨水溶液,直至沉淀溶解成为澄清溶液为止。再将备用的硝酸银溶液慢慢滴入,出现薄雾状沉淀,轻轻摇动后,薄雾状沉淀消失;再滴加硝酸银溶液,直到摇动后,仍呈现轻微而稳定的薄雾状沉淀为止。当雾状银盐沉淀时,不宜使用。

3. Muir氏荚膜染色液(Muir capsule stain)

由氯化高汞饱和液、20%鞣酸和钾明矾饱和液按体积比2∶2∶5比例混合而成。涂片经加温染色30 s,水洗,碱性亚甲蓝染色1 min。荚膜呈蓝色,菌体呈红色。

4. 异染颗粒染色液

亚伯特(albert)染色液配方:

甲苯胺蓝(toluidine blue)	0.15 g
孔雀绿	0.2 g
冰醋酸	1 mL
95%酒精	2 mL
蒸馏水	100 mL

碘溶液配方:

碘片	2 g
碘化钾	3 g
蒸馏水	300 mL

配制:将碘片和碘化钾在乳钵中研磨,先加40～50 mL水,使其充分溶解,然后加足量蒸馏水。用上述两种染色液先后染色。针对异染颗粒,也可用多色亚甲蓝溶液染色。

5. 塞勒染色液(sellers stain)

配方:

饱和碱性复红纯甲醇溶液	2～4 mL
饱和亚甲蓝纯甲醇溶液	15 mL
纯中性甲醇(不含丙酮)	25 mL

配制:取饱和碱性复红纯甲醇溶液 2～4 mL,饱和亚甲蓝纯甲醇溶液 15 mL,纯中性甲醇 25 mL 混合,密闭保存。用于新鲜脑组织涂片(湿涂片)染色,检查狂犬病病毒形成的内基小体(negri bodies),染色时间 1～5 s,立即水洗,晾干后镜检。但不适用于切片或经其他溶液固定过的涂片染色。

附录二　常用培养基的配制

(Preparation of Normal Medium)

培养基是用人工方法按照微生物的生长需要制成的一种营养基质，主要用于微生物的分离培养、传代保存与鉴别、生理生化特性研究以及制造菌苗（疫苗）等生物制品。了解常用培养基的基本成分、配制原则、配制过程是正确培养微生物的前提，应以严谨认真的态度、科学规范的操作，熟练掌握常用微生物培养基的配制。鉴于目前国内各实验室所用微生物培养基基本是商品化产品，故以介绍商品化培养基为主。

一、原核微生物培养基的制备

(Preparation of Medium for Prokaryotic Microbes)

为了保证微生物的正常生长，制备培养基应满足不同微生物对营养、pH 以及特殊生长因子等基本营养条件和环境条件的要求；制备及盛装培养基的容器不应含有抑制细菌生长的物质；制备的培养基应均质透明；培养基必须彻底灭菌。

商品化培养基制备的一般过程如下：根据培养微生物的不同种类和用途选择适宜培养基；按培养基配方准确称量；加热溶解（商品化培养基一般不需要调整 pH）、分装、灭菌、无菌检验。培养基中如需额外添加血清、糖类、酶、氨基酸等高温易分解成分，可提前用细菌滤器过滤后，再按比例加入灭菌好的培养基中。

1. 普通肉汤培养基的制备

(1)方法：普通肉汤培养基成分包括蛋白胨、牛肉粉和氯化钠。配制时按商品化培养基瓶签说明称取培养基成品，加热溶解于蒸馏水中，并不停搅拌，煮沸，分装锥形瓶，包扎后 121 ℃高压灭菌 15 min，备用。如进行液体培养，可分装到试管的 1/3 高度再包扎灭菌。

(2)用途：①用于细菌的液体培养；②检查细菌的生长状态及观察细菌形成沉淀物、菌膜、菌环等情况。

2. 普通营养琼脂培养基的制备

(1)方法：普通营养琼脂培养基的成分包括蛋白胨、牛肉粉、氯化钠和琼脂。按商品化培养基瓶签说明称取培养基成品，加热溶解于蒸馏水，分装锥形瓶，包扎后 121 ℃高压灭菌 15 min，备用。作分离培养时制成平板；作菌种传代、纯培养时制成斜面。

(2)用途：①用于细菌的分离培养、纯培养及菌落性状的观察；②作为制备特殊培养基的基础培养基。

3. 半固体培养基的制备

(1)方法：普通肉汤中按 0.2%～0.5%的比例加入琼脂，100 ℃煮沸，溶解后分装试管，不超过 1/2 高度，121 ℃高压灭菌 15～20 min，备用。

(2)用途:①菌种保存;②细菌运动力检查。

4. Luri-Bertani(LB)肉汤培养基的制备

(1)方法:LB肉汤培养基的主要成分为胰蛋白胨、酵母浸粉和氯化钠。配制时按商品化培养基瓶签说明称取培养基成品,加热煮沸至完全溶解于蒸馏水,分装锥形瓶,121 ℃高压灭菌15 min,备用。

(2)用途:用于细菌的液体培养。

5. LB琼脂培养基的制备

(1)方法:LB琼脂培养基的主要成分为胰蛋白胨、酵母浸粉、氯化钠和琼脂。配制时按商品化培养基瓶签说明称取培养基成品,加热煮沸至完全溶解于蒸馏水,分装于锥形瓶,包扎后121 ℃高压灭菌15 min,备用。

(2)用途:①用于细菌的分离培养和纯培养;②观察菌落的性状及保存菌种。

6. 血液琼脂培养基的制备

(1)方法:血液琼脂培养基是由普通琼脂培养基中加入血液制备而成。血液是用无菌操作方法采自健康动物,常用绵羊和家兔血液。将无菌采集的血液加到盛有5%无菌枸橼酸钠或3%肝素的灭菌锥形瓶内,或加到盛有玻璃珠的灭菌锥形瓶内摇匀脱纤后备用。取经灭菌的普通琼脂培养基,加热融化后冷却至50 ℃左右,按5%~10%的比例加入无菌血液,混合后做成斜面或平板即可。使用前需做无菌检验。

(2)用途:①用于某些病原菌(如链球菌、巴氏杆菌、嗜血杆菌等)的分离培养;②观察细菌的溶血现象;③斜面常用于保存营养要求高的菌种。

7. 血清琼脂培养基的制备

(1)方法:取已灭菌的普通琼脂培养基,加热融化后冷却至50 ℃左右,按5%~10%的比例加入无菌无抗生素的小牛血清,亦可选用马、绵羊等动物血清,混匀后做成斜面或平板即可。使用前需做无菌检验。

(2)用途:①用于某些病原菌(如链球菌、巴氏杆菌、支原体等)的分离培养和菌落性状观察;②斜面可用于营养要求较高菌种的保存。

8. 巧克力琼脂培养基的制备

(1)方法:将普通琼脂培养基加热融化,在80~90 ℃加入10%脱纤血液(马、牛、绵羊或家兔血液均可)。混匀后分装至培养皿或试管中。亦可将装有血液琼脂培养基的锥形瓶置于80~90 ℃的水浴锅中不时摇动,待瓶内血液由鲜红色变为暗棕色为止。置37 ℃恒温箱24 h,如无细菌生长即可应用。

(2)用途:用于嗜血杆菌、里氏杆菌、放线杆菌、螺杆菌等的分离培养。

9. 胰蛋白胨大豆肉汤(tryptose soya broth,TSB)培养基的制备

(1)方法:TSB培养基的成分包括胰蛋白胨、大豆蛋白胨、磷酸二氢钾、葡萄糖和氯化钠。配制时按商品化培养基瓶签说明称取培养基成品,加热煮沸至完全溶解于蒸馏水,分装于锥形瓶,包扎瓶口,121 ℃高压灭菌15 min,备用。

(2)用途:TSB培养基是一种通用的营养增菌肉汤。分离副猪嗜血杆菌时,需添加5%~10%的胎牛血清和0.1 mg/mL的NAD。

10. 胰蛋白胨大豆琼脂(tryptose soya agar,TSA)培养基的制备

(1)方法:TSA培养基的成分包括胰蛋白胨、大豆蛋白胨、磷酸二氢钾、葡萄糖、氯化钠和琼

脂。配制时按商品化培养基瓶签说明称取培养基成品，加热煮沸至完全溶解于蒸馏水，121 ℃高压灭菌 15 min，备用。

（2）用途：用于致病性大肠杆菌、里氏杆菌、嗜血杆菌、气单胞菌等多个种属细菌的分离培养。当用于分离副猪嗜血杆菌时需添加 5%～10%的胎牛血清和 0.1 mg/mL 的 NAD。

11. 伊红亚甲蓝（eosin-methylene blue，EMB）琼脂培养基的制备

（1）方法：EMB 琼脂培养基成分包括蛋白胨、牛肉浸粉、乳糖、亚甲蓝、曙红钠、氯化钠和琼脂。配制时按商品化培养基瓶签说明称取培养基成品，加热溶解于纯化水中，分装于锥形瓶，包扎后 121 ℃高压灭菌 15 min，冷却后倾入无菌平皿即可。

（2）用途：用于鉴别大肠杆菌和沙门氏菌。培养基中伊红与亚甲蓝为指示剂，做成的培养基呈淡紫色。伊红与亚甲蓝可抑制革兰阳性菌的生长。大肠杆菌分解培养基中的乳糖产生的酸能使伊红与亚甲蓝结合形成黑色化合物，当产酸量较大时，染料可析出结晶形成金属光泽；不能分解乳糖的沙门氏菌，其菌落为无色。

12. 沙门-志贺（Salmonella-Shigella，SS）琼脂培养基的制备

（1）方法：SS 琼脂培养基成分包括牛肉浸粉、脲胨、乳糖、牛胆盐、枸橼酸钠、硫代硫酸钠、枸橼酸铁铵、中性红、煌绿和琼脂。配制时按商品化培养基瓶签说明称取培养基成品，加热煮沸溶解于纯化水中，冷至 60 ℃左右时，倾入无菌平皿，备用。

（2）用途：该培养基为选择培养基，主要用于沙门氏菌、志贺菌的选择性分离培养。胆盐、枸橼酸钠和煌绿抑制革兰阳性菌及大多数大肠菌群、变形杆菌生长，但不影响沙门氏菌和志贺菌生长。多数沙门氏菌产生硫化氢，会利用硫代硫酸钠和枸橼酸铁，使菌落中心呈黑色；志贺菌不发酵乳糖也不产硫化氢，形成无色菌落。

13. 麦康凯（Mac Conkey，MacC）琼脂培养基的制备

（1）方法：国标麦康凯琼脂培养基成分包括蛋白胨、乳糖、牛胆盐、中性红、氯化钠和琼脂。制备时按商品化培养基瓶签说明称取培养基成品，加热溶解于纯化水中，分装于锥形瓶，包扎后 121 ℃高压灭菌 15 min，冷却后倾入无菌平皿即可。

（2）用途：用于肠道菌的分离鉴定。培养基中的中性红指示剂在酸性时呈红色，碱性时为黄色。培养基呈淡红色。能分解乳糖的细菌（如大肠杆菌）在此培养基上菌落呈深红色，其他不能分解乳糖的细菌（如沙门氏菌、志贺菌等）菌落呈无色。培养基中的胆盐可抑制革兰阳性菌生长。

14. 三糖铁琼脂（TSI）培养基的制备

（1）方法：TSI 培养基成分包括蛋白胨、牛肉浸粉、乳糖、葡萄糖、蔗糖、酚红、硫酸亚铁铵、硫代硫酸钠、氯化钠和琼脂。制备时按商品化培养基瓶签说明称取培养基成品，加热煮沸溶解于蒸馏水中，分装长度为 15 cm 试管，包扎后 121 ℃高压灭菌 15 min 制成高层斜面。

（2）用途：用于肠杆菌科细菌的生化反应。该培养基含有乳糖、蔗糖和葡萄糖，只能利用葡萄糖的细菌，葡萄糖被分解产酸使斜面先变黄，但因量少，产生的少量酸因接触空气而氧化，加之细菌利用培养基中含氮物质，生成碱性产物，故斜面后来又变红。底部由于厌氧状态，酸类不被氧化，仍保持黄色。而能发酵乳糖的细菌则产生大量的酸，使整个培养基呈黄色。另外，能分解含硫氨基酸的细菌因生成硫化氢，与培养基中的铁盐反应生成黑色的硫化亚铁沉淀，使培养基呈黑色。

15. 胆硫乳琼脂(DHL)培养基的制备

(1)方法:胆硫乳琼脂(DHL)培养基成分包括蛋白胨、牛肉浸粉、乳糖、蔗糖、去氧胆酸钠、硫代硫酸钠、柠檬酸钠、柠檬酸铁铵、中性红和琼脂。制备时按商品化培养基瓶签说明称取培养基成品,加热煮沸溶解于蒸馏水中,冷却至55 ℃左右倾入无菌平皿备用,无需高压灭菌。

(2)用途:用于沙门氏菌选择性分离培养。去氧胆酸钠和柠檬酸钠可抑制革兰阳性菌及大多数大肠菌群、变形杆菌生长,但不影响沙门氏菌生长;硫代硫酸钠和柠檬酸铁铵用于检测硫化氢的产生;中性红为pH指示剂,发酵糖产酸的菌落呈红色,不发酵糖的菌落为无色。

16. 亚硫酸铋琼脂(BS)培养基的制备

(1)方法:亚硫酸铋琼脂(BS)培养基成分包括蛋白胨、牛肉浸粉、葡萄糖、磷酸氢二钠、硫酸亚铁、亚硫酸铋、煌绿和琼脂。制备时按商品化培养基瓶签说明称取培养基成品,加热煮沸溶解于蒸馏水中,冷却至55 ℃左右倾入无菌平皿备用,无须高压灭菌,保存暗处,48 h内使用。

(2)用途:用于沙门氏菌选择性分离培养。亚硫酸铋指示剂抑制革兰阳性菌和大肠菌群生长,但不影响沙门氏菌生长;磷酸氢二钠是缓冲剂;亚硫酸铋被还原成金属铋,使阳性培养物显示为金属光泽的棕色到黑色菌落。

17. XLD培养基的制备

(1)方法:XLD培养基成分包括酵母浸粉、*L*-赖氨酸、乳糖、蔗糖、木糖、氯化钠、硫代硫酸钠、柠檬酸铁铵、去氧胆酸钠、苯酚红和琼脂。制备时按商品化培养基瓶签说明称取培养基成品,加热溶解于蒸馏水中,不要过分加热,冷却至55 ℃左右倾入无菌平皿备用,无须高压灭菌,24 h内使用。

(2)用途:用于沙门氏菌选择性分离培养。酵母浸粉提供氮源、维生素、生长因子;氯化钠维持均衡的渗透压;木糖、乳糖、蔗糖为可发酵糖类,产酸使酚红指示剂变黄;去氧胆酸钠抑制革兰阳性菌生长,但不影响沙门氏菌生长;硫代硫酸钠可被某些细菌还原为硫化氢,后者与柠檬酸铁铵中的铁盐反应生成黑色硫化亚铁。

18. 亚硒酸盐增菌液

(1)方法:亚硒酸盐增菌液培养基成分包括胰蛋白胨、乳糖、亚硒酸氢钠、磷酸氢二钠、磷酸二氢钠。制备时按商品化培养基瓶签说明称取培养基成品,加热溶解于蒸馏水中,分装于无菌试管或三角瓶,无须高压灭菌。

(2)用途:用于沙门氏菌选择性增菌培养。胰蛋白胨提供碳源和氮源,满足细菌生长的需求;乳糖是可发酵的糖类;亚硒酸氢钠抑制不发酵乳糖的革兰阳性菌和非沙门氏菌的大多数革兰阴性肠道菌生长;磷酸盐是缓冲剂。

19. 四硫磺酸盐煌绿增菌液

(1)方法:四硫磺酸盐增菌液基础成分包括蛋白胨、牛肉粉、氯化钠、碳酸钙、胆盐、硫代硫酸钠。制备时按商品化培养基瓶签说明称取培养基成品,加热溶解于蒸馏水中,分装后121 ℃高压灭菌15 min,1 000 mL培养液临用前加入20%碘液20 mL,0.1%煌绿10 mL,现配现用,不宜久置。

(2)用途:用于沙门氏菌选择性增菌培养。蛋白胨和牛肉粉提供满足细菌生长的营养;氯化钠可维持均衡的渗透压;碳酸钙能中和细菌产的酸及吸收有毒的代谢产物;硫代硫酸钠和四硫黄酸钠结合可抑制肠道共生菌(四硫黄酸钠是在培养基加入碘液时形成),而具有四硫黄酸钠还原酶的细菌能在此培养基中繁殖；胆盐和煌绿可抑制大肠群菌和其他革兰阳性细菌生长。

20. 改良高氏1号培养基的制备

(1)方法：改良高氏1号培养基成分包括硝酸钾、磷酸二氢钾、硫酸镁、硫酸亚铁、可溶性淀粉、氯化钠和琼脂。配制时按商品化培养基瓶签说明称取培养基成品，加热溶解于蒸馏水中，121 ℃高压灭菌15 min，冷却至50～55 ℃时，每300 mL培养基加入3%重铬酸钾溶液1 mL，混匀后倾入无菌平皿。

(2)用途：用于放线菌的分离培养。培养基中加入重铬酸钾的目的是抑制细菌和真菌的生长。

二、细胞培养基的制备

(Preparation of Medium for Cell)

细胞培养基一般是由合成培养基和小牛或胎牛血清配制而成。合成培养基有商品出售，通常是根据细胞生长需要按一定配方制成的粉状物质或液体。其主要成分是氨基酸、维生素、碳水化合物、无机离子和其他辅助物质。其酸碱度和渗透压与活体细胞外液相似。小牛血清或胎牛血清可为细胞生长提供必需的生长因子、激素、有丝分裂因子、促贴附因子以及细胞代谢毒物清除剂等，故一般细胞培养需加入5%～20%的小牛血清。

1. 小牛血清的处理

市售小牛血清一般已做除菌处理，使用前只需做热灭活处理以破坏补体。具体过程如下：

(1)方法：将小牛血清水浴加热至56 ℃并保持30 min，期间不时轻轻晃动，使之受热均匀，防止沉淀析出。热灭活血清贮存于4 ℃。

(2)用途：用作细胞生长液和维持液额外添加成分，为细胞生长提供必需营养，并具有解毒作用。

2. 细胞生长液和维持液的配制

(1)方法：①合成培养基干粉按说明书用灭菌三蒸水配制，并用磁力搅拌器搅拌使之充分溶解。②加入规定量的$NaHCO_3$(可用HEPES替代)调节pH至7.0左右，要求酸性条件的培养液(如RPMI-1640)可用1 mol/L盐酸调pH至6.0左右。③在超净台内用微孔滤膜孔径为0.22 μm的灭菌滤器连接真空泵对溶液进行负压过滤除菌，分装250 mL或500 mL无菌玻璃瓶，用翻帽塞塞紧瓶口。取少量过滤液放置于培养瓶内37 ℃培养过夜做菌检。④菌检合格的配制培养液或购买的商品化培养液加入10%～20%小牛血清即为细胞生长液；加入3%～5%小牛血清即为细胞维持液。⑤按1%体积分数加入青链霉素贮存液，使青霉素和链霉素的终浓度分别为100 IU/mL和100 μg/mL(细胞转染试验不需加双抗)。⑥封好瓶口，4 ℃保存备用(RPMI-1640培养基可在－20 ℃贮存)。

三、真菌培养基的制备

(Preparation of Medium for Fungi)

真菌对生长繁殖的基本营养要求比细菌低，可以利用淀粉、纤维素、木质素、甲壳质等多糖以及多种有机酸等作为碳源。真菌对氮素营养要求不严格，除能利用氨基酸、蛋白质外，许多真菌都能利用尿素、铵盐、亚硝酸盐、硝酸盐等作为氮源。大多数真菌喜酸性环境，但在 pH 1.5～10 时也可生长，所以真菌生长的 pH 范围很广。

1. 沙氏葡萄糖琼脂培养基的制备

(1)方法：沙氏葡萄糖琼脂培养基成分包括蛋白胨、葡萄糖、琼脂。配制时按成品培养基瓶签说明称取所需用量，加热溶解于纯化水或蒸馏水中，121 ℃高压灭菌 15 min，备用。

(2)用途：用于真菌的分离培养。

2. 液体沙氏培养基

(1)方法：液体沙氏培养基成分为蛋白胨和葡萄糖。配制时按成品培养基瓶签说明称取所需用量，加热溶解于蒸馏水中，115 ℃高压灭菌 20 min，备用。

(2)用途：用于霉菌、酵母菌的增菌培养。

3. 真菌菌种保存培养基

(1)方法：真菌菌种保存培养基成分为蛋白胨和琼脂。以 1%蛋白胨、2%琼脂与蒸馏水混合，其余同沙氏葡萄糖琼脂培养基配制。

(2)用途：用于霉菌、酵母菌的保存。

4. 马铃薯葡萄糖琼脂培养基(potato dextrose agar，PDA)

(1)方法：PDA 培养基的成分包括马铃薯浸出粉、葡萄糖和琼脂。配制时按成品培养基瓶签说明称取所需用量，加热溶解于蒸馏水中，115 ℃高压灭菌 15 min，备用。应注意，灭菌好的培养基仅可重复加热融化一次。

(2)用途：用于霉菌和酵母菌的培养与计数。

5. 酵母浸出粉胨葡萄糖琼脂培养基(yeast peptone dextrose agar medium，YPD)

(1)方法：YPD 培养基的成分包括蛋白胨、葡萄糖、酵母浸出粉和琼脂。配制时按成品培养基瓶签说明称取所需用量，加热溶解于蒸馏水中，121 ℃高压灭菌 15 min，备用。

(2)用途：用于测定酵母菌总数。

6. 察氏琼脂(Czapek's agar)

(1)方法：察氏琼脂的成分包括硝酸钠、磷酸氢二钾、硫酸镁、氯化钾、硫酸亚铁、蔗糖和琼脂。配制时按成品培养基瓶签说明称取所需用量，加热溶解于蒸馏水中，分装后 116 ℃高压灭菌 20 min，备用。

(2)用途：可用于青霉、曲霉鉴定及保存菌种。

附录三　细菌、病毒的种的保存

(Conservation of Bacterium and Virus Seed)

微生物个体微小、代谢活跃、生长繁殖快，如果保存不好，就会发生活力减弱、变异、污染，甚至死亡等情况。因此，如何长期保持细菌(病毒)种优良的特性，使之不致衰老和断种，是微生物学理论研究和实际生产应用中很重要的工作。在兽医微生物学的实验教学过程中，常需要收集和保存大量的菌(毒)种。保存菌种的方法很多，它的基本原理都是采用干燥、低温、冷冻或减少氧气供给等方法以终止菌种繁殖，降低菌种代谢强度，避免菌种受氧化损伤，使之处于休眠状态，将其生命活动维持在最低限度。

一、细菌种的保存

常用的菌种保存方法有斜面传代或半固体穿刺、菌种石蜡油封存的冰箱保存法，砂土管保存法、冷冻真空干燥保存法和液氮保存法。无论采用哪种菌种保存法，在保存之前都必须保证菌种是典型的纯培养物，在培养过程中要认真检查，发现问题应及时处理。

(一)传代培养保存

传代培养保存是实验室保存菌种常用的方法，其操作简单，使用方便，不需要特殊设备，能随时检查所保藏的菌株是否死亡、变异与污染杂菌等。但由于细菌在人工培养基的传代过程中易发生变异，所以传到一定期限时应通过接种易感动物，保持或恢复细菌的生物学性状。

1. 斜面传代保存法

斜面传代保存法是一种最基本的方法，包括普通琼脂斜面保存法、鲜血琼脂斜面保存法和鸡蛋培养基斜面保存法。该方法适用范围广，细菌、真菌均可应用该方法保存。当微生物在适宜的斜面培养基和温度条件下生长良好时，一般在 4 ℃条件下可保藏 3～6 个月，到期后重新移种一次。该方法的弊端在于多次传代后，细菌易发生变异，增加污染机会。目前多数实验室都采用密封性能好的螺旋口试管保存法替代传统的棉塞和减少糖类含量的保存方法，以提高菌种保藏效果。

(1)普通琼脂斜面保存法：将大肠杆菌、沙门氏菌、葡萄球菌等一般细菌接种于普通琼脂斜面上，斜面底部应加少许肉汤，以防干涸，37 ℃培养 18～24 h，置 4 ℃冰箱保存。一般细菌在 4 ℃冰箱内可保存 1 个月。每个月需要接种传代一次。

(2)鲜血琼脂斜面保存法：将链球菌、巴氏杆菌、猪放线杆菌等接种于血液琼脂斜面上，37 ℃培养至细菌生长后，置 4 ℃冰箱保存。半个月至 1 个月需要传代 1 次。

(3)鸡蛋培养基斜面保存法：将细菌接种于鸡蛋培养基斜面上，37 ℃培养 18～24 h，将管口密封，或加无菌液状石蜡至斜面浸没，再超出约 1 cm，置 4 ℃冰箱保存。用此法，肠道菌等多种病原菌可保存 6 个月之久。

2. 半固体保存法

半固体保存法是斜面传代保存的一种改进方法，常用于保存多种需氧细菌。使用石蜡将培养物与空气隔绝，以降低菌种的代谢水平，并可防止水分蒸发，延长菌种的保藏期。用穿刺接种法将细菌接种于半固体培养基内，37 ℃培养 18～24 h，加上一层无菌液状石蜡，厚约 1 cm，置 4 ℃冰箱保存。此法实用而且效果较好。用此法细菌一般可保存 3～6 个月，产孢子的霉菌、放线菌、芽孢菌可保藏 2 年以上，有些酵母菌可保藏 1～2 年；无芽孢细菌也可保藏 1 年左右，在 37 ℃恒温箱内亦可保藏 3 个月之久。此法的优点是制作简单，不需要特殊设备，且不需要经常移种；缺点是保存时必须直立放置，占位置空间，同时也不便携带。从液状石蜡下面取培养物移种后，接种环在火焰上烧灼时，培养物容易与残留的液状石蜡一起飞溅造成污染。故在传代移种时应特别注意，将半固体菌种管倾斜，使液状石蜡流至一边，再用接种针取菌种接种于新培养基上。

3. 厌氧菌保存法

将一些厌氧菌包括梭状芽孢杆菌属、拟杆菌属和梭杆菌属的病原菌培养于疱肉培养基、肝块肉汤培养基上，37 ℃培养 18～24 h，取出后 4 ℃保存，每 2 个月须移种传代一次。移种时最好用一支 5 mL 吸管吸取原菌液 1～2 mL，接种于新的培养基内，再行厌氧培养。

（二）冷冻真空干燥（冻干）法

冷冻真空干燥（冻干）法是目前最有效的菌种保存方法之一。它是将待保存的微生物细胞或孢子悬浮于合适的保护剂中，再使微生物在极低温度（－70 ℃左右）下快速冷冻，然后在减压下利用升华除去水分（真空干燥），残留的一些不冻结的水分再通过蒸发除去。该方法综合利用了各种有利于菌种保存的因素（低温、干燥和缺氧等），使菌种的新陈代谢活动处于相对静止状态，从而保持菌细胞结构与成分的原始状态，达到保存菌种的目的。用冷冻真空干燥保存的菌种具有成活率高、变异性小等优点。该法适用于菌种长期保存，一般可保存数年至十余年，但设备和操作都比较复杂。其方法和步骤如下：

（1）冻干管准备：选用中性硬质玻璃为宜，内径约 5 mm，长约 15 cm，冻干管的洗涤按新购玻璃品洗涤要求洗净，烘干后塞上棉花。可将保藏编号、日期等打印在纸上，剪成小条，装入冻干管，121 ℃灭菌 30 min。

（2）保护剂的配制：选用适宜的保护剂，按使用浓度配制后灭菌，随机抽样进行无菌检查，确认无菌后才能使用。糖类物质用过滤器除菌，脱脂奶粉可直接配成 20％乳液，112 ℃灭菌 25 min。

（3）菌种的制备：将要保藏的菌种接入斜面培养，产芽孢的细菌培养至芽孢从菌体脱落，产孢子的放线菌、霉菌至孢子丰满。吸取 2～3 mL 保护剂加入新鲜斜面菌种试管，用接种环将菌苔或孢子洗下振荡，再用手搓动试管，制成均匀的菌悬液或孢子悬液。真菌菌悬液则需置 4 ℃平衡 20～30 min。

（4）分装样品：用无菌毛细滴管吸取菌悬液，加入冻干管，每管约 0.2 mL。最后在几支冻干管中分别装入 0.2 mL、0.4 mL 蒸馏水作对照。

（5）预冻：用程序控制温度仪进行分级降温。不同的微生物最佳降温率有所差异，一般由室温快速降温至 4 ℃，4～－40 ℃每分钟降低 1 ℃，－40～－60 ℃以下每分钟降低 5 ℃。条件不具备者，可以使用冰箱逐步降温。

(6)冷冻真空干燥:启动冷冻真空干燥机制冷系统。当温度下降到－50 ℃以下时,将冻结好的样品迅速放入冻干机钟罩内,启动真空泵抽气直至样品干燥。

样品的干燥程度对菌种的保藏时间影响很大。一般要求样品的含水量为1%～3%。判断样品是否干燥的方法有:①外观。样品表面出现裂痕,与冻干管内壁有脱离现象,对照管完全干燥。②指示剂。取3%氯化钴水溶液分装于冻干管,与预冻菌种同时冻干。当氯化钴水溶液的颜色由红变浅蓝,即说明苗种含水量符合要求。

(7)取出样品:先关真空泵,再关制冷机,打开进气阀,使钟罩内真空度逐渐下降,直至与室内气压相等后打开钟罩,取出样品。先取几只冻干管在桌面上轻敲几下,样品很快疏散,说明干燥程度达到要求。若用力敲,样品不与内壁脱离,也不松散,则需要继续冷冻真空干燥,此时样品不需事先预冻。

(8)第二次干燥:将已干燥的样品管分别安在歧形管上,启动真空泵,进行第二次干燥。

(9)熔封:用高频电火花真空检测仪检测冻干管内的真空程度。当检测仪将要触及冻干管时,发出蓝色电光,说明管内的真空度很好,便于在火焰下熔封冻干管。

(10)存活性检测:每个菌株取1支冻干管及时进行存活检测。打开冻干管时,先用75%酒精将冻干管外壁擦干净,再用砂轮或锉刀在冻干管上端划一小痕迹,然后将所划之处向外,两手握住冻干管的上下两端稍向外用力便可打开冻干管;或将冻干管近口烧热,在热处滴几滴水,使管壁产生裂缝,放置片刻,让空气从裂缝中慢慢地进入管内,然后将裂口端敲断,这样可防止空气因突然开口而冲入管内,致使菌粉飞扬。将合适的培养液加入冻干样品中,使干菌粉充分溶解,再用无菌的长颈滴管吸取菌液至合适培养基中,置于最适温度下培养。根据生长状况确定菌株存活性,或用平板计数法或死活染色方法确定其存活率,如需要可测定其特性。

(三)冷冻保存法

冷冻保存法可分为低温冰箱(－20 ℃、－70 ℃)和液氮(－196 ℃)等冻存法。

1. 低温冰箱冻存法

(1)液体培养物直接冻存:取0.85 mL细菌培养物,加入0.15 mL高压灭菌甘油,振荡培养物使甘油分布均匀,然后转移到标记好的保存管内,密封,在酒精-干冰或液氮中冻结后再转至－20 ℃或－70 ℃冰箱冻存。在复苏时,用灭菌接种针刮取冻结的培养物表面,然后立即把黏附于接种针上的细菌接种于适宜的培养基中培养。

(2)菌体悬液加入固相载体冻存:将要冻存的菌种接种于鲜血琼脂斜面或普通琼脂斜面培养基,待生长后用适量含5%血清的肉汤洗下培养物,放入有灭菌小玻珠的小瓶中,－20 ℃或－70 ℃冻存。用时取一粒玻珠即可。该法对一般实验用菌,包括溶血性链球菌、巴氏杆菌、嗜血杆菌、猪放线杆菌等均有良好的保存效果,保存期为半年到一年。

2. 液氮冻存法

(1)安瓿管的准备:用于液氮保藏的安瓿管要求既能经121 ℃高温灭菌,又能在－196 ℃低温下长期存放。现已普遍使用聚丙烯塑料制成、带有螺旋帽和垫圈的安瓿管,容量为2 mL。将管用自来水洗净后,经蒸馏水冲洗多次,烘干,121 ℃灭菌30 min。

(2)保护剂的准备:配制10%～20%甘油,121 ℃灭菌30 min。使用前进行无菌检查。

(3)菌种的制备:取新鲜培养的斜面菌种,加入2～3 mL保护剂,用接种环将菌苔洗下振荡,制成菌悬液。

(4)分装样品:用记号笔在安瓿管上注明标号,用无菌吸管吸取菌悬液,加入安瓿管中,每只管加 0.5 mL 菌悬液,拧紧螺旋帽。如果安瓿管的垫圈或螺旋帽封闭不严,当液氮罐中液氮进入管内,取出安瓿管时,会发生爆炸,因此密封安瓿管十分重要,需要特别细致。

(5)预冻:先将分装好的安瓿管置于 4 ℃冰箱中 30 min,转入 −18 ℃冷冻区放置 20~30 min,然后置−30 ℃低温冰箱或冷柜中 20 min,最后快速转入 −70 ℃超低温冰箱。

(6)保存:经 −70 ℃ 1 h 冻结后,将安瓿管快速转入液氮罐液相中,并记录菌种在液氮罐中存放的位置与安瓿管数。

(7)解冻:需使用样品时,戴上棉手套,从液氮罐中取出安瓿管,用镊子夹住安瓿管上端,迅速放入 37 ℃水浴锅中摇动 1~2 min,样品很快融化。然后用无菌吸管取出菌悬液,加入适宜的培养基中培养便可。

(8)存活性测定:可采用细菌、真菌死活染色法或涂布平板培养,测定存活率。

(四)菌种保存及管理注意事项

(1)应用传代培养保存法保存细菌,在细菌传代培养时应降低细菌的代谢活力,延长其存活时间,故培养基的营养成分不宜太丰富,而且培养温度应略低于细菌生长的最适温度。

(2)每株菌种应传代接种 2 管以上培养基,并标明菌名与日期。

(3)保存期应防止污染,棉塞应塞紧,棉塞底部应距斜面上端 2 cm 以上,必要时在细菌充分发育后剪去棉塞瓶外部分,用石蜡封口(适用于真菌)。

(4)为防止琼脂斜面、液体和半固体培养基菌种保存过程中干燥,可用灭菌的橡胶塞代替棉塞或改用螺旋帽盖。

(5)细菌在长期保存后会发生变异,其生理活性、病原性、芽孢或荚膜形成能力等会降低。对于保存时间较长的菌株,应重新分离复壮后方可再次测试。细菌实验室保存的临床菌株,应置于冷冻管中长期保存,并且根据要求定期分离复壮。

(6)无论采用哪种菌种保存法,在进行菌种保存之前都必须保证它是典型的纯培养物,在培养过程中要认真检查,如发现问题应及时处理。

(7)保存的菌种应由专人负责保管,存放菌种的容器应加锁或加封,并有详细分类清单,严防错乱。

(8)应有严密登记制度,所有的菌种应登记,注明数量、名称、株名、分离日期及地点、特性、传代冻干日期等。保管过程中的传代冻干日期及特性都应登记。

(9)不再使用的培养物应及时灭菌处理。需淘汰的菌种,必须经批准后方能淘汰。

(10)索取菌种,必须经有关单位批准,负责人签名。菌种应装入金属筒内密封,附菌种说明单,妥为运送或携带。

二、病毒种的保存

病毒保存在病毒研究中是一个很重要的环节。不论是病毒的基础研究还是应用研究,都需要做好病毒保存工作。

1. 病毒保存的原则

(1)低温条件下保存,温度愈低愈好。

(2)根据不同的病毒种类,采用不同的病毒保存方法。

(3)在特定的保存条件下(温度、方法),病毒经过一段时间保存之后,一定要进行活化增殖,同时测定病毒活力,再入库贮藏。

(4)在贮藏过程中应尽量减少不必要的传代,严格按规范操作,避免毒种(株)相互交叉污染使病毒产生变异,保持病毒的遗传稳定性。

(5)必须开展病毒保存相关技术的研究,对各类病毒的最佳保存条件进行摸索,为保存毒种提供科学依据。

2. 病毒保存的方法

(1)冰箱、液氮保存法:为了减少传代次数,可将鉴定为阳性的液体分离毒株用 1.8 mL 的冻存管分装,每管 1 mL。标注毒株名称、传代次数、保存日期等内容,放置于保存盒中。用快速冻结法使病毒冻结,若保存于−20 ℃冰箱中,一般可保存 1 年;若保存于−70 ℃冰箱或液氮中(−196 ℃),则可保存 2 年以上。

(2)冷冻真空干燥保存法(冻干法):又称低压冻干法和冰冻干燥法。该法是在低温、干燥和隔绝空气的条件下,使病毒处于休眠状态,可减少传代的麻烦,亦可防止因传代发生病毒变异的可能。取无菌 1.8 mL 细胞冻存管,做好标记,于冻存管内加入 0.2 mL 的无菌脱脂乳,加入 0.2 mL 需要保存的病毒液,混匀,分装于 1 mL 的冻干瓶内,每瓶分装 0.2 mL,贴上标明毒株名称、传代史和保存时间的标签,−70 ℃放置 24 h 后,进行真空冷冻干燥。干燥后的毒株可以 4 ℃长期保存。

3. 病毒的复苏

对不同动物病毒应选择不同的传代细胞或增殖组织。对于鸡胚来源的干燥保存毒株,采用鸡胚复苏;对于传代细胞来源的干燥毒株,采用相应的传代细胞复苏。

(1)在生物安全柜内打开干燥毒株保存管,加入 1.8 mL PBS,使其充分溶解。

(2)将溶解物分别接种于鸡胚及传代细胞(200 μL)。

(3)48 h 后收获鸡胚尿囊液,有血凝特性的病毒可采用 HA 试验检测培养物的 HA 滴度。传代细胞复苏的毒株,每天观察细胞病变(CPE)情况,待 CPE 出现“+++”至“++++”,即当 75%~100%细胞出现病变时进行收获,收获之前可以将细胞放于−70 ℃冰箱,冻融 1~2 次,以提高收获标本的病毒滴度。即使无细胞病变也应于接种后第 7 天收获。收获病毒液时,先温和摇动细胞瓶数次,然后用 10 mL 的无菌移液管吸取病毒液,置于 15 mL 无菌离心管中,混匀病毒。收获的病毒液可以立即进行后续试验,或冻于−70 ℃冰箱,待以后试验使用。

(4)对于需要保存的病毒液,可采用上述方法保存,并在冻存管上注明病毒名称、代数和保存日期。

附录四　常见动物病原菌鉴定检索表

(Retrieval Table for Identification of Common Pathogenic Bacteria from Animals)

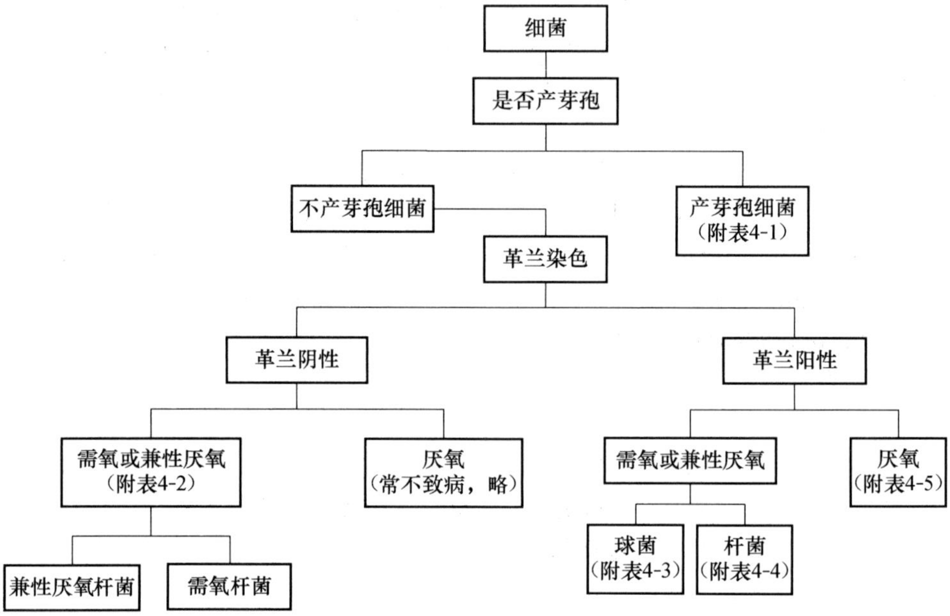

附图 4-1　常见动物病原菌检索总图

附表 4-1　产芽孢的细菌检索表

产芽孢的细菌是一群差异很大的细菌，大多数是革兰阳性并能运动的杆菌，在兽医学上重要的是芽孢杆菌属和梭菌属。

1　产芽孢的杆菌

　1.1　产芽孢的厌氧杆菌

　　1.1.1　能还原硫酸盐 ………………………………………… 脱硫肠状菌属

　　1.1.2　不能还原硫酸盐

　　　A. 细菌细胞宽大于 2.5 μm ………………………………… 颤螺菌属

　　　AA. 细菌细胞宽小于 2.5 μm ………………………………… 梭菌属

　1.2　产芽孢的微需氧或兼性厌氧

　　1.2.1　微好氧 ………………………………………… 芽孢乳杆菌属

　　1.2.2　兼性厌氧 ………………………………………… 芽孢杆菌属

2　产芽孢的球菌 ………………………………………… 芽孢八叠球菌属

附表 4-2　革兰阴性需氧和兼性厌氧杆菌检索表

1　革兰阴性兼性厌氧杆菌

1.1　氧化酶阳性

1.1.1　通常以极生鞭毛运动，不寄生于脊椎动物 …………………………………… 弧菌科、气单胞菌科

A. 弧菌科是一类革兰阴性细菌，直或弯曲，兼性厌氧，无芽孢，化能异养。该科细菌主要有：

………………………………………………………………………… 弧菌属（属间特性见相关教材）

…………………………………………………………………………………………… 发光杆菌属

…………………………………………………………………………………………… 盐弧菌属

…………………………………………………………………………………………… 格里蒙菌属

…………………………………………………………………………………………… 肠弧菌属

…………………………………………………………………………………………… 他种弧菌属

B. 气单胞菌科原归于弧菌科，2005 年《伯吉氏系统细菌学手册》将其独立成科，该科细菌主要有：

……………………………………………………………………… 气单胞菌属（属间特性见相关教材）

…………………………………………………………………………………………… 海洋单胞菌属

…………………………………………………………………………………………… 苯单胞菌属

1.1.2　不运动，寄生于脊椎动物 ………………………………………………………… 巴氏杆菌科

巴氏杆菌科过去仅有巴氏杆菌属、嗜血杆菌属和放线杆菌属 3 个属，后经 DNA 杂交及 16SrRNA 序列分析等分子生物技术，现已确认 13 个菌属，包括：

……………………………………………………………………… 放线杆菌属（属间特性见相关教材）

……………………………………………………………………… 巴氏杆菌属（属间特性见相关教材）

……………………………………………………………………… 嗜血杆菌属（属间特性见相关教材）

……………………………………………………………………… 曼氏杆菌属（属间特性见相关教材）

…………………………………………………………………………………………… 凝聚杆菌属

…………………………………………………………………………………………… 禽杆菌属

…………………………………………………………………………………………… 鸡杆菌属

…………………………………………………………………………………………… 比伯斯坦杆菌属

…………………………………………………………………………………………… 嗜组织杆菌属

…………………………………………………………………………………………… 隆派恩杆菌属

…………………………………………………………………………………………… 尼科莱杆菌属

…………………………………………………………………………………………… 海豚杆菌属

…………………………………………………………………………………………… 鹦鹉杆菌属

其中，曼氏杆菌属原归属于巴氏杆菌属，1999 年单独列属；里氏杆菌原归属于巴氏杆菌属，现也新建里氏杆菌属，归为黄杆菌科。

1.2　氧化酶阴性 ……………………………………………………… 肠杆菌科（属间特性见相关教材）

肠杆菌科由一大类生化和遗传上相关的中等大小杆菌所组成，均为革兰阴性、非抗酸性、无芽孢的兼性厌氧杆菌。

目前本科至少有 43 个菌属，本科中代表属有：

…………………………………………………………………………………………… 沙门氏菌属

…………………………………………………………………………………………… 埃希菌属

…………………………………………………………………………………………… 耶尔森菌属

…………………………………………………………………………………………… 爱德华菌属

2　革兰阴性需氧杆菌

此类细菌在兽医学和公共卫生方面具有重要意义的菌属主要有：

…………………………………………………………………………………… 布氏杆菌属
…………………………………………………………………………………… 伯氏杆菌属
…………………………………………………………………………………… 费朗西斯菌属
…………………………………………………………………………………… 假单胞菌属
…………………………………………………………………………………… 波氏杆菌属
…………………………………………………………………………………… 摩拉菌属
…………………………………………………………………………………… 泰勒菌属
…………………………………………………………………………………… 军团菌属
…………………………………………………………………………………… 柯克斯体属
…………………………………………………………………………………… 不动杆菌属

附表 4-3　革兰阳性需氧和兼性厌氧球菌检索表

1　革兰阳性需氧球菌
1.1　运动
1.1.1　专性嗜盐，生长需 7.5% NaCl …………………………………………… 海球菌属
1.1.2　非上述 …………………………………………………………………… 动性球菌属
1.2　不运动
1.2.1　嗜盐，生长需 7.5% NaCl
A. G+C 含量>50 mol% ……………………………………………………… 盐水球菌属
AA. G+C 含量<50 mol% …………………………………………………… 海球菌属
1.2.2　非上述
A. 葡萄糖产酸 ……………………………………………………………… 微球菌属
AA. 葡萄糖不产酸或弱产酸 ………………………………………………… 异常球菌属
2　革兰阳性兼性厌氧球菌
2.1　接触酶阳性
2.1.1　胞壁含鞣酸 ……………………………………………………………… 葡萄球菌属
2.1.2　胞壁不含鞣酸 …………………………………………………………… 糖球菌属
2.2　接触酶阴性，无四联排列，无极长的长链排列
2.2.1　10 ℃可生长
A. 葡萄糖产气 ……………………………………………………………… 明串球菌属
AA. 葡萄糖不产气
B. 45 ℃生长 ………………………………………………………………… 肠球菌属
BB. 45 ℃不生长 ……………………………………………………………… 乳球菌属
2.2.2　10 ℃不生长
A. DNA 的 G+C 含量>35 mol% ……………………………………………… 链球菌属
AA. DNA 的 G+C 含量<35 mol% …………………………………………… 孪生球菌属

附表 4-4　革兰阳性需氧和兼性厌氧杆菌检索表

1　专性需氧，抗酸染色阳性杆菌
1.1　细胞壁不含分枝菌酸 ……………………………………………………… 放线菌属
1.2　细胞壁含分枝菌酸
1.2.1　对青霉素敏感或偶尔耐药
A. 有异染颗粒 ……………………………………………………………… 棒状菌属

AA. 无异染颗粒 ………………………………………………………………………… 诺卡菌属
1.2.2　对青霉素不敏感，抵抗溶菌酶 ……………………………………………… 分枝杆菌属
2　需氧或兼性厌氧，抗酸染色阴性杆菌
2.1　细菌在 37 ℃生长良好
2.1.1　细菌在 20～25 ℃形成鞭毛，有运动性；37 ℃不运动 …………………… 李氏杆菌属
2.1.2　细菌在 20～25 ℃不形成鞭毛，不运动 ………………………………… 丹毒丝菌属
2.2　细菌在 37 ℃不生长，15～18 ℃生长良好 …………………………………… 肾杆菌属

附表 4-5　革兰阳性厌氧杆菌和球菌检索表

1　专性厌氧革兰阳性杆菌
1.1　嗜热生长
1.1.1　细胞有分支
A. 嗜碱生长 …………………………………………………………………… 厌气分枝杆菌属
AA. 不嗜碱生长 ………………………………………………………………… 嗜热分枝杆菌属
1.1.2　细胞无分支
A. 运动 ………………………………………………………………………… 栖热厌氧杆菌属
AA. 不运动 ………………………………………………………………………… 热厌氧杆菌属
1.2　中温生长
1.2.1　细胞为椭圆、短杆或弯杆
A. 细胞纤细弯杆，对生细胞成镰刀状排列 ……………………………………… 镰刀弧菌属
AA. 细胞椭圆或短杆，不成镰刀状排列
B. 发酵碳水化合物只产乙酸，并能利用 H_2+CO_2 合成乙酸
C. 最适生长温度为 30 ℃ …………………………………………………… 醋酸杆菌属
CC. 最适生长温度为 38 ℃ …………………………………………………… 聚乙酸菌属
BB. 发酵碳水化合物只产乳酸，不能利用 H_2+CO_2 合成乙酸 ………………… 奇异菌属
1.2.2　细胞为不规则杆状
A. 细胞有分叉，发酵碳水化合物不产气 ……………………………………… 双歧杆菌属
AA. 细胞无分叉，发酵碳水化合物产气 ……………………………………… 真杆菌属
2　专性厌氧革兰阳性球菌
2.1　细胞以 3 个垂直面分裂，呈立体排列 ……………………………………… 八叠球菌属
2.2　细胞以 1 个或 2 个垂直面分裂，呈对、链或四联排列
2.2.1　不发酵碳水化合物，不产酸
A. DNA 的 G+C 含量＞50 mol % ……………………………………………… 消化球菌属
AA. DNA 的 G+C 含量＜45 mol % ……………………………………………… 消化链球菌属
2.2.2　发酵碳水化合物，产酸
A. 发酵产物中含有丁酸或丙酸 ……………………………………………… 粪球菌属
AA. 发酵产物中不含丁酸和丙酸 ……………………………………………… 瘤胃球菌属

附录五 实验报告格式

(Format of Test Report)

兽医微生物学实验报告

第　页共　页

<table>
<tr><td>姓名</td><td></td><td>学院</td><td></td><td>专业班级</td><td></td></tr>
<tr><td>实验题目</td><td colspan="5"></td></tr>
<tr><td colspan="6">实验现象与结果</td></tr>
<tr><td colspan="6">实验结果或现象分析与讨论</td></tr>
<tr><td colspan="6">思考题与体会</td></tr>
</table>

参 考 文 献

[1]胡桂学．兽医微生物学[M]. 北京:中国农业大学出版社,2018.

[2]胡桂学．兽医微生物学实验教程[M].2 版．北京:中国农业大学出版社,2015.

[3]陆承平．兽医微生物学[M].5 版．北京:中国农业出版社,2013.

[4]MARKEY B K,LEONARD F C. 兽医微生物及所致传染病[M]. 陈继明,马洪超,陆承平,译.北京:中国农业出版社,2015.

[5]李一经．兽医微生物学[M]. 北京:高等教育出版社,2011.

[6]姚火春．兽医微生物学实验指导[M].2 版．北京:中国农业出版社,2010.

[7]李明远,徐志凯．医学微生物学[M].3 版．北京:人民卫生出版社,2015.

[8]HARLEY J P. 图解微生物实验指南[M].7 版．谢建平,等译．北京:科学出版社,2012.

[9]马迪根 M T,马丁科 J M,帕克 J. BROCK 微生物生物学[M].11 版．李明春,杨文博,主译.北京:科学出版社,2009.

[10]扈荣良．现代动物病毒学[M]. 北京:中国农业出版社,2014.

[11]赵斌,何绍江．微生物学实验[M]. 北京:科学出版社,2002.

[12]MIKAMI T. 兽医微生物学[M]. 东京:文永堂出版株式会社,2014.

[13]段须杰,任彤,罗厚勇,等．用于抗体药物生产的动物细胞培养基研究进展[J]. 中国医药生物技术,2014,9(1):53-57.

[14]朱红梅,徐红,温海．医学真菌常用培养基的制备和应用[J]. 中国真菌学杂志,2010,5(5):296-306.

[15]杨晓雯,赵宝玉,路浩,等．不同培养条件对甘肃棘豆内生真菌多样性的影响[J]. 畜牧兽医学报,2013,44(10):1660-1666.

[16]蒋莲秀,黄光玲,吴丹．三种常用细菌染色法的改良[J]. 医学理论与实践,2013,26(6):1068-1069.

[17]中国动物卫生与流行病学中心．非洲猪瘟诊断技术:GB/T 18648—2020 [S]. 北京:中国标准出版社,2020:30-32.

[18]张蕾,董春娜,李静,等．非洲猪瘟病毒间接 ELISA 抗体检测方法的建立[J]. 病毒学报,2020,36(4):670-674.

[19]SANTORO A. Clinical Veterinary Microbiology[M]. England: Syrawood Publishing House,2016.